OSTWALDS KLASSIKER
DER EXAKTEN WISSENSCHAFTEN
Band 218

AF891202

OSTWALDS KLASSIKER
DER EXAKTEN WISSENSCHAFTEN
Band 218

Theorie der hydrodynamischen Schmierung

Nicolaus Petrow
Osborne Reynolds
Arnold Sommerfeld
Anthony G.M. Michell

mit einem Vorwort von
Stefan Zima

Verlag Harri Deutsch

Die Deutsche Bibliothek - CIP-Einheitsaufnahme

Theorie der hydrodynamischen Schmierung / Nicolaus Petrow ...
- 2. Aufl. - Thun ; Frankfurt am Main : Deutsch 2000
(Ostwalds Klassiker der exakten Wissenschaften ; Bd. 218)
ISBN 3-8171-3218-2

ISBN 3-8171-3218-2

Jede Verwertung außerhalb der Grenzen des Urheberrechtsgesetzes ist ohne Zustimmung des Verlages unzulässig und strafbar. Das gilt insbesondere für Vervielfältigungen, Übersetzungen, Mikroverfilmungen und die Einspeicherung und Verarbeitung in elektronischen Systemen.
Der Inhalt des Werkes wurde sorgfältig erarbeitet. Dennoch übernehmen Autoren, Herausgeber und Verlag für die Richtigkeit von Angaben, Hinweisen und Ratschlägen sowie für eventuelle Druckfehler keine Haftung.
© Verlag Harri Deutsch, Thun und Frankfurt am Main, 2000
1. Auflage Akademische Verlagsgesellschaft, Leipzig
2. Auflage 2000
Druck: Rosch - Buch Druckerei GmbH, Scheßlitz
Printed in Germany

Inhalt

Vorwort

Gleitlager sind eine Grundlage der Maschinentechnik. Schon im Altertum setzte man sie ein, um Bewegungen übertragen und bewegte Teile abstützen zu können. Heute gibt es keinen Bereich in der Maschinentechnik, in dem nicht Gleitlager zu finden sind – allein in Kfz-Motoren sind Milliarden davon eingebaut. Die in diesem Band aus der Reihe Ostwalds Klassiker zusammengestellten Arbeiten von PETROW, REYNOLDS, SOMMERFELD und MICHELL sind ein wesentlicher Teil des Fundaments, auf dem unsere heutige Gleitlagertechnik beruht. Deshalb kann die wissenschaftliche, technische und auch wirtschaftliche Bedeutung dieser Arbeiten gar nicht hoch genug eingeschätzt werden - ebenso ihr intellektueller und schöpferischer Wert!

Daß Lager geschmiert werden müssen, wußte man seit je. Eine ausreichende Schmierung ermöglichte, schwere Lasten leichter zu bewegen und den Verschleiß bewegter Teile zu verringern! Doch hat die Bedeutung von Schmierung für Reibung und Verschleiß bis in die Mitte des 19. Jahrhunderts den Blick auf die eigentliche Aufgabe des Schmiermittels – die Kraftübertragung – verstellt.

Mit der Industrialisierung zu Beginn des 19. Jahrhunderts wuchs einerseits der Bedarf an Schmiermitteln, andererseits nahmen die Anforderungen an sie zu, weil höhere Geschwindigkeiten beherrscht und größere Kräfte aufgenommen werden mußten. Mängel in der Schmierung - vor allem in Eisenbahn-Achslagern - führten zu zahlreichen Störungen, Schäden und Unfällen und erzwangen eine intensive Beschäftigung von Technikern und Ingenieuren mit dem Lager und seiner Schmierung.

Als ab Mitte des 19. Jahrhunderts zunehmend sogenannte „Mineral-Schmieren“ in Gebrauch kamen, machte sich der russische Ingenieur-Wissenschaftler NICOLAUS PETROW (andere

Schreibweise: PETROFF oder PETROV) Gedanken, wie man mit den in der russischen Erdölgewinnung in großer Menge anfallenden zähflüssigen Rückständen die bisher verwendeten vegetabilischen und animalischen Schmiermittel ersetzen könne. Dabei bereitete das Phänomen der Reibung erhebliche Schwierigkeiten, zum einen wegen des stark schwankenden Reibverhaltens der Mineralöle und Mineralfette, zum andern weil sich dieses Verhalten nicht in den Rahmen der Erfahrungen mit der Trockenreibung in Einklang bringen ließ. PETROW erkannte, daß es sich bei der Reibung in Flüssigkeiten um einen ganz anderen Vorgang handelt. Hier spielt die bei der Trockenreibung so wichtige Oberflächenbeschaffenheit keine Rolle mehr, weil die Gleitpartner durch die Flüssigkeitsschicht – den Schmierfilm – voneinander getrennt sind. Entscheidend sind jetzt die Gleitgeschwindigkeit und die stark von der Temperatur abhängige Zähigkeit des Schmiermittels, wie auch die Dicke des Schmierfilms.

Hatte bislang das Reibungsverhalten von Schmiermitteln im Blickpunkt gestanden, so lenkte der Ingenieur BEAUCHAMP TOWER mit seinen bahnbrechenden Gleitlagerversuchen das Interesse des englischen Wissenschaftlers OSBORNE REYNOLDS auf den Mechanismus der Kraftübertragung im Gleitlager. Ausgehend von Grundgleichungen der Strömungstechnik beschrieb REYNOLDS die Druckverteilung im Schmiermittel von ebenen und kreiszylindrischen Lagern in Abhängigkeit von Lagergeometrie, Umfangsgeschwindigkeit und Zähigkeit des Schmiermittels. Damit hatte er als erster die Funktion der Kraftübertragung durch das Schmiermittel mathematisch, d. h. quantifizierbar, formuliert. Diese Beziehung ist heute jedem in der Berechnung von Gleitlagern Tätigen als REYNOLDS'sche Differentialgleichung bekannt.

Die REYNOLDS'sche Arbeit war wiederum Ausgangspunkt für die Untersuchungen des deutschen Physikers ARNOLD SOMMERFELD, der für die vereinfachende Bedingung eines unendlich breiten Lagers eine Lösung der REYNOLDS'schen Differentialgleichung fand.

Der Beitrag des australischen Ingenieurs ANTHONY GEORGE MELDON MICHELL zur Entwicklung der Schmierfilmtheorie rührt von seinen Erfahrungen mit Lagerproblemen bei Pumpen und Turbinen im australischen Murray-Bewässerungssystem her. Seine Überlegungen und Berechnungen gipfelten in dem von ihm entwickelten Kippsegmentlager. MICHELL gelang es somit, Theorie unmittelbar in Praxis umsetzen.

In Verbrennungsmotoren sind Gleitlager - instationär belastet - immer neuralgische Bauteile gewesen. Das darf nicht verwundern, denn schließlich beruht ihre Funktion auf dem Schmiermittel zwischen Welle und Lager, der im Bereich hoher Belastung eine hauchdünnen Schicht, den Schmierfilm, von gerade einigen Tausendstel Millimetern bildet. Mit den Arbeiten dieser Ausgabe der *Ostwalds Klassiker* wurden Grundlagen für die Berechnung des Schmierfilms bezüglich Druckaufbau, Öldurchsatz und Reibungswärme gelegt. Genauso wichtig ist, daß sich durch und an diesen Arbeiten die Vorstellung der Ingenieure vom Wesen des Schmierfilms entwickelte, dem – wie es der Reibungsforscher GEORG VOGELPOHL formulierte – „eigentlichen kraftübertragenden Element“. Die mathematischen Schwierigkeiten, die REYNOLDS'sche Differentialgleichung zu lösen (eine geschlossene Lösung gibt es bis heute noch nicht) umging man auf numerischen Wege. Leistungsfähige elektronische Rechner ermöglichten ab den 1960er Jahren, Schmierfilmrechnungen durchzuführen. Die Rechenverfahren wurden – zum Teil mit großem Aufwand – experimentell verifiziert und an Hand von Betriebserfahrungen verbessert. Heute werden schon im Entwurfsstadium eines Motors die Lager rechnerisch optimiert. Einst konnte eine Schmierfilmberechnung nur in den Rechenabteilungen einschlägiger Firmen und Hochschulinstitute durchgeführt werden. Mittlerweile sind die Tischrechner (PC) so leistungsfähig und billig, die numerische Aufbereitung der Schmierfilmtheorie so einfach und leicht handhabbar geworden, daß sie ohne weiteres schon von Studenten durchgeführt werden kann. Um so wichtiger ist es, sich auf die Wurzeln unseres heutigen Wissens und Könnens zu besinnen!

Dem Verlag Harri Deutsch ist zu danken, daß er mit der Neuherausgabe von Ostwald's Klassikern den Zugang zu den Originalarbeiten all' jenen ermöglicht, für die technisch-wissenschaftliches Arbeiten mehr ist als nur die Bedienung jeweils aktueller Rechenprogramme.

Stefan Zima

Nicolaus Petrow, Neue Theorie der Reibung.

Auszug aus der Übersetzung des russischen Originals von L. Wurzel, Verlag Leopold Voß, Hamburg und Leipzig, 1887.

Einleitung.

Bekanntlich hat in den letzten zehn Jahren die Naphthaindustrie in Rußland einen außerordentlichen Aufschwung genommen, wenngleich diejenigen Fabriken, welche früher rohe Naphtha zu Petroleum verarbeiteten, anfangs im Zweifel waren, da das russische Rohmaterial weniger Petroleum liefert als das amerikanische. Aus letzterem werden 70 $^0/_0$ Petroleum gewonnen, wohingegen das russische bloß 30 $^0/_0$ ergibt und 70 $^0/_0$ Rückstand als Abfälle übrigläßt. Letzterer Umstand nötigte die russischen Petroleumfabrikanten unausgesetzt dazu, auf Mittel zu sinnen, um ihre Abfälle zu verwerten. Man kam auf diese Weise darauf, die Abfälle zu Schmiermitteln zu verarbeiten und dieselben neben den Pflanzenölen in den Handel zu bringen; fast gleichzeitig kamen die durch die trockene Destillation des Holzes gewonnenen Schmiermittel auf. Alle diese neueren Schmieröle erwiesen sich im allgemeinen als bedeutend billiger wie die Pflanzenöle und animalischen Fette, wennschon die Eigenschaften der verschiedenen Mineralöle und Holzdestillationsprodukte, bei den großen Preisdifferenzen natürlicherweise sehr verschieden waren: die einen waren durchsichtig, etwas gelblich, dem Aussehen nach dem Pflanzenöle ähnlich, konnten sogar farblos klar wie Wasser gewonnen werden, andere waren dunkel und viele beinahe schwarz; ebenso waren die Konsistenz und die scheinbare Schmierfähigkeit äußerst verschieden. Da die Techniker an die älteren Pflanzenöle gewöhnt waren, so wären die neueren Mineralschmieröle, obschon dieselben, abgesehen von ihrer Billigkeit, noch manche andere unverkennbare Vorzüge besitzen, wohl unbeachtet geblieben, wenn nicht doch der geringe Preis dieser

Öle, besonders aber der des schwarzen Öles, welcher nur ein Drittel bis ein Viertel des Preises der Pflanzenöle beträgt, doch Veranlassung gegeben hätte, die neuen Schmiermittel zu versuchen. Diese Versuche fielen im großen und ganzen recht günstig für unser Mineralöl aus: man erkannte, daß dasselbe sich sehr wohl als Schmiermaterial verwenden lasse, wenngleich seine Verwendung zuweilen Schwierigkeiten biete, welche z. B. in einem zu often Warmlaufen der geschmierten Teile besteht. Da die Ursache dieser Nachteile bisher noch nicht recht aufgeklärt ist, so erscheint es von Wichtigkeit für die Praxis und im Interesse unserer inländischen Naphthaindustrie, diesen Umstand aufzuklären. —

Man schmiert bekanntlich die Maschinenteile, um die schädliche Arbeit der Reibung zu verringern. Die älteren Versuche zeigen nun, daß verschiedene Schmiermaterialien diesem Zwecke nicht in gleichem Maße entsprechen, daß je nach den besonderen Umständen, unter welchen das Schmieren stattfindet, die Reibung eine verschiedene ist und in dem einen Falle $1^1/_2$, 2, ja 8 und 10 mal größer als in einem anderen Falle sein kann. Es ist daher einleuchtend, daß wenn eine unverhältnismäßig große Arbeit der Reibung hervorgerufen wird, unter Umständen die durch das verwendete billige Öl erzielten sehr bedeutenden Ersparnisse an Schmiermaterial die Mehrkosten, welche an Brennstoffverbrauch erwachsen, doch nicht decken. — Rußland gibt für Brennmaterial zum Betriebe seiner Maschinen Millionen Rubel aus; es kann also bei mangelhafter Schmierung sehr leicht ein Mehrverbrauch von Brennmaterial von 5 % bis 10 % dem Lande riesige Summen kosten.

Aus diesem Grunde ist seit Jahren das Bestreben der Techniker darauf gerichtet, wirklich gute Schmiermittel ausfindig zu machen; dies ist auch die Veranlassung zu den nachfolgenden Mitteilungen gewesen in der Hoffnung, damit dem Fortschritte der Technik auf diesem Gebiete nach besten Kräften zu dienen. —

Es unterliegt keinem Zweifel, daß bei Anwendung eines und desselben Schmiermateriales der Reibungswiderstand je nach den Verhältnissen der Schmierung, z. B. je nach der Art und Weise des Zufließens des Schmieröles, verschieden sein kann. Es erscheint mir daher unumgänglich notwendig, den Einfluß eines jeden Umstandes, welcher auf den Reibungswiderstand einwirken kann, einzeln und genau zu erforschen. Bekanntlich ist unter den Technikern die Meinung sehr verbreitet, daß die Achszapfen möglichst schwach zu konstruieren seien, damit die von den Angriffspunkten der Reibungswiderstände zurückgelegten Wege und somit die Arbeit der Reibung selbst kleiner ausfalle. Im Verlaufe unserer Untersuchung werden wir jedoch sehen, daß diese Ansicht keineswegs absolut richtig ist; ungeachtet dessen, daß der Schein für ihre Richtigkeit spricht, kann sie gegenwärtig nicht einmal für die Fälle als unwiderlegbar bezeichnet werden, wo die Zapfenlängen groß genug gehalten worden sind, um das Auspressen der Schmiere zu verhindern; denn einzelne Versuche deuten darauf hin, daß die Zapfenstärke nur bis zu einer gewissen Grenze mit Vorteil verkleinert werden darf, daß aber darüber hinaus die Zapfen zu biegsam werden und infolgedessen der Reibungswiderstand bedeutend stärker wächst, da die Wege der Angriffspunkte der Reibung kürzer werden; es ergibt sich als Resultat keine Verkleinerung der schädlichen Arbeit, im Gegenteil eine Vergrößerung derselben. Es erweist sich somit eine gründliche Erforschung der angedeuteten Fragen als eines der dringendsten Bedürfnisse der Technik und des Ingenieurwesens im allgemeinen. —

Zur Lösung sämtlicher Fragen über Reibung genügt es, die richtige Abhängigkeit des Reibungskoeffizienten sowohl von den Eigenschaften des Schmiermittels als auch von anderen Umständen, welche auf diesen Koeffizienten von Einfluß sind, zu ermitteln. Eine gründliche Lösung dieser Frage bietet leider außerordentliche Schwierigkeiten. Diese Behauptung könnte zum mindesten sonderbar scheinen, wenn man an die zahlreichen über Reibungswiderstände an Maschinenteilen gemachten Versuche denkt; dennoch ist sie richtig, weil alle bis jetzt vorgenommenen Versuche dieser Art Resultate gleichzeitiger summarischer Einwirkungen verschiedener Ursachen darstellen, von welchen jede einzelne Wirkung das Endresultat eines Versuches, d. h. den gesuchten Reibungskoeffizienten, bedeutend modifizieren kann. So lange davon abgesehen wird, die Wirkung eines bestimmten einzelnen Umstandes aus der Gesamtwirkung aller Umstände auszuscheiden, solange können die Versuchsresultate immerhin praktisch nützlich sein, indem dieselben die vorwiegend erscheinenden Reibungsgrößen angeben; wird aber nach dem individuellen Einflusse eines einzelnen bestimmten Umstandes gefragt, so bieten die alten Versuche, auch die von Thurston, ein völlig unzureichendes Material; unsere Absicht geht deshalb dahin, die individuellen Wirkungen dieser Umstände, besonders aber die der Eigenschaften der Schmieröle, auf die Reibung zu untersuchen. In dieser Weise ist aber die Frage nur dann zu lösen, wenn es gelingt, erst die einzelnen Elemente, welche Einfluß auf den gesuchten Koeffizienten haben, zu ermitteln, oder mit anderen Worten, wenn alle unabhängigen Veränderlichen, von welchen die zu untersuchende Funktion abhängig ist, gefunden werden und die Abhängigkeit dieser Funktion von jeder einzelnen unabhängigen Veränderlichen ermittelt worden ist. Wir betonen hier den Ausdruck: jede einzelne Veränderliche, weil es kein Mittel gibt, die Unterscheidung der Einflußelemente zu umgehen; untersuchen wir nämlich den Einfluß einer beliebigen Unabhängigen und lassen dabei die Wirkung einer anderen, welche sich unabhängig von unserer Willkür verändert, ganz außer acht, so erhalten wir Veränderungen der Funktion, welche einem Komplexe mehrerer Variabeln entsprechen. Setzen wir aber voraus, daß sich nur die einzige Variable verändert, welche wir ins Auge gefaßt haben, so schreiben wir damit dieser Variablen eine Wirkung zu, welche sie gar nicht hat und können auf diese Weise zu ganz unrichtigen Schlüssen gelangen. —

Nun kann eine allseitige Erforschung unserer Aufgabe nur auf Grund umfangreicher und gut angeordneter Versuche vorgenommen werden. Es wird deshalb unser Bestreben darauf gerichtet sein, die dem heutigen Stande der Frage entsprechenden Hauptbedingungen solcher Versuche aufzustellen und die Frage über den Einfluß der Eigenschaften der schmierenden Flüssigkeit auf den Reibungskoeffizienten speziell zu untersuchen. Ebenso wird auch der Einfluß anderer Elemente, soweit es der Stand der Wissenschaft ermöglicht, ermittelt werden. Der Einfluß der schmierenden Flüssigkeit hängt wesentlich ab von der inneren Reibung der Flüssigkeit selbst und von ihrer äußeren Reibung an starren Körpern, und deshalb erfordert die Lösung der Frage über die Wirkung der Schmieröle auf den Reibungskoeffizienten die Kenntnis der feststehenden

Gesetze der inneren Reibung der Flüssigkeiten, d. h. der Reibung der Teile der Flüssigkeiten untereinander und der äußeren Reibung der Flüssigkeiten an starren Körpern an ihren gegenseitigen Berührungsflächen. Über diese Gesetze sind leider die Ansichten der Physiker sehr geteilt. Eine dieser Ansichten muß allgemein als zutreffend anerkannt, die andere aber als unrichtig verworfen werden. Die richtige Wahl zwischen den beiden bestehenden Ansichten ist für uns von großer Wichtigkeit, da das für richtig angenommene Gesetz uns als Basis für unsere Untersuchungen dienen soll. Ist hingegen die richtige Wahl des Reibungsgesetzes nicht getroffen, so kann auch an die Lösung der Frage über den Einfluß der Eigenschaften der flüssigen Schmieröle auf die Reibung der Maschinenteile nicht herangetreten werden. Es gibt nur ein Mittel, um mit voller Überzeugung das eine der bestehenden Reibungsgesetze als richtig, das andere aber als falsch zu bezeichnen. Dieses Mittel besteht darin, daß man alle jene charakteristischen Versuche und Forschungen, welche die Physiker zu widersprechenden Schlußfolgerungen über die Reibungsgesetze geführt haben, prüft; dies ist zwar kein leichter, indes ein unvermeidlicher Weg, welcher ohne Rücksicht auf Zeit und Mühe gemacht werden muß. Diese Untersuchung umfaßt einen bedeutenden Teil der vorliegenden Schrift[1]), und obschon sie eigentlich mehr ins Gebiet der Physik als in das der Technik gehört, so schien es uns doch passend sie hier zu entwickeln, um demjenigen Leser, welcher ein ernstes Interesse an der technischen Seite dieser Frage nimmt, das mühsame Nachsuchen und Studieren des weit und breit zerstreuten und für die gründliche Lösung der Frage unentbehrlichen Materials zu ersparen. Diese Einleitung zu dem eigentlichen Gegenstande der Schrift — die Untersuchung der bis heute gemachten Versuche — schien uns um so mehr gerechtfertigt, gewissermaßen geboten, da der gegenwärtige Stand der Ingenieurwissenschaft und der Technik überhaupt für die Lösung vieler Fragen rein physikalische Forschungsmethoden erheischt und es sich sogar allgemein behaupten läßt, daß mit dem Fortschritte im Gebiete der Technik immer mehr Fragen auftauchen werden, deren Lösung die strengste wissenschaftliche Erforschung verlangt. Daß diese Bemerkung begründet ist, ersieht man am besten beim Studium der Elektrotechnik. —

Wenden wir uns nun zu unserer Hauptfrage. Bei der Bewegung einer beliebigen Maschine entsteht erstens eine relative Bewegung der inneren Teilchen der Schmiere untereinander, zweitens eine Bewegung der Teilchen der Schmiere auf den starren Maschinenteilen und drittens eine gegenseitige Bewegung der sich etwa direkt, ohne Dazwischentreten von Schmiere, berührenden Maschinenteile. Eine jede dieser drei relativen Bewegungen verursacht Reibung: die relative Bewegung der inneren Teilchen der flüssigen Schmiere — die innere Reibung derselben, die Bewegung der Schmiere auf den starren Maschinenteilen — die äussere Reibung der flüssigen Schmiere und die relative Bewegung der ungeschmierten starren Maschinenteile — die Reibung ungeschmierter starrer Körper. Im allgemeinen treten bei Bewegungen der Maschinen alle drei vorgenannten Reibungen zu gleicher Zeit auf, in der Regel ist jedoch die Bewegung der Maschinenteile so beschaffen, daß eine unmittelbare Berührung der ungeschmierten Flächen nicht vorkommt, eine Reibung ungeschmierter starrer Körper also nicht stattfindet. —

Reibung von Flüssigkeiten.

Die Beobachtungen der Wasserströmungen in Flüssen, Kanälen und Rohrleitungen, des Ausflusses von Flüssigkeiten aus verschiedenen Öffnungen, der Bewegungen starrer Körper in Wasser, der Wärmeerzeugung durch Bewegung starrer Körper in Flüssigkeiten und andere Erscheinungen beweisen, daß gegenseitige Bewegungen der Flüssigkeitsteilchen untereinander oder mit starren Körpern mit Reibung verbunden sind. Alte und allbekannte Versuche an Wasserleitungen beweisen sogar, daß die Reibung der Flüssigkeit mit der Geschwindigkeit der Strömung wächst; das Aufstellen der Gesetze dieser Reibung bietet aber bis heute große Schwierigkeiten. Die Schwierigkeit der Aufgabe: Gesetze der inneren und äußeren Reibung der Flüssigkeiten aufzustellen, besteht darin, daß es keine Mittel gibt, die relativen Bewegungen der sich reibenden Flüssigkeitsteilchen oder die Größe der Reibung im gegebenen Punkte der Flüssigkeit zu messen. In einzelnen Fällen, wie z. B. bei den Versuchen von Coulomb, kann man zwar die Gesamtwirkung der Reibungskräfte einer gewissen flüssigen Masse unmittelbar messen, die relativen Bewegungen der Flüssigkeitsteilchen bleiben aber der Beobachtung entzogen. Über die Beziehung zwischen Reibung und relativer Geschwindigkeit oder über das Gesetz, nach welchem sich die Geschwindigkeiten der Flüssigkeitsteilchen in den verschiedenen Punkten ändern, lassen sich notwendigerweise bloß Hypothesen aufstellen.

Die ersten Gesetze der Reibung in Flüssigkeiten wurden von Newton aufgestellt; dieselben lauten:

1. Die Reibung ist der Geschwindigkeit der relativen Bewegung proportional.

2. Die Reibung ist der Berührungsfläche, längs welcher die relative Bewegung stattfindet, proportional.

3. Die Reibung hängt von den Eigenschaften der Flüssigkeit ab.

4. Die Reibung ist vom Drucke unabhängig.

Über die Wirkung der Temperatur spricht Newton nicht, dieselbe wurde erst später von Dubuat, Gerstner, Girard und insbesondere von Poiseuille nachgewiesen, wobei es sich zeigte, daß

5. bei Erhöhung der Temperatur die Reibung abnimmt.

Die Versuche von Plateau zeigten endlich, daß

6. die Reibung mit der Entfernung von der Oberfläche der Flüssigkeit sich ändert. Für gewisse Flüssigkeiten wie Glyzerin, gesättigte Soda- und Salpeterlösungen ist die Reibung an der Oberfläche größer als tiefer nach der Mitte der Flüssigkeit hin; bei anderen Flüssigkeiten, z. B. Weingeist, Terpentin, Olivenöl, ist die Reibung an der Oberfläche kleiner als nach der Mitte der Flüssigkeit hin.

Das zweite und das dritte Newtonsche Gesetz wird von Physikern und Hydraulikern allgemein anerkannt, das erste aber, obschon von der Mehrheit angenommen, doch von mancher Seite bestritten.

Die Prüfung dieser scheinbar so einfachen Hypothese bietet große Schwierigkeiten, weil die relative Geschwindigkeit bei den Versuchen unbekannt bleibt und sogar eine Berechnung dieser Geschwindigkeit so schwierig ist, daß ein gelehrter Mathematiker, wie es Navier war (der erste, der im Jahre 1822, beinahe 150 Jahre nach dem Erscheinen des Werkes von Newton, die Art und Weise der Einführung der Reibung in die Gleichung der Bewegung einer Flüssigkeit zeigte), sich genötigt sah, Newtons Hypothese etwas zu modifizieren.

Navier*), und später Poisson**) schrieben die Reibung flüssiger Körper miteinander oder mit starren Körpern der Änderung der zwischen den Flüssigkeitsteilchen wirkenden Abstoßungskräften zu. Diese Gelehrten sind der Meinung, daß eine relative Bewegung der Wasserschichten eine Annäherung der schnell bewegten Schichten an die langsam bewegten Schichten bewirke. Diese Annäherung muß die Abstoßungskräfte vergrößern, die Geschwindigkeit der schnell bewegten Teilchen vermindern und diejenige der langsam bewegten beschleunigen. —

Gegenwärtig lassen die Physiker und Hydrauliker das Vorhandensein von Abstoßungskräften in Flüssigkeiten, als den Grundprinzipien der mechanischen Wärmetheorie widersprechend, folglich als unmöglich, nicht zu. Diese Unmöglichkeit läßt sich kurz auf folgende Weise erklären. Die Abstoßungskraft muß zunächst für Gase angenommen werden. Wenn aber derartige Kräfte in den Gasen wirken, so würde bei deren Expansion, wenn äußere Kräfte keine Arbeit ausüben, dieses materielle System nur von solchen Kräften angegriffen, welche positive Arbeit erzeugen, die lebendige Kraft des Systems also vergrößern, was sich bei Nichtvorhandensein einer sichtbaren Bewegung des Gases durch eine Temperaturerhöhung äußern würde. Versuche von Joule mit Gasen haben aber keine Temperaturerhöhungen ergeben, daher ist die Hypothese von Abstoßungskräften in Flüssigkeiten widerlegt. Deshalb glauben Saint-Venant, Kleitz, Helmholtz, Kirchhoff, Meyer und andere, daß Molekularbewegungen in Flüssigkeiten, ähnlich wie in festen Körpern bei deren Formveränderungen, elastische Kräfte erzeugen. Der einzige Unterschied in diesen Erscheinungen besteht darin, daß in festen Körpern die elastischen Kräfte den relativen Bewegungen, hingegen in bewegten Flüssigkeiten, nach Newtons Hypothese, den relativen Geschwindigkeiten verschiedener Teile eines unendlich kleinen Flüssigkeitselementes proportional angenommen werden. Elastische

*) Mémoires de l'institut de France Bd. 6.
**) Journal de l'Ecole Polytechnique Bd. 13 Heft 20.

Kräfte dieser Art, welche sich in Flüssigkeitsströmen vor ihrer Trennung entwickeln, werden Kohäsionskräfte der Flüssigkeiten genannt. Der Einfluß der Kohäsion auf die Bewegung der Flüssigkeiten läßt sich, wie es z. B. Kirchhoff gezeigt hat*), durch Differentialgleichungen ausdrücken, welche sich von den Navierschen gar nicht unterscheiden. —

Zur Untersuchung der Wirkung der Eigenschaften von Schmieren auf die Reibung geschmierter Maschinenteile ist die Anwendung jener Gleichungen unumgänglich notwendig. Diesen Gleichungen liegt aber die erste Newtonsche Hypothese, welche von vielen Physikern bestritten wird, zugrunde. Deshalb ist es nötig zu prüfen, inwiefern ihre Anwendung gerechtfertigt ist. Eine bestimmte Hypothese läßt sich bloß durch Vergleich von Versuchsresultaten mit analytischen oder gewöhnlichen logischen, auf Grund der Hypothese gemachten Schlußfolgerungen prüfen; nur dann, wenn keine Tatsache irgendwie den gefundenen Schlußfolgerungen widerspricht, darf die Hypothese neuen Forschungen zugrunde gelegt werden.

Alle bis jetzt gemachten Versuche, welche Tatsachen zur Prüfung der in Frage gestellten Newtonschen Hypothese bieten können, beziehen sich auf Wasserströmungen in Leitungsröhren und Kanälen und auf Bewegungen starrer Körper in Wasser.

Wendet man sich aber zu den Beobachtungen und Forschungen über Reibung flüssiger Körper und faßt dabei alle von Physikern oder Hydraulikern gemachten Versuche ohne Ausnahme ins Auge und untersucht, dem gegenwärtigen Stande der Wissenschaft entsprechend, ob und inwiefern denn Newtons Hypothese zur Erforschung neuer Fragen brauchbar ist, so sieht man (wir wollen dies noch beweisen), daß es bis jetzt noch keine Tatsache gibt, welche mit dieser Hypothese im Widerspruche stehen würde. Diese Hypothese lautet, daß die Reibung der Flüssigkeiten der ersten Potenz der Geschwindigkeit der relativen Bewegung proportional ist.

[Hier folgt in der Originalarbeit ein sehr langes Kapitel, welches eine Zusammenstellung aller experimentellen und theoretischen Forschungen über Reibung und Druckhöhen-

---

*) Vorlesungen über Mathematische Physik, 24. Vorlesung S. 370.

verluste in Flüssigkeiten enthält, aber heutzutage kaum mehr Interesse erwecken dürfte. Die Unterscheidung von reinen Reibungserscheinungen und solchen, die durch Zusammenwirken von Reibung und Trägheit entstehen, die Unterscheidung laminarer und turbulenter Flüssigkeitsbewegungen kannte ja Petrow noch nicht; die Arbeit von Reynolds, welche hierüber die erste Klarheit brachte, stammt aus dem Jahre 1887.]

Der Reibungswiderstand an der Oberfläche eines vertikalen unendlich langen Zylinders, welcher sich in einem anderen konzentrischen mit Flüssigkeit gefüllten Zylinder dreht.

Diese Frage hat vieles gemeinsam mit den Erscheinungen, welche bei der Reibung der Maschinenteile auftreten. Es gibt sogar gegenwärtig keine andere Erscheinung, auf welche Naviers Gleichungen mit einem gewissen Erfolge angewandt werden könnten und welche ihren Umständen nach den Verhältnissen, bei welchen die Bewegung der Maschinenteile vor sich geht, ähnlicher wäre. Für die beabsichtigten Untersuchungen über den Einfluß der schmierenden Flüssigkeiten auf die Reibung der Maschinenteile ist die Lösung jener Frage unbedingt notwendig, denn nur dadurch können wir den Einfluß der Eigenschaften einer Flüssigkeit auf den Reibungswiderstand möglichst genau ermitteln.

Indessen kann diese Frage nicht auf Grund erwiesener und unzweifelhafter Prinzipien beantwortet werden. Auf diesen Fall angewendet, lassen sich Naviers Gleichungen ohne weiteres nicht integrieren, vielmehr sind wir genötigt, behufs Integrierung eine Hypothese über die Bewegung der Flüssigkeitsteilchen aufzustellen. Diese Hypothese ist allerdings eine ziemlich wahrscheinliche; um sie jedoch näher prüfen zu können, müssen noch Versuche angestellt werden, welche bis jetzt noch niemals vorgenommen worden sind.

Die Reibung in den Maschinen entsteht zumeist, indem ein Zylinder in einem anderen, mit einer gewissen Flüssigkeit geschmierten Zylinder gedreht wird.

Um die Wirkung der inneren und der äußeren Reibung der Flüssigkeiten zu ermitteln, wenn ein unendlich langer

Zylinder in einem anderen ähnlichen Zylinder gedreht wird, bediente sich Max Margules*) der Navierschen Gleichungen. Die Resultate, welche Margules erhalten hat, lassen sich auch auf eine andere Weise, ohne die allgemeinen Navierschen Formeln ableiten.

Zur Ableitung dieser Formeln denken wir uns, daß zwei runde unendlich lange Zylinder eine und dieselbe geometrische Drehachse haben, und daß der ringförmige Zwischenraum zwischen dem äußeren und dem inneren Zylinder durch eine beliebige homogene Flüssigkeit ausgefüllt ist, welche an den Oberflächen der beiden Zylinder mehr oder weniger stark anhaftet. Würde die Flüssigkeit den inneren Zylinder gar nicht benetzen, so würde eine Drehung um seine geometrische Achse gar keine Bewegung dieser Flüssigkeit in bezug auf den anderen Zylinder hervorrufen und umgekehrt: würde die Flüssigkeit den äußeren Zylinder nicht benetzen, so würde sich die ganze Flüssigkeit zusammen mit dem inneren Zylinder in bezug auf den äußeren Zylinder bewegen. Würden nun auf die Zylinder und auf die Flüssigkeit außer der Kohäsion der Flüssigkeitsteilchen untereinander und der Adhäsion der Flüssigkeit an die Zylinder keine anderen Kräfte wirksam sein, so könnte eine gleichförmige Bewegung eines Zylinders in einer ihn nicht benetzenden Flüssigkeit ebenso wie eine gleichförmige Drehung eines von der Flüssigkeit benetzten Zylinders in einem anderen Zylinder, welchen die Flüssigkeit aber nicht benetzt, ohne Einwirkung jedweder Kraft vor sich gehen. Benetzt aber die Flüssigkeit beide Zylinder, so wird der schnell bewegte innere Zylinder die Flüssigkeit mitbewegen und dadurch die Bewegung des äußeren, langsamer bewegten Zylinders beschleunigen.

Damit sich also die beiden Zylinder gleichförmig, aber mit verschiedenen Geschwindigkeiten drehen können, müssen äußere Kräfte die Drehung des äußeren Zylinders verzögern und diejenige des inneren Zylinders beschleunigen. Die Intensitat der letzteren Kräfte wird von der Kohäsionskraft der Flüssigkeitsteilchen untereinander oder von der inneren Reibung der Flüssigkeit sowie von der Adhäsionskraft der

*) Sitzungsberichte der K. Akademie der Wissenschaften Bd. 83 II. Abt., März-Heft Jahrg. 1881. Über die Bestimmung der Reibungs- und Gleitungskoeffizienten aus ebenen Bewegungen einer Flüssigkeit.

Flüssigkeitsteilchen an die beiden Zylinder, oder von der äußeren Reibung der Flüssigkeit abhängig sein.

Behufs größerer Einfachheit der nachfolgenden Betrachtungen denke man sich, daß unsere zwei Zylinder eine vertikale Achse haben, daß der äußere Zylinder unbeweglich ist und daß sich der innere in der Richtung des Uhrzeigers dreht. Die Drehung des inneren Zylinders zieht die Bewegung der den Zylinder benetzenden Flüssigkeitsschicht nach sich; diese Schicht zieht wieder die nachfolgende mit sich fort usw.; dabei wird jede Schicht von der inneren mitgezogen und von der äußeren zurückgehalten; die äußerste Flüssigkeitsschicht wird an dem äußeren Zylinder aufgehalten. Bei dieser Bewegung verteilen sich die Flüssigkeitsteilchen und die Kräfte symmetrisch in bezug auf die Drehachse des Zylinders; denkt man sich also in der Flüssigkeit zylindrische Oberflächen, deren Achsen mit der Drehachse zusammenfallen, so werden alle an einer und derselben gedachten Oberfläche gelegenen Flüssigkeitsteilchen sich in den gleichen Verhältnissen befinden und werden also sämtlich mit gleicher Geschwindigkeit um die Achse gedreht. Alle an einer anderen zylindrischen Oberfläche gelegenen Flüssigkeitsteilchen werden eine andere gemeinschaftliche Geschwindigkeit annehmen, und falls die erste Oberfläche die innere in bezug auf die letztere ist, so wird die Geschwindigkeit der an der ersteren Oberfläche gelegenen Flüssigkeitsteilchen größer sein als die Geschwindigkeit der an der letzteren Oberfläche gelegenen Teilchen; die an diesen Oberflächen gelegenen Teilchen der Flüssigkeit bilden also zwei unmeßbare dünne Schichten. Mag nun der Zwischenraum zwischen den beiden Zylindern noch so schmal oder die durch die Zylinder begrenzte Flüssigkeitsschicht noch so dünn sein, so kann man sich die letztere doch stets in eine Unzahl unendlich dünner Schichten geteilt denken, welche sich gegeneinander verschieben und sich um die gemeinschaftliche Achse drehen. Ist die Voraussetzung, daß die Flüssigkeit im Beharrungszustande der Bewegung in unendlich feine zylindrische Schichten zerfällt, richtig, so kann mit Hilfe der Newtonschen Hypothese sehr leicht die Wirkung der inneren und der äußeren Reibung der Flüssigkeit auf das Moment der den inneren Zylinder drehenden äußeren Kräfte ermittelt werden.

In einer beliebigen Schicht denke man sich ein Element,

welches einerseits von den zwei zylindrischen, die ganze Schicht einschließenden Oberflächen, andererseits von zwei unendlich nahe aneinander gelegenen, zu der Drehachse senkrechten Flächen, sowie endlich von zwei durch die Achse gehenden und einen unendlich kleinen Winkel bildenden Flächen begrenzt wird. Auf die zylindrischen Flächen *ab* und *cd*, ebenso wie auf die geraden Flächen *ac*, *bc*, *bd*, *da* werden gewisse normale, dem Inhalte der Flächen proportionale Kräfte wirken, und man kann sich die Angriffspunkte dieser Kräfte in den Schwerpunkten der bezüglichen Flächen gelegen denken. Die cylindrischen Flächen *ab* und *cd* haben in den zur Drehachse senkrechten Richtungen ge-

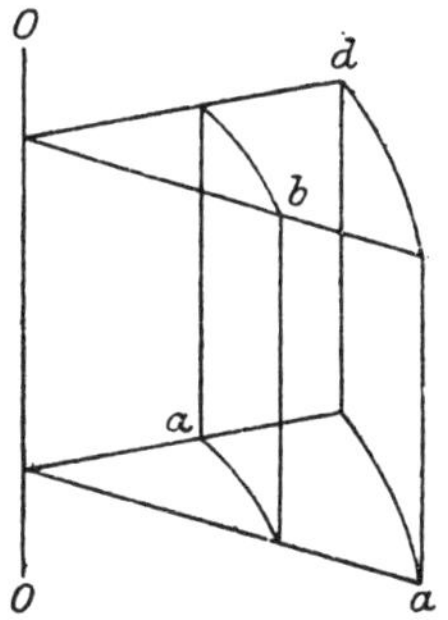

Fig. 1.

wisse relative Bewegungen in bezug auf die angrenzenden Flüssigkeitsschichten, und da unser Element keine der Drehachse parallele Bewegung haben kann, so werden die in den Flächenelementen *ab* und *cd* wirkenden Kohäsions- oder Reibungskräfte in den zu jenen Flächenelementen tangentialen Flächen liegen und senkrecht zur Drehachse sein.

Die Elemente *ac* und *bd* trennen unser Element von solchen Teilen der unendlich dünnen zylindrischen Schicht, welche zugleich mit unserem Flüssigkeitselemente bewegt werden und ihre gegenseitige Lage unveränderlich behalten, also kein Bestreben haben, sich in der Richtung der Flächen *ac* und *bd* gegenseitig zu verschieben; es werden also in den Flächenelementen *ac* und *bd* keine Tangentialkräfte wirken.

In den Flächenelementen ad und bc werden wohl Kräfte hervorgerufen, welche den Flächen parallel gerichtet sind, denn ohne diese Kräfte würde das Flüssigkeitselement von den eben erwähnten, in bezug auf die zylindrischen Flächen ab und cd tangential wirkenden Kräften in eine Drehung um eine vertikale Achse versetzt werden. Die tangential in den Flächen ab und cd wirkenden Kräfte liegen in einer gemeinschaftlichen zur Drehachse des Zylinders senkrechten Fläche. Denken wir uns in Fig. 2 den horizontalen, also zur Drehungsachse senkrechten, Querschnitt des Flüssigkeitselementes. In Fig. 2 ist O die Projektion der Drehachse

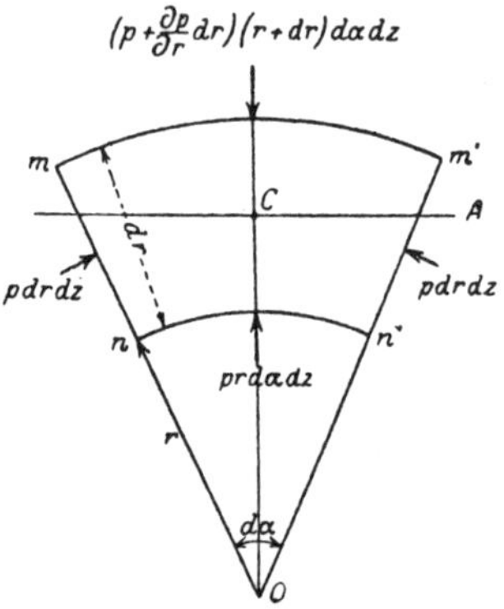

Fig. 2.

auf die Schnittfläche, nn' und mm' die Projektionen der zylindrischen Flächen ab und cd, und die Geraden nm und $n'm'$ die Projektionen der Flächen ad und bc.

Mit Hilfe dieser Figur können wir nun auf Grund der Newtonschen Hypothese und auf Grund der Gleichgewichtsbedingungen der auf das Flüssigkeitselement parallel zur horizontalen Projektionsfläche wirkenden Kräfte die Kohäsions- oder Reibungskräfte ermitteln.

Setzen wir folgende Bezeichnungen fest:

r Halbmesser der Oberfläche nn' welche die zylindrische Schicht von der Innenseite begrenzt.

$r + dr$ Halbmesser der äußeren Grenze mm'.

$d\alpha$ Winkel zwischen den durch die Drehachse gehenden

Grenzflächen On und On', welche unser Flüssigkeitselement von den beiden Seiten einschließen.

dz Entfernung zwischen den zwei horizontalen Flächen, welche das Flüssigkeitselement von oben und von unten begrenzen.

p Normaldruck auf die Flächeneinheit im Punkte a (Fig. 1) oder im Punkte n (Fig. 2).

Der Normaldruck auf die Flächeneinheit im Punkte d (Fig. 1) oder im Punkte m (Fig. 2) wird nicht mehr p sein, sondern

$$p + \frac{dp}{dr}\,dr.$$

Der Druck p wird in der Richtung von O nach C, der Druck $p + \frac{dp}{dr}\,dr$ von C nach O hin wirken.

Bezeichnen wir das Gewicht der Volumeneinheit der Flüssigkeit mit γ, so ist bei einer Drehgeschwindigkeit u die Zentrifugalkraft des Flüssigkeitselementes gleich

$$\frac{\gamma\, r\, da\, dr\, dz}{g} \cdot \frac{u^2}{r}.$$

Der Normaldruck auf die Flächeneinheit in den Flächen ad und ab (Fig. 1) bzw. nm nn' (Fig. 2) wird der gleiche sein, denn diese Flächen haben den gemeinschaftlichen Punkt a bzw. n. Da andererseits der Normaldruck auf die unendlich kleinen Elemente der zylindrischen Fläche, welche mit einem und demselben Halbmesser r beschrieben ist, bei Veränderungen des Winkels a dieselbe bleibt, so wird auch auf die Fläche bc (Fig. 1) derselbe Normaldruck wie auf die Flächen ab und ad bzw. in n' m' (Fig. 2) wie in mn und nn' wirken, d. h. auf die drei Flächen ab, ad, be bzw. nn', nm und $n'm'$ wird derselbe Druck p wirken.

Um die Newtonsche Hypothese zur Ermittelung der in den Flächenelementen nn' und mm' wirkenden Reibungswiderstände benutzen zu können, muß vorher das Grenzverhältnis der Differenzen der Drehgeschwindigkeiten zu den Differenzen der Halbmesser der zylindrischen Schichten bestimmt werden. Da sich die zylindrischen Schichten nur drehen und keine andere Bewegung haben, so genügt es, die Bögen mm' und nn' (Fig. 2), welche auf den zylindrischen Flächen und in ihrer zur Achse senkrechten Schnittfläche liegen, zu berücksichtigen. Würden sich die Bögen $m m'$ und $n n'$ in der Weise drehen, als ob sie einem starren Körper angehörten, und würden sie sich bei der Drehung gegenseitig nicht verschieben, so würde ein in einer Entfernung r von der Achse gelegener Punkt n (Fig. 2) in der Zeit dt bei einer Winkelgeschwindigkeit ω den Bogen

$$r \omega dt$$

beschreiben. Ein Punkt m, welcher einen Kreis mit dem Halbmesser $r + dr$ beschreibt, würde in derselben Zeit dt den Bogen $(r + dr)\,\omega dt = r \omega dt + \omega dt dr$ beschreiben.

Die Differenz dieser Verschiebungen ist $\omega dr dt$.

Die Differenz der Geschwindigkeiten jener Punkte oder der Zuwachs der Drehgeschwindigkeit beim Übergange von dem einen dieser Punkte zum anderen ist ωdr.

Das Grenzverhältnis dieser Größe zu dr ist offenbar ω. Bilden die zylindrischen Schichten keinen starren Körper und sind die Winkelgeschwindigkeiten der Bögen $n n'$ und $m m'$ bei ihrer Drehung um die Achse O verschieden und der Veränderlichkeit des Halbmessers entsprechend veränderlich, so wird, wenn dem Halbmesser r die Winkelgeschwindigkeit ω entspricht, dem Halbmesser $r + dr$ die Winkelgeschwindigkeit $\omega + \frac{d\omega}{dr} dr$ entsprechen. In diesem Falle wird der Bogen $m m'$ in der Zeit dt den Weg

$$(r + dr)\left(\omega + \frac{d\omega}{dr} dr\right) dt = r \omega dt + r \frac{d\omega}{dr} dr dt$$
$$+ \omega dr dt + \frac{d\omega}{dr} dr^2 dt$$

zurücklegen, und die Differenz der von den Bögen $m m'$ und $n n'$ zurückgelegten Wege ist gleich

$$\left(r \frac{d\omega}{dr} dr + \omega dr + \frac{d\omega}{dr} dr^2\right) dt.$$

Die Geschwindigkeitsdifferenz ist also gleich

$$r \frac{d\omega}{dr} dr + \omega dr + \frac{d\omega}{dr} dr^2$$

und das Grenzverhältnis der letzten Größe zu dr, wenn dr die Grenze 0 erreicht,

$$r\frac{d\omega}{dr}+\omega .$$

Subtrahieren wir nun von dieser Größe das Grenzverhältnis der Geschwindigkeitsdifferenzen zu den Halbmesserdifferenzen, welches für starre Körper gefunden wurde, also für den Fall, wo keine gegenseitigen Verschiebungen der Teilchen, demnach auch keine Reibung hervorrufenden Gleitungen vorhanden sind, so erhalten wir die relative Geschwindigkeit

$$r\frac{d\omega}{dr}+\omega-\omega=r\frac{d\omega}{dr},$$

von welcher die Reibung abhängig ist.

Bezeichnet man mit u die Drehgeschwindigkeit der Flüssigkeit in einem um r von der Drehachse entfernten Punkte, so ist bekanntlich

$$u=\omega r \text{ oder } \omega=\frac{u}{r}$$

und folglich

$$\frac{du}{dr}=r\frac{d\omega}{dr}+\omega \text{ oder } r\frac{d\omega}{dr}=\frac{du}{dr}-\frac{u}{r}. \tag{1}$$

Folglich ist in einer Entfernung r von der Drehachse die zu der letzteren rechtwinklige Gleitung der Größe

$$\frac{du}{dr}-\frac{u}{r} \tag{2}$$

proportional. Erhält nun die Entfernung von der Drehachse einen Zuwachs dr, so wird an Stelle der vorhergehenden die Größe

$$\frac{du}{dr}-\frac{u}{r}+\frac{d}{dr}\left(\frac{du}{dr}-\frac{u}{r}\right)dr \tag{3}$$

treten müssen.

Unter Berücksichtigung dieser Ausdrücke können wir die Reibungswiderstände, welche in den Flächen ab und cd (Fig. 1) bzw. in den Flächen nn', mm' (Fig. 2) hervorgerufen werden, ausdrücken.

Der in der Fläche nn' (Fig. 2) tangential wirkende Reibungswiderstand wird, wenn wir nach dem früheren den Koeffizienten der inneren Reibung mit μ bezeichnen,

$$\mu\left(\frac{du}{dr}-\frac{u}{r}\right)r\,d\alpha\,dz \tag{4}$$

sein, und der Widerstand in der Richtung der Tangenten zum Bogen mm'

$$\mu\left[\frac{du}{dr}-\frac{u}{r}+\frac{d}{dr}\left(\frac{du}{dr}-\frac{u}{r}\right)dr\right](r+dr)\,d\alpha\,dz$$

oder

$$\mu\left[\frac{du}{dr}-\frac{u}{r}+\left(\frac{d^2u}{dr^2}-\frac{r\frac{du}{dr}-u}{r^2}\right)dr\right](r+dr)\,d\alpha\,dz.$$

Vernachlässigt man in diesem Ausdrucke die unendlich kleinen Glieder höherer als der dritten Ordnung, so erhält man

$$\mu\left(\frac{du}{dr}-\frac{u}{r}\right)r\,d\alpha\,dz+\mu r\frac{d^2u}{dr^2}dr\,d\alpha\,dz. \tag{5}$$

Wir haben vorausgesetzt, daß die Drehung der Flüssigkeit in der Richtung des Uhrzeigers vor sich geht und daß die inneren Schichten die äußeren mit sich ziehen, die äußeren hingegen die inneren aufhalten. Es folgt daraus, daß die in nn' angreifende und durch die Formel (4) ausgedrückte Kraft von links nach rechts wirkt, und deshalb muß sie, wie üblich, durch eine positive Zahl ausgedrückt werden; die in der Fläche mm' wirkende Kraft wird hingegen von rechts nach links wirken und muß deshalb durch eine negative Zahl ausgedrückt werden.

Das Vorzeichen der durch die Formel (4) ausgedrückten Zahl ist von dem Vorzeichen der Größe $\frac{du}{dr}-\frac{u}{r}$ abhängig, denn alle anderen Faktoren des Ausdruckes (4) sind positive Größen. Nun ist aber $\frac{du}{dr}$ eine negative Zahl, denn im vorliegenden Falle vermindert sich die Winkelgeschwindigkeit ω bei wachsendem r. Die Formeln (4) und (5) liefern also beide negative Zahlen; sollen dieselben daher die in den Flächenelementen nn' und mm' angreifenden Kräfte sowohl der Größe als auch der Richtung nach ausdrücken, so hat man vor den Ausdruck (4) das Zeichen — zu setzen und die Formel (5) so zu lassen, wie sie ist.

Die zu den Flächenelementen nm und $n'm'$ tangential wirkenden Kräfte lassen sich nach der Bedingung ermitteln, daß die radial wirkenden Kräfte sich aufheben müssen, weil die Flüssigkeitsteilchen sich in zylindrischen Schichten verteilen müssen. Eine ebensolche Kraft wie diejenige, welche in der Richtung der Linie nm (Fig. 2) auf das Flüssigkeitselement $nm\ n'm'$ wirkt, wirkt auch in derselben Richtung in der Linie $n'm'$ auf das rechts von $n'm'$ gelegene Flüssigkeitsteilchen. Wenn längs der Linie nm eine Kraft k in der Richtung von n nach m wirkt, so wird unser Flüssigkeitselement in dem rechts gelegenen Elemente in der Fläche $n'm'$ eine gleiche Kraft k, und zwar auch in der Richtung von n' nach m' hervorrufen; folglich wird die letztere Kraft, auf unser Flüssigkeitselement bezogen, in der Fläche $n'm'$ die Wirkung der Kraft k in der Richtung von m' nach n' hervorrufen. Die Größe der Kraft k wird aus der Momentengleichung aller auf die Flächenelemente nn', nm, mm' und $n'm'$ wirkenden Kräfte bestimmt.

Die Momente jener Kräfte in bezug auf den Mittelpunkt C sind folgende:

a) Der Normaldruck an allen Seitenflächen und die Zentrifugalkraft gehen durch den Mittelpunkt; folglich sind die Momente dieser Kräfte gleich Null.

b) Das Moment der in der Seitenfläche nn' angreifenden Kraft wird erhalten, indem man den Ausdruck (4), wie bereits bemerkt wurde, mit dem negativen Vorzeichen, mit $\left(-\frac{dr}{2}\right)$ multipliziert; wir erhalten also das Moment

$$\mu\left(\frac{du}{dr}-\frac{u}{r}\right)\frac{r}{2}\,d\alpha\,dr\,dz.$$

c) Das Moment der in dem Flächenelemente mm' angreifenden Kraft ist das Produkt aus dem Ausdrucke (5) mit $\frac{dr}{2}$, d. h.

$$\mu\left(\frac{du}{dr}-\frac{u}{r}\right)\frac{r}{2}\,d\alpha\,dr\,dz+\mu\frac{r}{2}\frac{d^2u}{dr^2}dr^2\,d\alpha\,dz.$$

d) Die Summe der Momente der in den Seitenflächen $n m$ und $n' m'$ wirkenden Kräfte k ist

$$k\left(r+\frac{d r}{2}\right) d a.$$

Die Summe dieser drei Ausdrücke muß Null sein, folglich ist

$$k r d a + k \frac{d r}{2} d a = -\mu \left(\frac{d u}{d r} - \frac{u}{r}\right) r d a\, d r\, d z - \mu \frac{r}{2} \frac{d^2 u}{d r^2} d r^2\, d a\, d z.$$

Es leuchtet nun ohne weiteres ein, daß in der Richtung der Linie $n m$ von n nach m hin die Kraft

(6) $$k = -\mu \left(\frac{d u}{d r} - \frac{u}{r}\right) d r\, d z$$

und in der Richtung der Linie $n' m'$ die Kraft

(7) $$\mu \left(\frac{d u}{d r} - \frac{u}{r}\right) d r\, d z$$

wirkt.

Um schließlich das Abhängigkeitsverhältnis zwischen den Geschwindigkeiten in verschiedenen Punkten der Flüssigkeit und den Entfernungen dieser Punkte von der Drehachse zu ermitteln, wollen wir alle das Flüssigkeitselement angreifenden Kräfte auf eine Tangente projizieren, welche den um den Mittelpunkte O mit dem Halbmesser $O C$ beschriebenen Kreis im Punkte C berührt, und wollen alsdann jene Projektionen addieren. Die letzteren haben folgende Werte:

a) Die Projektionen des Normaldruckes auf die Flächen $n n'$ und $m m'$ sowie auch diejenige der Zentrifugalkraft sind gleich Null.

b) Die Projektion der in $n n'$ angreifenden Kraft wird durch die Formel (4) mit dem Vorzeichen — ausgedrückt, sie ist also gleich

$$-\mu \left(\frac{d u}{d r} - \frac{u}{r}\right) r\, d a\, d z.$$

c) Die Projektion der in $m m'$ angreifenden Kraft wird durch die Formel (5) ausgedrückt, sie ist also gleich

$$\mu \left(\frac{d u}{d r} - \frac{u}{r}\right) r\, d a\, d z + \mu r \frac{d^2 u}{d r^2} d r\, d a\, d z.$$

d) Um die Projektionen der in den Elementen mn und $n'm'$ angreifenden Kräfte k zu ermitteln, hat man den Ausdruck für k mit $\sin \frac{d\alpha}{2}$ zu multiplizieren. Es muß dabei berücksichtigt werden, daß die nach rechts von OC abgetragenen Winkel positiv und die nach links von OC abgetragenen negativ in die Rechnung einzuführen sind. Es leuchtet dann ohne weiteres ein, daß die Projektion der in nm angreifenden Kraft gleich

$$\mu \left(\frac{du}{dr} - \frac{r}{r}\right) \sin \frac{d\alpha}{2} \, dr \, dz$$

sein muß, und daß derselbe Ausdruck auch für die Projektion der in $n'm'$ angreifenden Kraft zutrifft.

Die Summe dieser vier Ausdrücke muß gleich 0 sein. Dabei muß noch berücksichtigt werden, daß $\sin \frac{d\alpha}{2}$ mit einer Genauigkeit bis auf unendlich Kleine dritter Ordnung gleich $\frac{d\alpha}{2}$ zu setzen ist. Wir erhalten auf diese Weise die Gleichung

$$\frac{d^2 u}{dr^2} + \frac{1}{r}\frac{du}{dr} - \frac{u}{r^2} = 0,$$

welche auch von Max Margules gefunden wurde*).

Man findet leicht das allgemeine Integral dieser Gleichung

(8) $$u = \frac{C}{r} + C' r,$$

in welchem die Konstanten C und C' durch diejenigen Bedingungen bestimmt werden, welche an der Oberfläche der Flüssigkeit erfüllt sein müssen.

Für den Fall, daß das unendlich kleine Flüssigkeitselement $nn'mm'$ (Fig. 2) den inneren oder den äußeren starren Zylinder berührt, wird sein Gleichgewichtszustand auf folgende Weise bestimmt. Es sei:

r_2 der innere Halbmesser des äußeren Zylinders,
U_2 die Drehgeschwindigkeit des äußeren Zylinders in der Richtung des Uhrzeigers am inneren Halbmesser,

---

*) Max Margules, Über die Bestimmung des Reib- und Gleitkoeffizienten S. 12.

u_2 die Drehgeschwindigkeit der den äußeren Zylinder unmittelbar berührenden Flüssigkeit.

Die Flüssigkeit wird also auf der Oberfläche des Zylinders mit der Geschwindigkeit

$$u_2 - U_2$$

gleiten. Bezeichnen wir nun den Koeffizienten der äußeren Reibung mit λ_2, so ist die am Flächenelemente $m m'$ angreifende Reibung gleich

$$\lambda_2 (u_2 - U_2)\, r_2\, d\alpha\, dz\,.$$

Die Richtung dieser Kraft wird der Bewegung der Flüssigkeit entgegengesetzt sein, folglich muß die das Flüssigkeitselement angreifende Kraft durch eine negative Zahl ausgedrückt werden. Wird der äußere Zylinder von der Flüssigkeit mitgenommen, so ist

$$U_2 < u_2\,.$$

Es wird in diesem Falle sowohl der Größe als auch der Richtung nach die im Flüssigkeitselemente $m m'$ angreifende Kraft durch die Formel

$$\lambda_2 (U_2 - u_2)\, r_2\, d\alpha\, dz$$

ausgedrückt werden.

Was die in den Flächenelementen $m n'$, $n m$ und $n' m'$ angreifenden Kräfte anbelangt, so erhält man ihre Werte, indem man in die Formeln (4), (6) und (7) $r_2 - dr$ anstatt r einsetzt. Dadurch erhalten wir neue Formeln, welche dieselben Glieder enthalten wie die alten, mit dem einzigen Unterschiede, daß in ihnen r_2 statt r steht und außerdem eine Summe unendlich kleiner Glieder dritter und höherer Ordnungen. Die letzteren können bei der nachfolgenden Ableitung vernachlässigt werden; wir können daher die Summe der Projektionen aller Kräfte auf die Richtung der Linie CA (Fig. 2) in folgender Weise schreiben:

$$\lambda_2 (U_2 - u_2)\, r_2\, d\alpha\, dz - \mu \left(\frac{du}{dr} - \frac{u}{r}\right)_{r=r_2} r_2\, d\alpha\, dz$$
$$+ \mu \left(\frac{du}{dr} - \frac{u}{r}\right)_{r=r_2} dr\, d\alpha\, dz = 0$$

oder

$$\lambda_2 (U_2 - u_2) = \mu \left(\frac{du}{dr} - \frac{u}{r}\right)_{r=r_2}.$$

Da ferner nach Gleichung (8)

$$\frac{du}{dr} = -\frac{C}{r^2} + C'$$

und

$$-\frac{u}{r} = -\frac{C}{r^2} - C',$$

so ist

(9) $$\lambda^2 (U_2 - u_2) = -2\mu \frac{C}{r_2^{\,2}}.$$

Ähnliche Betrachtungen führen uns zur Ermittelung des Gleichgewichtszustandes des unendlich kleinen Flüssigkeitselementes $n n'\ m m'$ (Fig. 2), welches mit seiner Seitenfläche $n m'$ den inneren Zylinder berührt.

Bezeichnen wir mit

r_1 den Halbmesser des inneren Zylinders, mit

U_1 die Geschwindigkeit an der Oberfläche des Zylinders bei seiner Drehung in der Richtung des Uhrzeigers, mit

u_1 die Geschwindigkeit der Drehung der mitgenommenen Flüssigkeitsschicht, mit

λ_1 den Reibungskoeffizienten der Flüssigkeit mit dem inneren Zylinder,

so ist die im Flächenelemente tangential zum Bogen nach rechts gerichtete Reibungskraft gleich

(10) $$\lambda_1 (U_1 - u_1) r_1\, d\alpha\, dz.$$

Um diejenigen Reibungskräfte zu ermitteln, welche in den Seitenflächen $m m'$, $n m$ und $n' m'$ angreifen, hat man in die Formeln (4) und (7) $r_1 + dr$ anstatt r einzusetzen; dabei ist aber zu berücksichtigen, daß in diesem Falle die Formel (4) eine nach links wirkende, daher eine negetive Reibungskraft auszudrücken hat, das Vorzeichen in der Formel (4) also beibehalten werden muß. Setzt man nun in die Formeln (4) und (7) $r_1 + dr$ anstatt r ein, so erhält man in ähnlicher Weise wie im vorhergehenden Falle die Summe der Projektionen aller auf das Flüssigkeitselement wirkenden Kräfte auf die Gerade CA in der Form

$$\lambda_1 (U_1 - u_1)\, r_1\, d\alpha\, dz + \mu \left(\frac{du}{dr} - \frac{u}{r}\right)_{r = r_1} r_1\, d\alpha\, dz$$
$$+ \mu \left(\frac{du}{dr} - \frac{u}{r}\right) dr\, d\alpha\, dz = 0$$

oder
$$\lambda_1 (U_1 - u_1) = -\mu \left(\frac{du}{dr} - \frac{u}{r}\right)_{r=r_1}$$
und infolge der Gleichung (8)
$$\lambda_1 (U_1 - u_1) = 2\mu \frac{C}{r_1^2}.$$

Wir haben damit ein System von zwei Gleichungen:
$$(11)\quad \begin{cases} \lambda_2 (U_2 - u_2) = -2\mu \dfrac{C}{r_2^2} \\ \lambda_1 (U_1 - u_1) = 2\mu \dfrac{C}{r_1^2}. \end{cases}$$

Der Gleichung (8) zufolge ist nun
$$u_2 = \frac{C}{r_2} + C' r_2 \text{ und } u_1 = \frac{C}{r_1} + C' r_1;$$
setzt man diese Werte von u_2 und u_1 in die vorhergehenden Gleichungen (11) ein, so wird
$$\lambda_2 \left(U_2 - \frac{C}{r_2} - C' r_2\right) = -2\mu \frac{C}{r_2^2}$$
und
$$\lambda_1 \left(U_1 - \frac{C}{r_1} - C' r_1\right) = 2\mu \frac{C}{r_1^2}$$
oder
$$C\left(\frac{1}{r_2} - \frac{2\mu}{\lambda_2 r_2^2}\right) + C' r_2 = U_2$$
$$C\left(\frac{1}{r_1} + \frac{2\mu}{\lambda_1 r_1^2}\right) + C' r_1 + U_1.$$

Diese zwei in C und C' linearen Gleichungen ergeben folgende Werte:
$$\text{und}\quad (12) \begin{cases} C = \dfrac{r_1^2 r_2^2 (U_1 r_2 - U_2 r_1)}{r_1 r_2 (r_2^2 - r_1^2) + 2\mu \left(\dfrac{r_2^3}{\lambda_1} + \dfrac{r_1^3}{\lambda_2}\right)} \\[2ex] C' = \dfrac{r_2^2 U_2 \left(r_1 + \dfrac{2\mu}{\lambda_1}\right) - r_1^2 U_1 \left(r_2 - \dfrac{2\mu}{\lambda_2}\right)}{r_1 r_2 (r_2^2 - r_1^2) + 2\mu \left(\dfrac{r_2^3}{\lambda_1} + \dfrac{r_1^3}{\lambda_2}\right)}. \end{cases}$$

Es genügt nun, diese zwei Werte in die Gleichung (8) einzusetzen, um den Ausdruck für die Geschwindigkeit eines beliebigen Punktes der Flüssigkeit zu erhalten; da der Weg eines jeden Punktes bekannt ist, so ist also die Bewegung der Flüssigkeit völlig bekannt, und wir können die Reibungskräfte bestimmen.

Die Reibungskraft, welche ein unendlich kleines Flächenelement eines in der Flüssigkeit sich drehenden Zylinders angreift, wird durch die Formel (10) ausgedrückt. Wegen der Gleichung (11) nimmt die letztere die Form

$$2\mu \frac{C}{r_1} d\alpha\, dz$$

an. Wenn wir diesen Ausdruck mit dem Halbmesser des Zylinders multiplizieren, so erhalten wir den nachstehenden Ausdruck für das Moment jener Elementarkraft in bezug auf die Drehachse des Zylinders, d. h.

$$2\mu C\, d\alpha\, dz.$$

Die Summe aller Elementarmomente der Reibungskräfte, welche den Zylinder angreifen und seiner Drehung Widerstand entgegensetzen, wird durch Integration der vorstehenden Formel erhalten: erstens in bezug auf α zwischen den Grenzen 0 und 2π und zweitens in bezug auf z zwischen den Grenzen $z = 0$ und $z = h$, wobei h die Länge des Zylinders bezeichnet. Bezeichnet man die Summe der Momente aller Reibungskräfte mit M so ist

$$M = 4\mu\pi h C.$$

Setzt man in diese Gleichung für C die rechte Seite der ersten Gleichung (12) ein, so ist

$$M = 4\mu\pi h \frac{r_1^2 r_2^2 (U_1 r_2 - U_2 r_1)}{r_1 r_2 (r_2^2 - r_1^2) + 2\mu \left(\frac{r_2^3}{\lambda_1} + \frac{r_1^3}{\lambda_2}\right)}.$$

Ist der äußere Zylinder, wie meistens, unbeweglich, d. h.

$$U_2 = 0,$$

dann nimmt der vorstehende Ausdruck die folgende Form an:

$$(13) \qquad M = 4\mu\pi h \frac{r_1^2 r_2^3 U_1}{r_1 r_2 (r_2^2 - r_1^2) + 2\mu \left(\frac{r_2^3}{\lambda_1} + \frac{r_1^3}{\lambda_2}\right)}.$$

Es muß erwähnt werden, daß bis jetzt noch keine Versuche bekannt sind, welche für die Prüfung der Formel (13) nach irgendwelcher Richtung brauchbar wären.

Die Versuche von Helmholtz und Piotrowski lassen vermuten, daß die Formel (13) wenigstens für sehr kleine Differenzen der Halbmessser

$$r_2 - r_1 = e$$

ziemlich richtig sein wird.

Für die Fälle, in welchen die Dicke e der Flüssigkeitsschicht sehr gering im Vergleiche zu den Halbmessern r_1 und r_2 ist, läßt sich die Formel (13) bedeutend vereinfachen, indem man in dieselbe die Größe e einführt und diejenigen Glieder vernachlässigt, welche die zweite, die dritte und die höheren Potenzen von e enthalten.

Falls wir uns mit einer Genauigkeit begnügen, welche den Gleichungen

$$r_2^2 = r_1 (r_1 + 2e) \text{ und } r_2^3 = r_1^2 (r_1 + 3e)$$

entspricht, so können wir statt der Gleichung (13) die folgende aufstellen

$$M = \mu 2 \pi h \frac{r_1^2 (r_1 + 3e) U_1}{(r_1 + e) e + \mu \left(\frac{r_1 + 3e}{\lambda_1} + \frac{r_1}{\lambda_2} \right)}.$$

Ist $3e$ im Verhältnis zu r_1 verschwindend klein, so wird die Gleichung noch einfacher, nämlich

$$M = \mu \frac{2 \pi r_1 h U_1}{e + \frac{\mu}{\lambda_1} + \frac{\mu}{\lambda_2}} r_1 \cdot$$

Dividiert man diese Größe durch r_1, so erhält man den sogenannten Reibungswiderstand der zwei Zylinder, welchen wir mit F bezeichnen wollen. Es ist also

$$F = \mu \frac{2 \mu r_1 h U_1}{e + \frac{\mu}{\lambda_1} + \frac{\mu}{\lambda_2}}$$

oder

$$F = \frac{2 \pi r_1 h U_1}{\frac{e}{\mu} + \frac{1}{\lambda_1} + \frac{1}{\lambda_2}}.$$

Bezeichnen wir nun den Flächeninhalt der ganzen Berührungsfläche des inneren Zylinders mit der Flüssigkeit durch Q, d. h. $2\pi r_1 h = Q$, so ist

$$F = \frac{Q U_1}{e + \frac{\mu}{\lambda_1} + \frac{\mu}{\lambda_2}}. \tag{14}$$

Diese Formel läßt sich in Worten wie folgt ausdrücken:

Bei konstanter Temperatur der schmierenden Flüssigkeit ist der Reibungswiderstand zweier geschmierter Zylinder direkt proportional: 1. dem Koeffizienten der inneren Reibung dieses Schmiermittels für jene Temperatur, 2. dem Inhalte der Berührungsfläche der sich reibenden starren Körper und 3. der ersten Potenz der relativen Geschwindigkeit jener Körper an ihrer Berührungsfläche. Hingegen ist jener Reibungswiderstand umgekehrt proportional einer aus folgenden drei Gliedern bestehenden Summe: aus der Dicke der schmierenden Flüssigkeitsschicht plus den zwei Verhältnissen der Koeffizienten der inneren Reibung bei der gegebenen Temperatur zu den Koeffizienten der äußeren Reibung der Flüssigkeit, einmal mit dem inneren Zylinder, das andere Mal mit dem äußeren.

Es muß nun wohl berücksichtigt werden, daß die Gleichung (14) nur für diejenigen Fälle gültig ist, in welchen die Bewegung in der Weise sich vollzieht, als ob die Flüssigkeit aus unendlich feinen zylindrischen Schichten zusammengesetzt wäre, welche eine mit den starren Zylindern gemeinschaftliche Achse haben, so daß die Bewegung ähnlich wie in den Röhren von Poiseuille, Hagen und Jacobson vor sich geht. Hierbei ist nur der Unterschied, daß, während bei letzteren die Schichten in den Röhren, ohne sich zu vermischen und ohne sich um die Achse zu drehen, parallel zur Achse sich bewegten, im vorliegenden Falle die Schichten sich um die Achse drehen, ohne sich zu vermischen und ohne sich parallel zur Achse zu verschieben. Ist indessen die Bewegung der Flüssigkeit komplizierter, was der Fall sein würde, wenn die tatsächlichen Geschwindigkeiten der bewegten Flüssigkeitsteilchen größer wären, als wir angenommen, oder wenn die von den Angriffspunkten der Kräfte der inneren Reibung zurückgelegten Wege größer als diejenigen wären, welche der angenommenen Hypothese entsprechen, dann würde der Widerstand, welcher der Drehung des Zylinders entgegengesetzt wird, größer als der nach Formel (14) berechnete Widerstand F sein.

Bevor wir zur Anwendung der Formel (14) auf Fälle der Praxis übergehen, sollen alle diejenigen Verhältnisse bezeichnet werden, welche einen Unterschied zeigen zwischen den Umständen, wie sie bei der Reibung der Maschinenteile obwalten, und denjenigen Umständen, für welche die Formel abgeleitet wurde. Zweitens soll auf Grund der bis jetzt angestellten Versuche und Beobachtungen, sei es auch nur in allgemeinen Umrissen, der Wirkungsgrad eines jeden den Unterschied bildenden Umstandes bestimmt werden.

Die Analogie zwischen den Reibungserscheinungen bei geschmierten Maschinenteilen und der idealen Erscheinung, welche wir erforscht haben, besteht darin, daß in beiden Fällen ein Zylinder in einem anderen um die gemeinschaftliche Achse gedreht wird.

Der Unterschied zwischen den in der Praxis vorkommenden Erscheinungen und der idealen hängt von vielen Umständen ab.

Der auffallendste Unterschied bezieht sich auf die Länge der Zylinder. In dem idealen Falle war die Länge der Zylinder als unendlich groß vorausgesetzt, was in Wirklichkeit nicht vorkommen kann. Der Unterschied jedoch in der Größe des Reibungswiderstandes bei einer unbegrenzten und bei einer begrenzten Länge der Zylinder besteht nur darin, daß im ersten Falle die Adhäsionskraft der Flüssigkeitsteilchen an den einschließenden Zylinderoberflächen an allen Punkten der Oberflächen der Zylinder dieselbe ist, während bei einer begrenzten Länge der Zylinder die Adhäsionskraft an den mittleren Teilen eine andere ist als an denjenigen Punkten der Zylinder, welche den Rändern derselben näher liegen. Berücksichtigen wir nun, daß die Wirkungssphäre der Adhäsionskräfte zwischen flüssigen und starren Körpern einen unmeßbar kleinen Halbmesser hat, so sehen wir ohne weiteres ein, daß die gesamte Reibungsfläche der Maschinenteile unermeßlich groß im Vergleiche zu denjenigen Teilen der Reibungsfläche ist, welche, an den Zylinderrändern gelegen, die Breite der Adhäsionssphäre haben, und für welche die Reibung anders als in den übrigen Teilen der Reibungsfläche ausfällt.

Man ist daher berechtigt den mitteren Reibungswiderstand pro Quadrateinheit der Reibungfläche unter Berücksichtigung der Wirkung der Ränder und unter Nichtberücksichtigung ihrer Wirkung in beiden Fällen als nahezu gleich groß anzunehmen.

Der zweite, obwohl auffallende, indessen wohl nicht sehr ins Gewicht fallende Unterschied zwischen den Verhältnissen der Bewegung in den Maschinen und der für die Ableitung der Formel (14) verwendeten idealen Anordnung besteht darin, daß in den Maschinenteilen keine Kontinuität der Oberfläche des äußeren starren Zylinders in der zur Achse senkrechten Richtung vorhanden ist.

Bekanntlich bestehen die Lager aus einzelnen Teilen, und sogar in diesen ist die Zylinderoberfläche keine kontinuierliche, sondern dieselbe wird durch Rillen, welche für den Zufluß des Schmiermittels dienen, unterbrochen. An den Rändern der einzelne Teile und der Rillen treten besondere, denjenigen ähnliche Verhältnisse auf, welche bei der Besprechung der Wirkung der begrenzten Zylinderlänge erwähnt wurden. Aber auch hier wie dort sind die in abweichenden Verhältnissen befindlichen Flächen im Vergleich zu der Berührungsfläche der Zapfen mit den Lagern verschwindend klein. Die Wirkung der zur Achse parallelen Ränder kann eventuell von größerem Einfluß als diejenige zur Achse senkrechter Ränder sein, wenn beispielsweise die Längsränder die Bewegung der Flüssigkeit komplizierter gestalten, als es bei unserer theoretischen Untersuchung vorausgesetzt wurde, wo es nämlich hieß, daß die Flüssigkeitsschichten nur auf Zylinderoberflächen, welche eine gemeinschaftliche Achse besitzen, gegenseitig bewegt werden können.

Ein viel beträchtlicherer Unterschied zwischen den Verhältnissen, welche bei den Maschinenbewegungen eintreten, und denjenigen Verhältnissen, welche in unserem Idealfalle vorausgesetzt wurden, besteht in der Inkonstanz der Temperatur, bei welcher die Maschinenteile sich gegenseitig reiben. Unsere Formel wurde in der Voraussetzung abgeleitet, daß die Temperatur der schmierenden Schicht für alle Punkte und für die ganze Dauer der Bewegung konstant sei. In Wirklichkeit ist aber die Temperatur nicht nur für verschiedene Zeitpunkte verschieden, sondern auch die verschiedenen Punkte der schmierenden Schicht haben in einem und demselben Zeitpunkte eine andere Temperatur. Nach den Untersuchungen von E. O. Meyer über die Eigenschaften des Rüböls sollte man meinen, daß bei Temperaturveränderungen der schmierenden Schicht die Koeffizienten μ, λ_1 und λ_2 sich verändern, und daß diese Veränderungen eventuell sehr groß ausfallen können. Je stärker aber diese Koeffizienten sich verändern, als um so beträchtlicher kann der Unterschied zwischen den Beobachtungsresultaten der wirklichen Erscheinungen und den Rechnungsresultaten für eine konstante Temperatur sich erweisen.

Einen weniger auffallenden, jedoch keineswegs unbedeutenden Unterschied in den beiden zu vergleichenden Fällen bieten diejenigen Umstände, welche die Dicke der schmierenden Schicht in dem idealen und in den Fällen der Wirklichkeit beeinflussen.

In dem Idealfalle war die Dicke der schmierenden Schicht als eine bestimmt gegebene Größe betrachtet worden, welche für alle Punkte derselben konstant und durchaus von nichts abhängig war, so daß sie als eine unabhängige Veränderliche betrachtet werden durfte. In den Erscheinungen der Wirklichkeit wird die Dicke der Schicht e nicht gegeben, sie läßt sich sogar nicht einmal messen; erstens, weil sie ungemein klein ist und deshalb sich der Messung sozusagen entzieht, und zweitens, weil sie durchaus nicht in allen Punkten konstant ist. Man muß sie daher auf indirektem Wege bestimmen, und sogar dann erscheint sie als eine höchst komplizierte Funktion von vielen Verhältnissen. Streng genommen hat die Dicke der Schmierschicht zwischen den Maschinenteilen für einen jeden Punkt der Oberfläche eines Zapfens beispielsweise ihren besonderen Wert. Deshalb ist in die Formeln (14) und (14 a) nicht die wirkliche Größe e, sondern eine ideale mittlere einzusetzen, welche für jeden einzelnen Fall besonders zu ermitteln ist. Diese mittlere Größe werden wir beständig berücksichtigen und werden ihrer oft zu erwähnen haben. Zum Unterschiede von der wirklichen Größe e wollen wir die mittlere Dicke der schmierenden Schicht, welche dem gegebenen Falle entspricht, mit ε bezeichnen [8]).

Bei den Anwendungen der Formeln auf etwaige spezielle Fälle haben wir uns also nicht mehr der Formeln (14) und (14 a) zu bedienen, sondern haben andere, der Form nach mit jenen gleiche aufzustellen, in welchen ε statt e eingesetzt ist. Diese Formeln sind die folgenden:

$$F = \mu \frac{Q U_1}{\varepsilon + \frac{\mu}{\lambda_1} + \frac{\mu}{\lambda_2}},$$

oder bei gegenüber μ sehr großen $\lambda_{1,2}$

$$F = \mu \frac{Q U_1}{\varepsilon}.$$

Die Größe ε ist, wie erwähnt, eine sehr verwickelte Funktion von sehr vielen unabhängigen Veränderlichen.

a) In erster Reihe muß bemerkt werden, daß die geschmierten Oberflächen der Maschinenteile einander nicht mathematisch genau entsprechen. Die Vertiefungen und Vorsprünge an den Oberflächen sind wohl gewöhnlich sehr klein, aber die Dicke der schmierenden Schicht ist auch sehr gering. Sind also die Abweichungen von der regelmäßigen Form der sich reibenden Flächen im Vergleiche zu den Dimensionen der Flächen scheinbar noch so unbedeutend, für das bloße Auge fast gänzlich unsichtbar, so können sie trotzdem sehr beträchtlich im Vergleiche zu der Dicke der schmierenden Schicht sein und können demzufolge starke örtliche Vergrößerungen und Verkleinerungen der Dicke der Schmierschicht hervorrufen.

b) Als zweiter Umstand, welcher die Dicke der Schmierschicht bedingt, kann der Druck gelten, welcher die Schmiere aus dem von derselben eingenommenen Raume herauspreßt. Eigentlich sind noch keine Versuche behufs Ermittelung des Abhängigkeitsverhältnisses zwischen der Dicke der schmierenden Schicht und dem Drucke pro Quadrateinheit der geschmierten Berührungsfläche der Maschinenteile vorgenommen worden. Es scheint jedoch, daß die Dicke der schmierenden Schicht von dem Drucke pro Quadrateinheit abhängig ist, und daß einem größeren Drucke eine kleinere Dicke der Schicht entspricht. Man kann in bezug auf dieses Abhängigkeitsverhältnis behaupten, daß, je geringer die Adhäsion der Flüssigkeit an die umschließenden festen Körper ist und je beweglicher die Teilchen der Flüssigkeit sind, umso leichter dieselbe herausgepreßt wird. Wenn also die Temperaturerhöhung die Beweglichkeit der Flüssigkeit vergrößert und die Adhäsion vermindert, so zieht die Temperaturerhöhung gleichzeitig eine Verminderung der Dicke der schmierenden Schicht nach sich. Wir können nun sagen, daß die Dicke der schmierenden Schicht eine Funktion der Druckes pro Quadrateinheit ist, welche bei Erhöhung des Druckes abnimmt, und daß sie außerdem eine noch unbekannte Funktion von μ, λ_1 und λ_2 und von der Temperatur ist.

c) Der Druck bedingt aber nur die maximale Dicke der Schmierschicht, er verhindert keineswegs, daß die Dicke jener Schicht beliebig klein wird. Wenn der Zutritt der Schmiere zu der zu schmierenden Oberfläche in ungenügender Menge stattfindet, so daß die größtmögliche Dicke der schmierenden Schicht auch nicht erreicht werden kann, so kann sich die Schmiere trotzdem wohl über die ganze Fläche verbreiten. Die Dicke der schmierenden Schicht ist also von der Zuflußmenge der Schmiere abhängig.

d) Wenn die Ränder der geschmierten Teile, beispielsweise die Ränder der Lager oder der Rillen, derartig gestaltet sind, daß sie die sogar in Fülle zutretende Schmiere von der Achse abschaben, so wird die Dicke der Schmierschicht vermindert. Die Dicke ε ist also eine gewisse Funktion von der Gestalt der Lager- und Rillenräder.

e) Endlich wirken auf die geschmierten Teile gewisse äußere Kräfte, welche ihre Form verändern. Diese Formveränderungen sind sehr oft nicht für beide sich reibenden Flächen die gleichen. Auf diese Weise ist also die Formveränderung eine neue Ursache dafür, daß die Reibungsflächen einander nicht entsprechen, und je größer die äußeren Kräfte sind, je größere Veränderungen dieselben in den starren Körpen hervorrufen, um so stärker kann die Nichtübereinstimmung der Reibungsflächen miteinander hervortreten. Die mittlere Dicke der Schicht ε ist also von den äußeren Kräften, welche die Form der Reibungsflächen zu verändern suchen, abhängig. Die angeführte Zusammenstellung zeigt, daß bei einer Vergleichung der auf Grund der Gleichungen (15) erhaltenen Rechnungsresultate mit den Resultaten der wirklichen Erscheinungen sehr viele Umstände zu berücksichtigen sind.

Außer den erwähnten Umständen werden wir in vielen Fällen verschiedene andere Bedingungen, welche eine mehr oder minder große Wirkung ausüben können, noch zu berücksichtigen haben; diese Verhältnisse werden später besprochen werden. Was nun die Formel (15) anlangt, so kann dieselbe auf die Erscheinungen der Wirklichkeit gar nicht angewandt werden, wenn die äußeren Kräfte, welche die Metallteile angreifen, dieselben so stark aneinander drücken, daß die Metallflächen unmittelbar aufeinander zu wirken anfangen.

Das gänzliche Verschwinden der schmierenden Schicht wird bis zu einem gewissen Grade durch die Porosität der Metalle verhindert. Die Schmiere dringt durch die Poren in die Tiefe der Metallteile ein, tritt aber dann wieder durch dieselben an die Oberfläche*). Mit Rücksicht auf diesen Umstand kann man behaupten, daß bei den Bewegungen der Maschinenteile ein völliges Verschwinden der Schmiere in höchst seltsnen Fällen eintreten wird. Bei großem Drucke und ungenügender Schmierung können jedoch die Metallflächen so nahe aneinander gepreßt werden, daß die Wirkung der Molekularkräfte sichtbar zutage tritt und die Anwendung der Formel (15) unmöglich macht. Je geringer die äußeren Kräfte die sich reibenden Flüssigkeitsteile aneinander pressen, und je reichlicher die Schmierung vor sich geht, um so wahrscheinlicher wird die Übereinstimmung zwischen den Tatsachen und der Formel sein. Die Größe der Wirkung jedes einzelnen Umstandes auf die mittlere Dicke ε der schmierenden Schicht läßt sich aber nur aus einer Vergleichung der Formel mit Versuchen ermitteln.

[Hier folgt in der Originalarbeit eine ausführliche Diskussion der damals vorliegenden Versuche von Hirn, Thurston und Kirchweger.]

Schlußfolgerungen.

Die Versuche liefern keine einzige Tatsache, welche mit der Gleichung (15) im Widerspruch stände; alle schein-

*) Diese Erscheinung wird leicht an Lagern beobachtet, besonders wenn dieselben einem starken Drucke ausgesetzt waren. Nimmt man ein Lager von der Achse herunter und wischt es ganz trocken ab, so bemerkt man leicht, das die Oberfläche des Lagers in kurzer Zeit sich mit einer Schicht Schmiere bedeckt, welche sichtbar aus den Poren hervorgetreten ist und ziemlich große Tropfen bildet. Dieses Hervortreten der Schmiere dauert zuweilen stundenlang.

baren Widersprüche lassen sich leicht durch die Wirkung der Temperatur und durch die höchstwahrscheinliche Verschiedenheit in dem Anpassen der Lager erklären. Die Gleichung (15) kann und muß als richtig angesehen werden.

Gegenwärtig können wir also die höchstwahrscheinliche Behauptung aufstellen, daß für reichlich geschmierte Maschinenteile, in welchen das Aneinanderpassen der Reibungsflächen einen hohen Genauigkeitsgrad besitzt, der Reibungskoeffizient

1. dem Koeffizienten der inneren Reibung des flüssigen Schmiermittels bei der Temperatur der Schmierschicht und

2. der relativen Geschwindigkeit der sich reibenden Teile direkt und

3. der wirklichen mittleren Dicke der zwischen den Reibungsflächen befindlichen Schmierschicht und

4. dem auf die Flächeneinheit der Berührungsfläche ausgeübten Drucke umgekehrt proportional ist.

5. Bei konstanter Temperatur ist die Dicke der Schmierschicht der Quadratwurzel aus der relativen Belastung der Berührungsfläche umgekehrt proportional [4]).

6. Wir können also anstatt 4. und 5. auch sagen, daß bei konstanter Temperatur der Reibungskoeffizient der Quadratwurzel aus dem auf die Flächeneinheit ausgeübten Drucke umgekehrt proportional ist.

7. Die Temperatur der Schmierschicht ist von den Eigenschaften des Schmiermittels, von der Geschwindigkeit, vom Drucke, von der Wärmeleitung der die Schmierschicht umgebenden Körper und von der umgebenden Lufttemperatur abhängig. — Für nicht beständig und ungenügend geschmierte Maschinenteile und für Maschinenteile, in welchen die Anpassung der sich reibenden Flächen nicht sehr genau ist, ist der Reibungskoeffizient größer als in den oben bezeichneten Fällen, und zwar in dem Maße, als der Zufluß der Schmiere geringer oder der Ungenauigkeitsgrad der Anpassung der Reibungsflächen größer ist. Der zu berücksichtigende Ungenauigkeitsgrad der Anpassung der Reibungsflächen besteht nicht nur aus den beim Schleifen der Reibungsflächen nicht beseitigten Unregelmäßigkeiten, sondern auch aus den Formänderungen, welche die sich reibenden Körper durch die äußeren Kräfte erleiden. —

In dem Maße, wie die Thesen über den Reibungskoeffizienten richtig sind, müssen auch die aus denselben gewonnenen Ableitungen über den Reibungswiderstand bei der Bewegung der Maschinenteile richtig sein. — Wir führen hier diese Schlußfolgerungen in der Absicht an, um zu zeigen, daß der Reibungswiderstand sich ganz anders, als es gewöhnlich angenommen wird, darstellt, und um einige bis jetzt noch unerklärte Erscheinungen zu erklären.

Es wird allgemein angenommen, daß der Reibungswiderstand dem Drucke proportional ist; wir wollen nun zeigen, daß dies nur unter gewissen, bei weitem nicht immer stattfindenden Verhältnissen der Fall ist. Dem Inhalte der Reibungsfläche wird, wenn derselbe genügend groß ist, um das Herauspressen der Schmiere zu verhindern, gewöhnlich gar keine Wirkung zugeschrieben; wir werden indessen sehen, daß diese Wirkung sehr merklich ist, und daß der Reibungswiderstand um so größer ist, je größer die Reibungsfläche wird. Die Temperaturwirkung wurde von einzelnen Gelehrten anerkannt, von anderen nicht; niemand hat aber die Temperaturwirkung auf den Reibungswiderstand streng zu bestimmen versucht, obgleich die bedeutende Wirkung der Temperatur auf den Reibungswiderstand sehr leicht zu bestimmen ist, freilich nicht für alle Öle und nicht für alle Temperaturen, jedenfalls aber für das Rüböl, das Olivenöl und für Wallrath in den Temperaturgrenzen zwischen 0^0 und 60 oder 70^0 C. —

Der Reibungswiderstand F ist der Belastung P dann proportional, wenn der Reibungskoeffizient $\frac{\mu U}{\varepsilon p}$ unveränderlich bleibt.

Um aber diese Bedingung bei einer veränderlichen Belastung P zu erfüllen, ist es notwendig,

1. daß $p = \frac{P}{Q}$ konstant bleibe, d. h., daß der Inhalt der Auflagerflächen dasselbe Verhältnis zu der Belastung behält und

2. daß der Wert von μ oder, was dasselbe ist, die Temperatur der Schmierschicht unveränderlich bleibt. Damit die Temperatur t der Schmierschicht eine Konstante sei, muß die entwickelte Wärmemenge der vom Maschinenteile

absorbierten immer gleich sein; wenn also $\varDelta$ der Wärmeleitungskoeffizient, t_0 die äußere Lufttemperatur und E das mechanische Wärmeäquivalent sind so muß

$$\frac{\mu U^2 P}{\varepsilon p E} = \varDelta (t - t_0)$$

sein.

Diese Gleichung zeigt, daß t nur dann konstant bleiben kann, wenn t_0 veränderlich wird, und zwar in der Weise, daß t_0 abnimmt, wenn P größer wird.

Die erste Bedingung läßt sich durch eine passende Einrichtung der für verschiedene Belastungen bestimmten Maschinenteile herstellen, wird aber ein Maschinenteil von verschiedenen Belastungen beansprucht, so kann ein konstantes Verhältnis zwischen dem Normaldrucke und dem Reibungswiderstande nur dann eintreten, wenn eine jede Druckänderung mit einer gleichzeitigen und entsprechenden Änderung des Reibungsflächeninhaltes verbunden ist. Eine derartige Veränderlichkeit der Reibungsflächen ist jedoch nicht üblich, daher können nur in verschiedenen Maschinen bei entsprechenden Temperaturen die Reibungswiderstände den Normalbelastungen proportional sein. —

Alle von uns angeführten Thesen über die Abhängigkeit des Reibungskoeffizienten von verschiedenen Verhältnissen scheinen wohl ziemlich wahrscheinlich zu sein, können indessen keineswegs als unbedingt richtige Gesetze gelten.

Um diese Thesen entweder zu verwerfen oder als richtig zu erklären, bedarf es neuer Versuchsresultate, welche für eine gründlichere Untersuchung als die bisherigen geeignet wären. Solche Versuche erscheinen unumgänglich nötig, um das Irren in so wichtigen Fragen wie die Reibung der Maschinenteile (der Reibungskoeffizient ist in den Versuchen von Hirn und Thurston in den Maschinenteilen zwischen 0,0019 und 0,5083 oder zwischen 1 und 250 veränderlich) zu beseitigen. Indem wir gegenwärtig nach den gebräuchlichen Regeln verfahren, können wir zuweilen bei der Bestimmung des Reibungskoeffizienten und der Reibungswiderstände eines gewissen Maschinenteiles zehn- und mehrfach größere als die wirklichen Werte jener Größen erhalten. Um den Reibungskoeffizienten, wenn auch nur für die günstigsten Verhältnisse: wenn die Reibungsflächen vollkommen aneinander angeschliffen sind, wenn die äußeren Kräfte die Form der Reibungsflächen und deren Aneinanderpassen nicht beeinflussen, wenn ferner der Zufluß des Schmiermittels reichlich ist, im voraus bestimmen zu können, fehlen uns jetzt noch viele Kenntnisse. Wir müssen nämlich kennen:

1. Die Größe der inneren Reibung der schmierenden Schicht bei einer bestimmten Temperatur.

2. Die Abhängigkeit der inneren Reibung der schmierenden Flüssigkeit von der Temperatur.

3. Die Abhängigkeit der Dicke der Schmierschicht von der Geschwindigkeit, von der Belastung pro Flächeneinheit der Berührungsfläche der sich reibenden Teile, von den Eigenschaften der geschmierten Metalle und von der Temperatur.

4. Das Gesetz der Wärmeleitung von der Schmierschicht in das umgebende Mittel. —

Erst wenn wir über diese Punkte Klarheit haben, können wir, und auch nur für den Fall eines absolut richtigen Anpassens der Auflagerflächen, ferner bei einer richtigen Schmierung, endlich bei einer Unveränderlichkeit der Berührungsflächen, den Reibungskoeffizienten und den Reibungswiderstand bei einer beliebigen flüssigen Schmierung bestimmen, und zwar sobald die Geschwindigkeit der relativen Bewegung der Auflagerflächen, der auf die Flächeneinheit derselben ausgeübte Normaldruck, die Eigenschaften der sich reibenden Metalle, die äußere Lufttemperatur und die Wärmeleitung der sich reibenden Teile gegeben sind.

Hiervon abgesehen, können wir dann auch noch die günstigsten Bedingungen bestimmen, bei welchen für ein gegebenes Schmiermittel die Arbeit der Reibung am geringsten sein wird.

Ist diese letzte Frage für jede als Schmiermittel in Betracht kommende Flüssigkeit gelöst, so ist die Frage über die Wahl des Schmiermittels leicht zu beantworten.

Mit der Lösung aller der im vorhergehenden bezeichneten Fragen wird jedoch die Frage über die Reibung in ihrem vollen Umfange noch nicht gelöst, und viele wesentliche Fragen aus diesem Gebiete der Technik werden unbeantwortet bleiben.

In der Regel haben wir es mit Maschinenteilen zu tun, deren Reibungsflächen gerade nicht den höchsten Grad von

Genauigkeit in bezug auf Anpassung und Anschleifen der Reibungsflächen besitzen. In der täglichen Praxis kommen nicht vollständig genau angepaßte Reibungsflächen oder durch den Einfluß äußerer Kräfte entstandene Alterationen genau angepaßter Flächen vor. Die Schmiermittel werden ferner nur in seltenen Fällen vollständig gut an die Reibungsflächen herangebracht. Unregelmäßigkeiten in dieser Hinsicht werden durch ein mangelhaftes Funktionieren der Schmierapparate oder durch einen ungünstigen Zustand der Lagerränder hervorgerufen. Für die Praxis sind am interessantesten diejenigen Reibungswiderstände, welche den wahrscheinlichsten Verhältnissen entsprechen, von welchen sowohl das Anpassen der Reibungsflächen als auch der Zutritt der Schmiere zwischen die Reibungsflächen abhängig ist.

Es müssen also folgende Fragen erörtert werden:

1. Die Bedeutung der Gesamtheit schädlicher Verhältnisse vom gegenwärtigen Stande des Maschinenbaues aus.

2. Die Wirkung einer größeren oder geringeren Genauigkeit, mit welcher die Flächen angepaßt sind, auf den Reibungswiderstand.

3. Die Wirkung einer größeren oder geringeren Biegsamkeit der Zapfen sowie auch die Wirkung anderer ähnlicher Umstände auf den Reibungswiderstand.

4. Die Wirkung einer reichlichen oder spärlichen Schmierung.

5. Die Wirkung des Zustandes, in welchem sich die Lagerränder befinden.

Nur eine derartige umfassende und allseitige Erörterung der Frage kann den Reibungswiderstand in eine Reihe mit denjenigen Kräften stellen, über welche wir mehr oder minder nach unserem Belieben verfügen können. Diese Untersuchung wird uns weiter die Mittel geben, den Reibungswiderstand in einer gegebenen Richtung zu vergrößern oder denselben zu vermindern; diese Untersuchung wird weiterhin unsere Irrtümer in bezug auf die Fragen über die Reibung nachweisen, wird dieselben beseitigen und uns zeigen, auf welche Weise gewisse Aufgaben, beispielsweise die Frage nach der Bestimmung der Zapfenabmessungen oder nach der Bestimmung des pro Einheit der Auflagerfläche ausgeübten Druckes oder endlich die Frage nach der Wahl des Lagermetalls, zu lösen sind[5]). —

Osborne Reynolds, Über die Theorie der Schmierung und ihre Anwendung auf Herrn Beauchamp Towers Versuche.

Aus „Philosophical Transactions of the Royal Society" I. Teil 1886. Übersetzung nach O. Reynolds, Papers on mechanical and physical subjects, Vol. II Nr. 52.

I. Abschnitt.

Einleitung.

1. Die Schmierung oder die Wirkungsweise von Öl und anderen zähen Flüssigkeiten, die zur Verminderung der Reibung und der Abnutzung fester Oberflächen dienen, scheint bisher noch nicht zum Gegenstand einer theoretischen Behandlung gemacht worden zu sein. Einer solchen Behandlung mag die Ungeklärtheit der dabei auftretenden physikalischen Vorgänge im Wege gestanden sein; denn es handelt sich hier um eine bisher wenig bekannte Klasse, nämlich die Grenz- oder Oberflächenwirkung von Flüssigkeiten. Aber das Fehlen dieser Behandlung hängt auch mit dem völligen Mangel an allgemeinen experimentell bestimmten Gesetzmäßigkeiten zusammen.

Der Gegenstand ist von so grundsätzlicher Wichtigkeit für die Technik, und der Beobachtungsmöglichkeiten sind so viele, daß man wohl überrascht sein darf, wenn jegliche allgemeinen Gesetze der Entdeckung bis heute entgangen sind.

Abgesehen von der allgemein gewonnenen Erfahrung ist die Reibung geschmierter Oberflächen der Gegenstand ausführlicher Untersuchungen durch sorgsame und fähige Experimentatoren gewesen. Auch sind vielfach empirische Gesetze vorgeschlagen worden; jedoch stimmen diese weder gegenseitig überein, noch decken sie sich mit der allgemeinen Erfahrung.

2. Die neueste Untersuchung ist die von Herrn Beauchamp Tower, unternommen auf Veranlassung der Institution of Mechanical Engineers. Herrn Towers erste Arbeit wurde im November 1883, seine zweite 1884 veröffentlicht (Proc. Inst. Mechanical Engineers). In diesen Arbeiten legt Herr Tower, ohne einen Versuch Formeln aufzustellen, die Ergebnisse von Experimenten nieder, die augenscheinlich mit großer Sorgfalt und unter ganz verschiedenen, gut gewählten Verhältnissen ausgeführt sind. Die Ergebnisse, die unter den gewöhnlichen Bedingungen für Schmierung erhalten wurden, stimmen insoweit mit den Ergebnissen früherer Versuche überein, als sie einen völligen Mangel an jeglicher Regelmäßigkeit zeigen. Eine der Ursachen dieses Mangels an Regelmäßigkeit jedoch, nämlich unregelmäßige Zufuhr des Schmiermittels, scheint Herrn Tower schon am Anfang seiner Versuche klar geworden zu sein und ihn bestimmt zu haben, unter seine Experimente den ungewöhnlichen Fall ganz in Öl getauchter Reibungsflächen aufzunehmen. Dies war ein sehr glücklicher Griff; denn nicht nur weisen die so erhaltenen Resultate einen hohen Grad von Regelmäßigkeit auf, sondern diese Experimente führten ihn auch zufällig auf eine Erscheinung, die zusammen mit seinen experimentellen Resultaten ein experimentum crucis dafür darstellt, daß in den Versuchen mit dem Ölbad die Oberflächen wirklich völlig und ständig durch eine Ölschicht getrennt waren. Diese Schicht wurde durch die Bewegung des Zapfens aufrecht erhalten, obgleich der Druck im Öl am Lagerdeckel, wie durch direkte Messungen gezeigt wurde, um 625 lbs auf den Quadratzoll $\left(44{,}0\ \frac{\text{kg}}{\text{cm}^2}\right)$ über dem Druck im Ölbad stand.

Die Ergebnisse dieser Ölbadversuche sind sehr wichtig, obwohl diese Anordnung in der Praxis ungewöhnlich ist. Sie zeigen, daß bei vollkommener Schmierung ein bestimmtes Gesetz für die Abhängigkeit der Reibung von Druck und Geschwindigkeit bei einem bestimmten Zapfen und einer bestimmten Schale aufgestellt werden kann. Dies weist unbedingt darauf hin, daß die früher gefundene Unregelmäßigkeit die Folge unvollständiger Schmierung war. Herr Tower hat Folgendes herausgefunden: wenn er das Bad durch ein Ölkissen ersetzte, das gegen den freien Teil des Zapfens gepreßt wurde, und es so leicht einfettete, daß es gerade für das Gefühl wahrnehmbar war, so fand er wieder erhebliche Regelmäßigkeit der Ergebnisse; diese waren jedoch sehr verschieden von den mit dem Ölbad gewonnenen. Ferner erhielt er bei mittlerer Schmierung dazwischen liegende Ergebnisse, von denen er sagt: „Tatsächlich waren diese Ergebnisse im Allgemeinen so unsicher und so unregelmäßig, daß sie in wenige Worte zusammengefaßt werden müssen. Die Reibung hängt von der Menge und der gleichmäßigen Verteilung des Öles ab und kann jeden beliebigen Wert zwischen dem mit dem Ölbad erhaltenen und dem ungeschmierten Zustand annehmen, entsprechend einer vollkommeneren oder unvollkommeneren Schmierung."

3. Beim Lesen von Herrn Towers Arbeit erschien es dem Verfasser möglich, daß im Falle des Ölbades die Ölschicht dick genug gewesen sein könne, um die unbekannten Oberflächenwirkungen auszuschalten; in diesem Falle könnten die Resultate aus den Gleichungen der Hydrodynamik abgeleitet werden. Herr Tower scheint dies selbst ins Auge gefaßt zu haben; denn er bemerkt, daß nach der Theorie der Flüssigkeitsreibung der Widerstand mit dem Quadrat der Geschwindigkeit gehen müsse, während er in seinen Versuchsergebnissen nicht diesem Gesetz entsprechend wächst. Wenn man bedenkt, wie sehr allgemein das quadratische Widerstandsgesetz bei Flüssigkeiten ist, erscheint die Annahme, es müßte auch in diesem Falle gelten, nicht weiter bedenklich. Aber die genauere Untersuchung des Verhaltens von Flüssigkeiten in sehr kleinen Gerinnen, und besonders die jüngst vom Verfasser festgestellte kritische Geschwindigkeit, bei welcher das quadratische Widerstandsgesetz in ein lineares übergeht, zeigen, daß bei so zähen Flüssigkeiten wie Öl, solch kleinen Abmessungen, wie dem Raum zwischen Zapfen und Lager, und einer so beschränkten Geschwindigkeit, wie derjenigen der Zapfenoberflache, der Widerstand ceteris paribus der Geschwindigkeit proportional sein muß. Ferner kann die Dicke der Ölschicht nicht gleichmäßig sein und muß von der Geschwindigkeit abhängen. Und da ceteris paribus der Widerstand umgekehrt proportional der Dicke der Ölschicht sein muß, wird die Geschwindigkeit auf diesem Umweg eine sekundäre Wirkung auf den Widerstand aus-

üben. Schließlich wird der Widerstand von der Zähigkeit des Öles abhängen und diese hängt von der Temperatur ab. Aber da Herr Tower dafür gesorgt hat, alle Versuche derselben Reihe mit derselben Zapfentemperatur von 90° F (32° C) anzustellen, schien es zunächst nicht, als ob ein nennenswerter Temperatureffekt in den Resultaten stecken könnte.

4. Die Anwendung der hydrodynamischen Gleichungen auf Verhältnisse, die augenscheinlich denen der Towerschen Versuche ähnlich waren, führte sofort auf eine Beziehung zwischen der Druckverteilung an der Oberfläche und der Geschwindigkeit, welche die Existenz der Ölschicht bei höherem Druck zu erklären schien. Diese Gleichung wurde in einer der Sektion A der British Association 1884 vorgelegten Arbeit mitgeteilt. Aus einem Abschnitt in dem Bericht des Präsidenten (Brit. Assoc. Rep. 1884 p. 14) geht auch hervor, daß Professor Stokes und Lord Rayleigh gleichzeitig zu einem ähnlichen Ergebnis gekommen waren. Damals dachte der Verfasser noch nicht an einen Versuch der Integration. Bei weiterer Betrachtung erschien es jedoch möglich, die Gleichung so umzuformen, daß sie annähernd integriert werden, und schließlich die theoretischen Resultate mit den experimentellen verglichen werden konnten.

5. Dieser Vergleich zeigt, daß bei einem bestimmten Zapfen und Lager die mittlere Dicke der Ölschicht merklich konstant und daher bei konstanter Zähigkeit der Widerstand umgekehrt proportional der Geschwindigkeit wird. Da dies nicht in Übereinstimmung mit den Towerschen Experimenten ist, in welchen der Widerstand viel langsamer wächst, so folgt, daß dort entweder die Oberflächenwirkung sich bemerkbar macht, oder daß eine Steigerung der Öltemperatur eintritt, die von den zur Messung der Zapfentemperatur verwendeten Thermometern nicht angezeigt wurde.

Sicher wird die Temperatur in der Ölschicht, in welcher die ganze zur Überwindung der Reibung nötige Arbeit verzehrt wird, erhöht, und wenn man sorgfältig alle Möglichkeiten der Wärmeabfuhr betrachtet, so scheint es wahrscheinlich, daß eine Differenz von mehreren Graden zwischen Ölbad und Ölschicht auftreten muß.

Diese Temperaturerhöhung hat eine Verminderung der Zähigkeit zur Folge, so daß, wenn Widerstand und Temperatur mit der Geschwindigkeit wachsen, die Zähigkeit abnimmt und eine Abweichung vom linearen Zusammenhang hervorgerufen wird.

6. Um eine quantitative Abschätzung dieser sekundären Wirkung zu erhalten, war es notwendig, den Zusammenhang zwischen der Zähigkeit und der Temperatur des verwendeten Schmiermittels genau zu kennen. Zu diesem Zweck wurde die Zähigkeit von Olivenöl bei verschiedenen Temperaturen relativ zu der bekannten Zähigkeit des Wassers bestimmt[6]). Aus diesen Versuchsergebnissen wurde eine empirische Formel hergeleitet, mit Hilfe derer bestimmte Näherungsausdrücke für die Änderung der Zähigkeit mit der Belastung und der Geschwindigkeit erhalten wurden. Durch Berücksichtigung dieser Zähigkeitsänderung werden die Resultate der hydrodynamischen Theorie in vollkommene Übereinstimmung mit Towers Experimenten gebracht. Wir erhalten auf diese Weise nicht nur eine Erklärung für die ganz neuen Erscheinungen, die bei diesen Experimenten an den Tag gekommen sind — was als wichtige Bestätigung der grundlegenden Annahme der hydrodynamischen Theorie erscheint —, sondern wir finden auch, was aus den Experimenten selbst nicht hervorgeht, wie die verschiedenen Versuchsumstände die Ergebnisse beeinflussen.

7. Zwei Umstände werden besonders von der Theorie als wesentlich herausgefunden, welche bisher der Feststellung entgangen sind, auch der von Herrn Tower.

Der eine ist der Unterschied zwischen den Radien des Zapfens und der Lagerschale, das Lagerspiel.

Es ist wohl bekannt, daß die Einpassung des Zapfens in das Lager großen Einfluß auf das vom Zapfen übertragene Moment hat. Diese Einpassung wird aber mehr auf die Glätte der Oberfläche als auf das Zusammenstimmen der Radien zurückgeführt. Der Radius des Lagers muß immer um so viel größer sein als der des Zapfens, als zum sicheren und leichten Einpassen nötig ist. Mehr als dies ist meines Wissens nie vorgeschrieben worden.

Nun geht aus der Theorie hervor, daß bei konstanter Zähigkeit die Reibung umgekehrt proportional der Differenz der Radien von Zapfen und Schale sein wird, auch wenn der Berührungsbogen kleiner ist als der halbe Umfang.

Zieht man die Temperatur in Betracht, so zeigt sich aus dem Vergleich der theoretischen mit den experimentellen Resultaten, daß bei einer Temperatur von 70,5 ° F (21,4 ° C) der Radius der einen benutzten Lagerschale um 0,00077 Zoll (0,00195 cm) größer als der des Zapfens war, während bei einer Temperatur von 70 ° F (21,1 ° C) die Radiendifferenz für die andere Schale 0,00084 Zoll (0,00214 cm), also 9 % größer war als für die erste.

Diese beiden Schalen waren wahrscheinlich in gleiche Lage zu den Zapfen gebracht, und keine von beiden war merklich abgenutzt, so daß ihre annähernd gleich gute Anpassung nichts Überraschendes hat. Es wäre äußerst interessant zu untersuchen, ob fortgesetzte Abnutzung der Lager-

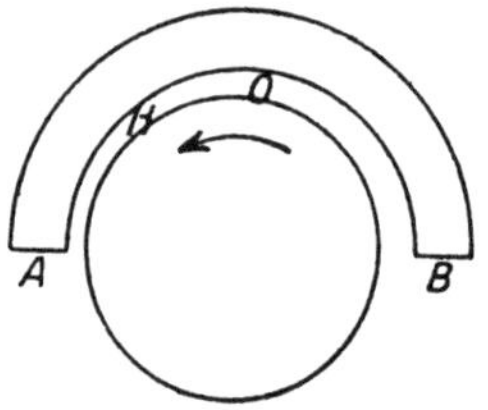

Fig. 1.

schalen diese Anpassung zu erhalten oder zu zerstören strebt. Dies geht aus den Towerschen Experimenten nicht hervor. Immerhin geht aber daraus hervor, daß mit wachsender Temperatur die Schale sich mehr ausdehnt als der Zapfen und daß ihr Radius mit wachsender Belastung in sehr bestimmter Weise wächst.

Ein anderer durch die Theorie ans Licht gebrachter und vorher nicht erwarteter Umstand, den Lord Rayleigh und der Verfasser in Montreal bemerkt haben, besteht darin, daß der Punkt kleinster Annäherung des Zapfens an die Schale keineswegs in der Richtung der Belastung liegt, und zwar — was der gewöhnlichen Annahme noch mehr zuwiderläuft — „unterhalb" der Richtung der Belastung*).

*) Die Ausdrücke „oberhalb" und „unterhalb" der Belastungsrichtung werden von Herrn Tower benutzt, um die Zugangs- und Abgangsseite zu bezeichnen, wie *B* und *A* in Fig. 1, wobei der Pfeil den Drehsinn anzeigt.

Dieser Umstand, dessen Ursache vollkommen klar aus den Gleichgewichtsbedingungen hervorgeht, gibt ohne weiteres Rechenschaft von einer seltsamen Erscheinung, die Herr Tower erwähnt: War nämlich der Zapfen in einer Richtung gelaufen, bis die anfängliche Tendenz, heißer zu werden, verschwunden war, so begann er sofort bei Umkehrung der Drehrichtuug wieder heißer zu werden. Aber dieser Effekt hörte auf, wenn der Prozeß oft wiederholt wurde. Der tatsächliche Vorgang ist der, daß bei Drehung in einer Richtung die Schale nur an der für diese Drehrichtung „unteren" Seite vom Zapfen angegriffen wurde, so daß bei Umkehrung die neue „untere" Seite sich wie ein neues Lager verhielt.

7 a. Von der Theorie werden auch in bestimmter Weise die Umstände aufgedeckt, welche die Höchstbelastung eines Lagers bei vollkommener Schmierung bestimmen, d. i. bei einer Ölschicht, welche sich über den ganzen Bogen zwischen Lager und Zapfen erstreckt.

Wird die Belastung über einen bestimmten kleinen Wert gesteigert, so hat das zur Folge, daß der Zapfen sich bei einem Punkte H dem Lager nähert, welcher mit wachsender Belastung von A nach O heranrückt. Ist die Belastung so groß, daß die kleinste trennende Entfernung ungefähr die Hälfte der Radiendifferenz beträgt, so liegt H um 40^0 unterhalb des Schalenmittelpunkts O. Bis dahin ist der Druck in der Ölschicht überall größer als bei A und B an den Enden der Schale. Aber wenn die Belastung weiter wächst, wird der Druck in der Nähe von A kleiner oder sogar negativ. Bei genügendem Sinken des Druckes wird die Ölschicht zerreißen, so daß sie sich nur noch über einen Teil des Bogens zwischen Schale und Zapfen erstreckt, und zwar über einen mit wachsender Belastung immer kleiner werdenden Teil. Da der Betrag negativen Druckes, den das Öl aushalten kann, von unsicheren Umständen abhängt, ist also die Belastungsgrenze, bei welcher vollständige Schmierung gesichert ist, diejenige, bei welcher die kleinste Entfernung von Zapfen und Schale halb so groß ist wie die Radiendifferenz.

Das Zerreißen der Ölschicht findet nicht am Punkte größter Annäherung statt, daher kann die Schale auch dann vom Zapfen vollständig getrennt sein; und wenn die Integration durchgeführt werden könnte, wären diese Verhältnisse so vollständig zu behandeln wie die der vollkommenen Schmierung. Aber die vorliegende Anwendung der Theorie wurde wegen dieser Schwierigkeiten auf die vollkommene Schmierung beschränkt. Immerhin erfordert diese keinesfalls ein Ölbad, sondern nur hinreichend Öl auf dem Zapfen.

Was geschieht, wenn die Ölzufuhr beschränkt ist, d. h. unzureichend für vollkommene Schmierung, kann nicht bestimmt ausgesagt werden ohne weitere Integration. Aber es mag genügen zu zeigen, daß die Schale immer noch vollständig vom Zapfen getrennt ist, wenn auch die trennende Schicht die Schale nur an einer begrenzten Oberfläche berührt. Für diesen Fall jedoch geht aus allgemeinen Überlegungen leicht hervor, daß im einen Grenzfall beschränkter Ölzufuhr die Reibung proportional der Belastung wächst und unabhängig von der Geschwindigkeit ist, im anderen Grenzfall, wenn Öl in Überschuß vorhanden ist, die Verhältnisse ganz so liegen wie beim Ölbad.

Der Einfluß begrenzter Zapfenlänge wird gleichfalls aus den Gleichungen deutlich, ebenso die Wirkung des Bundes am Lagerzapfen, der so angebracht ist, daß die Enden der Lagerschale dagegen auflaufen.

Die Theorie ist vollkommen anwendbar auf Fälle, bei denen die Richtung der Belastung gegenüber dem Lager sich ändert wie bei Kurbelzapfen und bei Lagern von Kurbelwellen einer Dampfmaschine. Doch ist dieser Fall nicht behandelt, da keine klaren Versuche zum Vergleich vorliegen.

8. Obwohl in der Hauptsache die vorliegenden Untersuchungen auf die Verhältnisse der Towerschen Experimente zugeschnitten sind, d. h. auf einen zylindrischen Zapfen mit einer zylindrischen Schale, hat es sich als notwendig erwiesen, einerseits von den allgemeinen Gleichungen reibender Flüssigkeiten auszugehen, andererseits etwas allgemeiner auf die physikalischen Eigenschaften der Zähigkeit und ihrer Abhängigkeit von der Temperatur einzugehen.

Von der Zähigkeit handelt ausführlich der Abschnitt II. Dieser Abschnitt enthält auch den Bericht über eine experimentelle Bestimmung der Zähigkeit von Olivenöl. Die allgemein aus den hydrodynamischen Gleichungen für zähe Flüssigkeiten abgeleitete Theorie mit den Anwendungen ist in den Abschnitten IV—VIII gegeben.

Einige Betrachtungen, welche bei der allgemeineren Behandlung nicht heran gezogen werden können, sind als vorläufige Erörterungen des Problems in Abschnitt III eingeführt und durch graphische Darstellungen illustriert, besonders da die allgemeine Methode sonst leicht das unmittelbare Ziel der Untersuchung verdeckt. Schließlich ist die Anwendung der Theorie auf die Towerschen Experimente in Abschnitt IX gegeben.

II. Abschnitt.

Die Eigenschaften der Schmiermittel.

9—13. (Dieser Abschnitt enthält Erörterungen über Zähigkeit im allgemeinen, sowie über die kritische Zahl; er ist hier weggelassen, weil der Inhalt heute als allgemein bekannt vorausgesetzt werden kann.)

III. Abschnitt.

Allgemeiner Überblick über die Wirkung der Schmierung.

14. Fall zweier fast paralleler durch eine zähe Flüssigkeit getrennter Oberflächen.

Fig. 2.

Es seien AB und CD (Fig. 2) senkrechte Querschnitte der Flächen; dabei sei CD endlich und groß gegen den Abstand h der beiden Flächen. Beide Flächen seien unbegrenzt in der Richtung senkrecht zur Zeichenebene.

1. Fall. Parallele Flächen in tangentialer Relativbewegung. —

In Fig. 3 ist die Fläche CD als ruhend angenommen, während AB sich nach links mit der Geschwindigkeit U bewegt.

Dann wird nach der Definition der Zähigkeit ein tangentialer Widerstand

$$F = \mu \frac{U}{h}$$

auftreten und die Tangentialgeschwindigkeit der Flüssigkeit wird vom Werte U bei AB linear zum Werte O bei CD abfallen. Stellt daher FG (Fig. 3) die Größe U dar, so stellt PN die Geschwindigkeit in der Flüssigkeit am Punkte P dar.

Der Anstiegwinkel der Geraden EG kann daher die Kraft F darstellen, und die Richtung der Tangentialkraft an beiden Flächen ist dieselbe, wie wenn EG gespannt wäre. Die ansteigenden geraden Linien stellen daher die Verhältnisse von Bewegung und Spannung durch die ganze Ölschicht dar (Fig. 3).

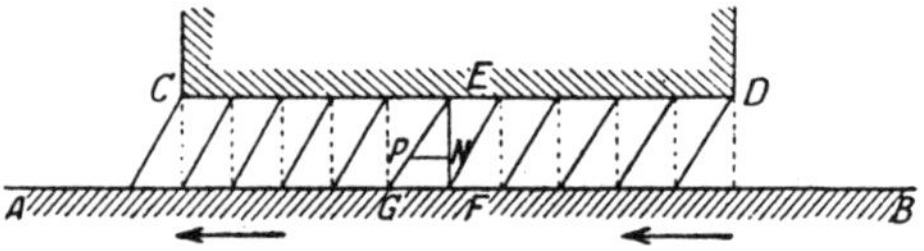

Fig. 3.

2. Fall. Parallele Flächen, die sich einander ohne Tangentialbewegung annähern. —

Die Flüssigkeit muß zwischen den Flächen herausgepreßt werden, und da an der Wand keine Bewegung stattfindet, wird die Horizontalgeschwindigkeit am größten in der Mitte zwischen den Flächen sein, null bei 0 in der Mitte von CD und am größten an den Enden.

Wenn in einem bestimmten Zustand während der Bewegung (dargestellt durch die gestrichelte Linie der Fig. 4) der Raum zwischen AB und CD in zehn gleiche Teile durch Vertikallinien geteilt wird (Fig. 4 gestrichelte Figur) und diese Linien als mit der Flüssigkeit bewegt angesehen werden, so werden sie bald danach die Lage der ausgezogenen Linien (Fig. 4) annehmen, wobei die zwischen jedem Paar der gekrümmten Linien eingeschlossene Fläche dieselbe ist wie die entsprechende in der gestrichelten Figur. In diesem Falle, wie im Falle 1, stellt die Entfernung QP die Bewegung in irgendeinem

Punkte P dar und der Anstiegwinkel der Kurven stellt die Schubkraft in der Flüssigkeit dar, wie wenn die Kurven gespannte elastische Bänder wären. Man ersieht daraus sofort, daß die Flüssigkeit durch die Reibung gegen die Mitte von CD hingezogen wird wie von gespannten elastischen Fäden, und daß daher der Druck am größten bei 0 sein und gegen die Enden C und D abfallen muß. Er wird

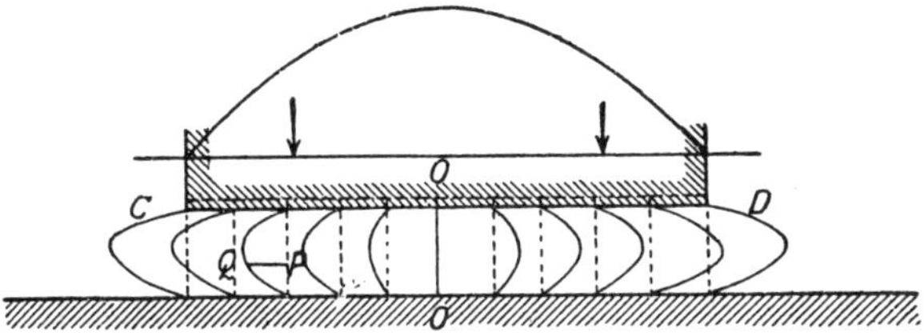

Fig. 4.

näherungsweise durch die obere Kurve in der Figur dargestellt.

3. Fall. Parallele Flächen, die sich einander nähern, mit einer Tangentialbewegung. — Die Bewegungslinien der Fälle 1 und 2 können superponiert werden durch Addition der Entfernung PQ in Fig. 4 zur Entfernung PN in Fig. 3.

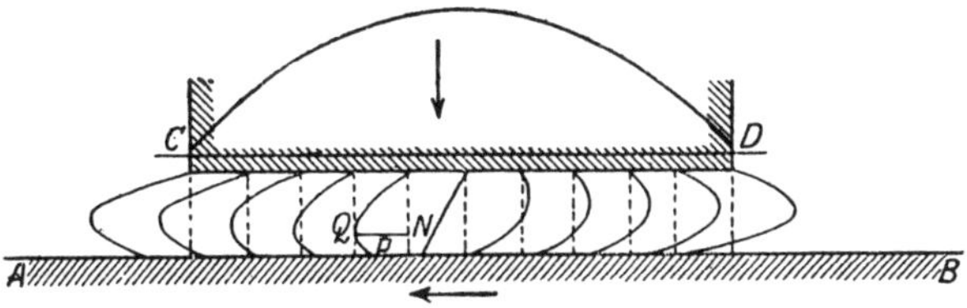

Fig. 5.

Das Ergebnis zeigt Fig. 5, deren Kurven in gleicher Weise wie oben die Bewegung und Spannungen in der Flüssigkeit darstellen, wenn die Flächen sich einander mit tangentialer Geschwindigkeit annähern.

In diesem Fall ist die Druckverteilung über CD ungefähr dieselbe wie im Falle 2 und die mittlere Schubkraft dieselbe wie im Falle 1. Die Verteilung der Reibungskraft über CD ist indessen eine andere. Dies zeigt sich an der Neigung der Kurven in dem Punkt, wo sie die Flächen treffen. An CD ist diese Neigung größer auf der linken und geringer auf der rechten Seite, woraus hervorgeht, daß die Reibungskraft gegenüber Fall 1 größer auf der linken und kleiner auf der rechten Seite wird. An AB ist die Neigung größer rechts und kleiner links, daher ebenso die Reibungskräfte.

4. Fall. Flächen gegeneinander geneigt mit einer Tangentialbewegung. —

AB ist in Bewegung wie in Fall 1 und CD ist geneigt wie in Fig. 6.

Die Wirkung wird in diesem Falle ungefähr dieselbe sein wie im zusammengesetzten Fall 3.

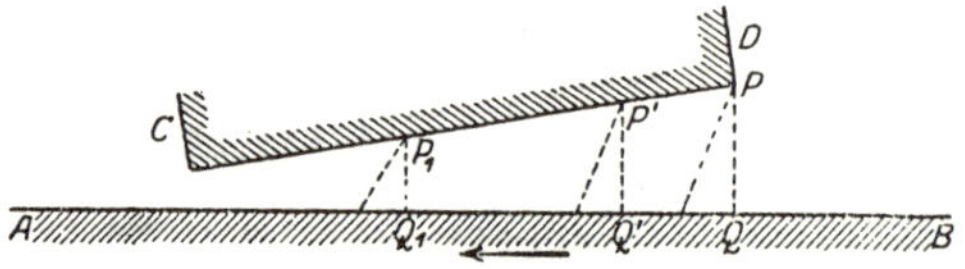

Fig. 6.

Denn wenn entsprechend der gleichförmigen Bewegung U von AB die Geschwindigkeit der Flüssigkeit von AB nach CD hin linear abfallen würde, dann würde die durch einen Querschnitt PQ durchtretende Flüssigkeitsmenge $PQ. \frac{U}{2}$ und folglich proportional PQ sein; aber die durch alle Querschnitte strömende Menge muß dieselbe sein, da die relative Entfernung der Flächen ungeändert bleibt. Deshalb muß im allgemeinen eine Ausströmung zwischen irgendwelchen vertikalen Querschnitten PQ, $P'Q'$ auftreten von der Größe

$$\frac{U}{2}(PQ - P'Q').$$

Diese Ausströmung findet nach rechts und links vom Querschnitt größten Druckes aus statt. Sei dieser $P_1 Q_1$, so strömt durch jeden anderen Querschnitt die Menge

$$\frac{U}{2}(PQ - P_1 Q_1)$$

nach rechts oder nach links, je nachdem PQ rechts oder links von $P_1 O_1$ liegt. Daher wird die Bewegung in diesem Querschnitt linear verteilt sein, und rechts und links werden die Kurven, welche Bewegung und Reibungskraft veranschaulichen, ungefähr wie in Fig. 5 verlaufen. Dies ist in Fig. 7 dargestellt.

Dies ist die Erklärung einer kontinuierlichen Schmierung.

Der Druck der trennenden Ölschicht erzeugt eine Kraft, welche die beiden Flächen auseinander zu halten strebt.

Die Mittellinie oder Resultierende dieser Kraft geht durch einen Punkt 0. Dieser Punkt 0 fällt nicht notwendig zusammen mit P_1, dem Punkte größten Druckes.

Wegen des Gleichgewichts der Fläche AB muß 0 auf der resultierenden Richtung der äußeren Kraft, welche die

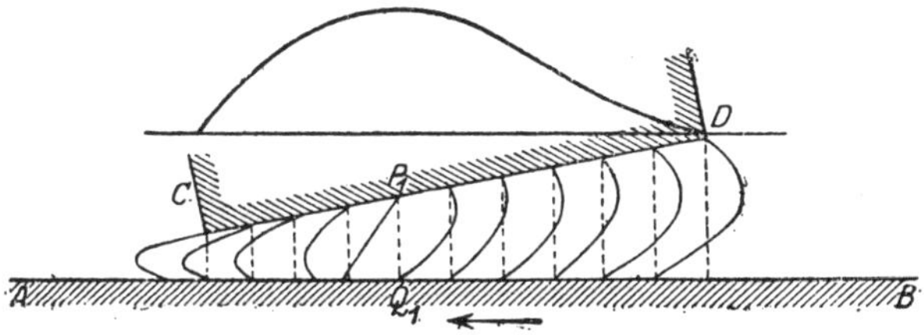

Fig. 7.

Flächen gegeneinander drückt, liegen, sonst müßte CD seine Neigung ändern. Die Druckresultierende muß gleich der resultierenden äußeren Kraft senkrecht AB sein (bei Vernachlässigung der Schiefe von CD). Wenn die Flächen sich einander beliebig annähern können, wird sich der Druck der Belastung anpassen; denn je näher die Flächen einander sind, um so größer wird die Reibung und der entsprechende Druck für dieselbe Geschwindigkeit sein, so daß die Flächen einander näher kommen, bis der Druck der Belastung das Gleichgewicht hält.

Bei Verminderung der Flächenentfernung ändert 0 seine Lage, daher muß, um eine Änderung der Neigung zu verhindern, die Fläche CD so festgehalten sein, daß sie sich nicht drehen kann.

Es muß bemerkt werden, daß eine kontinuierliche Schmierung zwischen ebenen Flächen nur stattfinden kann bei konstanter Bewegung in einer Richtung, nämlich in der Richtung der gegenseitigen Neigung der Flächen.

Bei wechselnder Bewegungsrichtung kann eine kontinuierliche Schmierung nur eintreten, wenn die Flächen nicht eben sind.

15. Rotierende Zylinderflächen.

Ist die bewegte Fläche AB zylindrisch und dreht sie sich um ihre Achse, so wird die allgemeine Bewegung in der Ölschicht einigermaßen von der bei ebenen Flächen abweichen.

5. Fall. Drehbewegung, CD eben und symmetrisch angeordnet. —

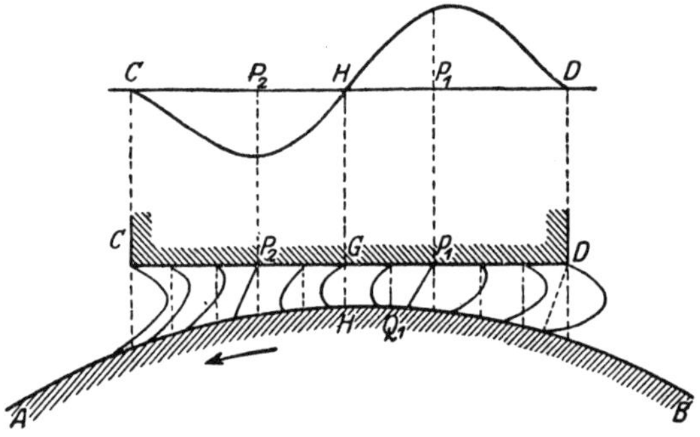

Fig. 8.

Die Oberflächengeschwindigkeit von AB sei wie oben mit U bezeichnet. Die in gleicher Weise wie im vorigen Fall gefundenen Bewegungskurven sind in Fig. 8 gezeichnet.

Die Kurven rechts von GH, der kürzesten Entfernung der beiden Flächen, haben denselben Charakter wie die der Fig. 7 rechts von C, wo ja auch die Entfernung der Flächen am kleinsten ist. Links von GH sind die Kurven ganz ähnlich denen auf der rechten Seite, nur daß sie ihre konvexe Seite gegen einen Querschnitt bei P_2 kehren, der in der entsprechenden Stellung links gelegen ist, wie P_1 rechts.

Der Grund dafür liegt in folgendem: Eine linear verteilte Bewegung würde eine der Schichtdicke proportionale Flüssigkeitsmenge von rechts nach links fördern; da so mehr Flüssigkeit durch die rechten Querschnitte gefördert würde als durch GH, wird eine Auswärtsströmung von P_1 aus nach beiden Richtungen notwendig; dieselbe Bewegung würde auch mehr Flüssigkeit von den bei C gelegenen Querschnitten fortfördern, als durch GH nachgefördert würde, wodurch eine Einwärtsströmung gegen P_2 hin notwendig wird.

Da G in der Mitte von CD liegt, sind die beiden Wirkungen zwar entgegengesetzt, aber im übrigen symmetrisch und

$$P_2 G = G P_1 .$$

Da die Kurven konvex gegenüber dem Querschnitt P_2 sind, muß offenbar in diesem Querschnitt der kleinste Druck

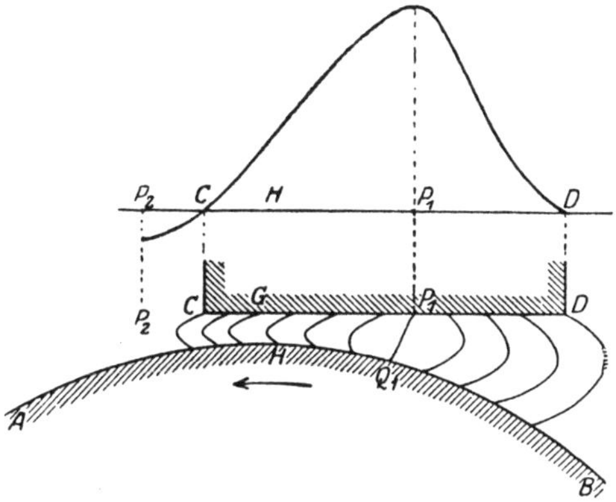

Fig. 9.

herrschen und entsprechend in P_1 der größte. Natürlich ist dabei Voraussetzung, daß das Schmiermittel bei C und D unter genügendem Druck steht, damit der Druck gegen das Minimum abfallen kann. Die Druckkurve verläuft ähnlich derjenigen in Fig. 8 oben, wo C und D Punkte gleichen Druckes, P_1, H, P_2 ausgezeichnete Punkte der Kurve sind.

Unter diesen Bedingungen wirkt der Druck auf eine Trennung der Flächen auf der rechten Seite hin; aber da der Druck auf der linken Seite negativ ist, werden dort die Flächen gegeneinander gezogen. So resultiert im ganzen ein Drehmoment auf die Fläche AB.

6. Fall, wie der 5. Fall; nur liege G nicht in der Mitte von CD. —

In diesem Fall sind die Stromlinien symmetrisch auf jeder Seite von P_1 in gleichen Entfernungen (Fig. 9).

Wenn C zwischen H und P_2 liegt, ist der Druck überall positiv, wie die obere Kurve in Fig. 9 zeigt, d. h. der Druck sucht überall die Flächen auseinander zu halten.

16. Der Einfluß beschränkter Schmiermittelzufuhr.

In den bisher betrachteten Fällen waren C und D die wirklichen Grenzen der oberen Fläche. Ist nun die Schmiermittelzufuhr beschränkt, so können C und D die äußersten Punkte sein, bis zu welchen die trennende Schicht an der oberen Fläche reicht; diese selbst kann unbegrenzt sein, wie in Fig. 10.

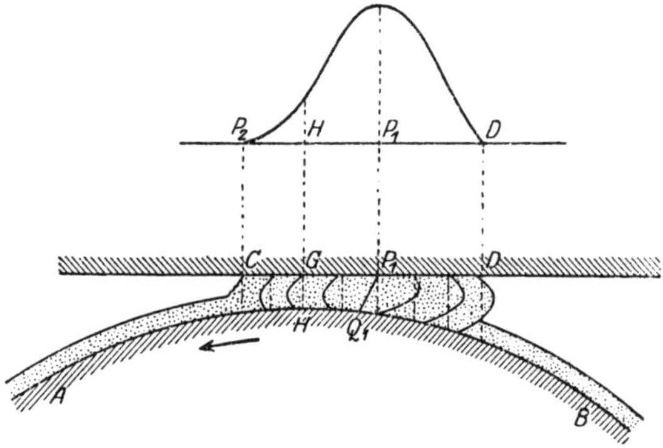

Fig. 10.

7. Fall. Schmiermittelzufuhr beschränkt. — Die Fläche AB sei mit einer Ölschicht bedeckt, wobei das Öl an der Fläche hafte und mit ihr bewegt werde; ferner werde die Fläche CD näher an AB herangebracht, als die Dicke der Ölschicht beträgt. Dann häuft sich das Öl durch die Bewegung an und bildet ein Kissen zwischen den Flächen besonders an der Seite D.

Wird die Dicke der Schicht, welche die Seite C verläßt, so lange vermindert, bis sie die ganze Fläche AB in solcher Dicke bedeckt, daß gleichviel bei C abgeführt und bei D zugeführt wird, dann ist ein stationärer Zustand erreicht.

Bezeichnet b die Dicke der Ölschicht außerhalb des Kissens, dann ist die durch die Bewegung dieser Schicht bei D zugeführte Ölmenge in der Sekunde

$$b\,U$$

und die Menge, welche durch den Querschnitt $P_1\,Q_1$, in welchem lineare Geschwindigkeitsverteilung herrscht, strömt, ist

$$P_1\,Q_1 \cdot \frac{U}{2};$$

daher sobald eine weitere Anhäufung nicht mehr stattfindet:

$$P_1\,Q_1 = 2\,b$$

und somit, da $G\,P_2 = G\,P_1$ (Fig. 8; 5. Fall)

$$P_2\,Q_2 = 2\,b;$$

und da die durch $P_2\,Q_2$ strömende Menge nicht genügt, um die weiteren Querschnitte auf der linken Seite auszufüllen, berührt die Flüssigkeit die obere Fläche nicht mehr links von P_2. Die Grenze liegt daher bei P_2, von wo aus die Flüssigkeit durch AB in einer Schicht von der Dicke b mitgenommen wird.

Dies ist der gewöhnliche Fall teilweiser Schmierung: die Zapfenfläche AB ist mit einer Ölschicht bedeckt; die Schalen- oder Lagerfläche CD ist von AB durch ein Ölkissen in der Nähe von A, dem Punkt größter Annäherung, getrennt.

Dieses Kissen steht unter einem Druck, der sein Maximum bei P_1 hat und nach D und P_2 an den Enden des Kissens zu null abfällt, wie die obere Kurve in Fig. 10 zeigt.

17. Die Beziehung zwischen Widerstand, Belastung und Geschwindigkeit bei begrenzter Schmierung.

Im 7. Fall muß eine bestimmte Ölmenge in der Schicht rund um den Zapfen oder in dem Kissen zwischen den Flächen vorhanden sein. Bei Annäherung der Flächen wird das Kissen größer und die Schicht kleiner und umgekehrt. Der Widerstand wächst mit der Länge des Kissens und mit der Verminderung der Entfernung zwischen den Flächen. Die mittlere Stärke des Druckes nimmt zu mit der Länge des Kissens und umgekehrt mit der Dicke der Schicht. Aber beide Abhängigkeiten sind nicht linear. Der Gesamtdruck, der gleich der Belastung ist, wächst mit der Stärke des Druckes und der Länge des Kissens.

Die bestimmten Ausdrücke für diese Beziehungen hängen an gewissen Integrationen, die noch nicht ausgeführt sind. Aus den allgemeinen Beziehungen, die herausgearbeitet wurden, folgt, daß eine Steigerung der Belastung HG und $P_1 Q_1$, und infolgedessen auch die Dicke der Schicht um den Zapfen vermindert und die Länge des Kissens vergrößert. Dadurch wird die Reibung vermehrt.

So steigt bei begrenzter Ölzufuhr die Reibung mit der Belastung in einer nicht genau bestimmten Weise an.

Ferner wachsen sowohl Druck wie Reibung direkt proportional der Geschwindigkeit, vorausgesetzt, daß der gegenseitige Abstand der Flächen und die Länge des Kissens konstant bleiben; bleibt nun die Belastung konstant, so muß die Dicke der Schicht mit der Geschwindigkeit wachsen, die Länge des Kissens abnehmen; und diese beiden Ursachen vermindern die Reibung genau in dem nämlichen Verhältnis als die Verkleinerung der Belastung die Reibung vermindert.

Wenn also bei einer Geschwindigkeit U, einer Belastung W und einer Reibung F eine bestimmte Ölschichtdicke erhalten wird, so wird dieselbe Dicke auch erhalten bei einer Geschwindigkeit MU, einer Belastung MW, und die dazu gehörige Reibung ist MF. Wie weit diese Erhöhung der Reibung der vermehrten Geschwindigkeit und wie weit sie der erhöhten Belastung zuzuschreiben ist, geht aus der Theorie für diesen Fall noch nicht hervor; aber es zeigt sich, daß bei Änderung der Belastung von MW auf W und Konstanthaltung der Geschwindigkeit die Reibung von MF in der Richtung nach F zu sich verändert. Daher geht aus der Theorie hervor, daß bei konstanter Belastung die Reibung nicht mit der ersten Potenz der Geschwindigkeit wächst.

Es findet sich in der Theorie kein Widerspruch gegen die Erfahrung, wonach bei sehr beschränkter Schmierung die Reibung proportional der Belastung und unabhängig von der Geschwindigkeit ist; während die theoretische Schlußfolgerung, wonach die Reibung bei jeder Belastung und jeder Geschwindigkeit von der Zufuhr des Öles nach dem Kissen abhängt, in voller Übereinstimmung mit Herrn Towers

Schlußfolgerung steht und mit der allgemeinen Unstimmigkeit der Reibungskoeffizienten bei verschiedenen Versuchen.

17a. Die Gleichgewichtsbedingungen bei zylindrischen Flächen.

Bisher wurde CD als ebene Fläche angesehen; in diesem Fall erfordert das Gleichgewicht der Fläche CD eine solche Einspannung durch äußere Kräfte, daß sie weder ihre Richtung ändern noch sich horizontal bewegen kann.

Ist CD ein Teil einer zylindrischen Fläche mit der Achse parallel zu derjenigen von AB, so ist die einzige für das Gleichgewicht von CD notwendige Zwangsbedingung,

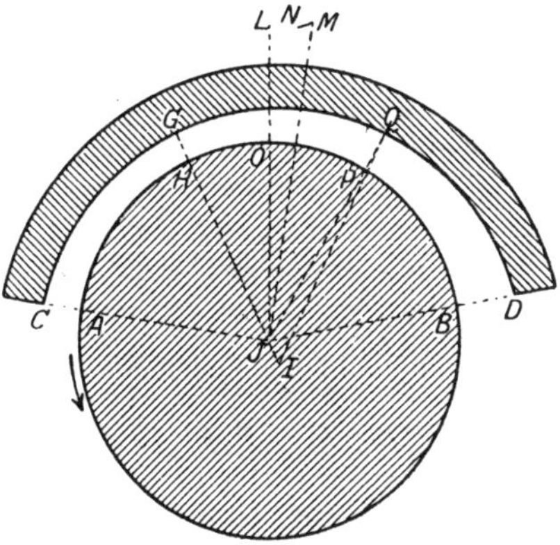

g. 11.

daß sich CD nicht um seine Achse drehen kann. Dies geht aus der Betrachtung der folgenden Fälle hervor.

8. Fall. Zylindrische Flächen und beschränkte Ölzufuhr. —

Fig. 11 zeigt die Flächen AB und CD. J ist die Achse des Zapfens AB, I ist die Achse der Schale CD. JL ist die Richtung der Belastung, O ist der Punkt, in welchem JL auf AB trifft,

$$R = JP$$
$$R + a = IQ$$
$$h = PQ$$
$$h_0 = HG.$$

Die Bedingung für das Gleichgewicht des Mittelpunkts I der Schale ist, daß die Resultierende aus dem Druck des Öls auf CD und der Reibung in die Richtung OL fällt, und daß die Größe dieser Resultierenden gleich der Belastung ist.

Die Größe dieser Resultierenden wächst, wenn HG sich bis zu einer gewissen Grenze vermindert, d. i. wenn die Flächen einander näher rücken, so daß in dieser Hinsicht das Gleichgewicht von selbst gesichert ist. Es braucht also nur die Richtung der Resultierenden aus Druck und Reibungskraft betrachtet zu werden.

Da die Flüssigkeitsschicht unter Einfluß der von den beiden gegenüberliegenden Flächen ausgeübten Kräfte im Gleichgewicht ist, müssen diese Kräfte gleich und entgegengesetzt gerichtet sein, so daß nur die Betrachtung der Kräfte, welche von AB auf die Flüssigkeit wirken, notwendig ist.

Aus der Betrachtung der Fälle 6 und 7 geht schon hervor, daß die Richtung des resultierenden Druckes JM immer rechts oder oberhalb von GH liegt. Die resultierende Reibung wirkt offenbar nach links, so daß, wenn JH die Druckresultierende darstellt und MN die resultierende Reibungskraft, N links von M und JN, die Resultierende aus Druck und Reibungskräften, links von JM zu liegen kommt.

Stellt LJ die Belastung dar, dann stellt LN die resultierende bewegende Kraft auf CD, d. i. auf I dar. Da H sich in entgegengesetzter Richtung wie I bewegt, und da sich die Richtung der Druckresultierenden in derselben Richtung wie H bewegt, so besteht die Gesamtwirkung einer Kraft LN auf I darin, N gegen L hinzubewegen, bis sie zusammenfallen. Daher ist, solange JM innerhalb des von der Schale bedeckten Bogens fällt, eine Gleichgewichtslage möglich und das Gleichgewicht stabil.

Somit zeigt die Gleichgewichtsbedingung, daß H links oder unterhalb von der Belastungsrichtung liegt, und dies bleibt richtig, ob die Ölzufuhr hinreichend oder beschränkt ist; aber während bei sehr beschränkter Ölzufuhr, d. i. bei einem sehr kurzen Ölkissen, H immer in unmittelbarer Nähe von O liegen muß, ist dies keineswegs der Fall, wenn die Länge des Ölkissens wächst.

9. Fall. Zylindrische Flächen im Ölbad. —

Bei genügender Ölzufuhr erstreckt sich die Ölschicht kontinuierlich von einem Lagerende zum andern, außer, wenn eine solche Erstreckung zu negativen Drucken und dadurch zu einer Diskontinuität führt. In diesem Falle bestimmen die Gleichgewichtsbedingungen die Lage von H.

Die Gleichgewichtsbedingungen sind dieselben wie früher, nämlich:

1. die horizontale Komponente des Druckes auf das Lager muß der horizontalen Komponente der Reibung das Gleichgewicht halten;
2. die vertikalen Komponenten von Druck und Reibung müssen der Belastung das Gleichgewicht halten.

Nehmen wir den gewöhnlichen Fall an, daß die Lagerfläche die Hälfte des Zapfens umschließt, und gehen wir von einem unbelasteten Lager aus, so kann die Bewegung von H bei steigender Belastung verfolgt werden.

Ohne Belastung sind die Gleichgewichtsbedingungen befriedigt, wenn H so liegt, daß die vertikalen Komponenten von Druck und Reibung beide null sind und die horizontalen Komponenten gleich und entgegengesetzt.

Dies ist der Fall, wenn H mit O zusammenfällt (Fig. 11); denn dann ist, wie beim 5. Fall gezeigt wurde, der Druck links von H negativ und genau gleich dem Druck am entsprechenden Punkte rechts, so daß die vertikalen Komponenten links und rechts sich das Gleichgewicht halten. Andererseits wirkt die horizontale Komponente des Druckes auf der rechten und linken Seite an dem Lager nach rechts, und da diese bei Annäherung der Fläche wächst, muß die Entfernung JI gerade so groß sein, daß diese Komponente der resultierenden Reibung, welche aus Symmetriegründen horizontal nach links wirken muß, das Gleichgewicht hält.

So ergibt sich, daß ohne Belastung der Punkt größter Annäherung der mittlere Punkt sein muß. Diese Lage sowie die Druckkurven sind in Fig. 12 dargestellt.

Wächst die Belastung, so muß die positive vertikale Komponente rechts von GH die negative linke Komponente überwiegen. Dies erfordert, daß H links von O liegt.

Auch ist notwendig, daß die horizontalen Komponenten von Druck und Reibung einander das Gleichgewicht halten.

Diese zwei Bedingungen bestimmen die Lage von H und die Entfernung JI.

Bei wachsender Belastung geht aus den exakten Gleichungen (deren Diskussion der folgende Abschnitt enthält) hervor, daß OH einen größten Wert erreicht, bei welchem H nahezu, aber nicht ganz, nach dem linken Ende des Lagers rückt, aber JI immer klein gegen GH bleibt.

Bei weiteren Anwachsen der Belastung rückt H wieder gegen O zu.

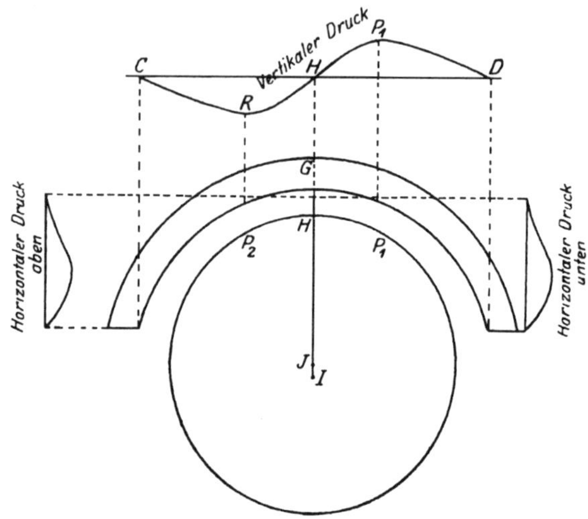

Fig. 12.

In diesem Falle ist die Belastung so groß geworden, daß die ungefähr konstant bleibende Reibung vernachlässigbar klein dagegen bleibt. Die Gleichgewichtsbedingung erfordert dann, daß die horizontale Druckkomponente null ist, die vertikale gleich der Belastung.

H geht weiter zurück, wenn die Belastung wächst. Aber sobald HC größer als HP_2 werden müßte, würde der Druck zwischen P_2 und C negativ sein, wenn nicht die ganzen Verhältnisse durch Diskontinuität im Öl verändert würden; dies tritt sicher dann ein, wenn der Druck unter null sinkt; dann werden die Verhältnisse dieselben wie bei beschränkter Ölzufuhr.

Dies ist deshalb wichtig, weil es zeigt, daß bei extremer Belastung das Ölbad praktisch nichts anderes hervorbringt, als eine beschränkte Ölzufuhr, und daß daher extrem hohe Belastungen, welche das Lager übertragen muß, in beiden Fällen zum gleichen Ergebnis führen — was Herr Tower wirklich gezeigt hat.

In allen Towerschen Versuchen mit dem Ölbad zeigen sich solche Verhältnisse, daß bei wachsender Belastung H sich von C rückwärts gegen O bewegt und daß, außer den extremsten Fällen, P_2 nicht bis C gelangt ist.

Die Figuren (16, 17, 18) zeigen exakte Druckkurven, wie sie aus der unten dargelegten exakten Rechnung unter Voraussetzungen gewonnen wurden, die sehr nahe den Verhältnissen eines der Towerschen Experimente entsprechen, in welchem er wirklich den Druck an 3 Punkten der Schicht gemessen hat. Die gemessenen Drucke sind durch Kreuze angezeigt.

Das Ergebnis der Rechnungen für diesen Versuch zeigt (was tatsächlich nicht gemessen werden konnte), daß bei den Towerschen Experimenten die Radiendifferenz zwischen Zapfen und Schale bei 70° F (21,1° C) und einer Belastung von 100 lbs./sq. inch (7,0 kg/cm²) war:

$$a = 0{,}000\,77 \text{ Zoll } (0{,}001\,95 \text{ cm})$$
$$GH = 0{,}000\,375 \text{ Zoll } (0{,}000\,953 \text{ cm})$$
$$\text{Winkel } OIH = 48^0.$$

18. Abnutzung und Erwärmung von Lagern.

Ehe sich der Zapfen in Bewegung setzt, wird infolge der Belastung die Schale in Berührung mit dem Zapfen bei O kommen. Bei Beginn der Bewegung werden die Flächen in Berührung sein, und es wird zuerst eine Reibung zwischen festen Oberflächen eintreten, welche eine gewisse Abschleifung zur Folge hat.

Nach Beginn der Bewegung werden mit wachsender Gewindigkeit die Flächen mehr und mehr getrennt, besonders in dem Fall des Ölbads, in welchem bei Beginn die Reibung durchaus dieselbe wie bei beschränkter Ölzufuhr ist.

Wächst die Geschwindigkeit entsprechend der Belastung, so nähert sich GH entsprechend der Ölzufuhr dem Wert a an und variiert nur noch wenig bei weiterer Steigerung der Geschwindigkeit. Infolgedessen wird der Widerstand angenähert proportional der Geschwindigkeit und weniger beeinflußt durch die Belastung.

Sobald die Verhältnisse stationärer Schmierung erreicht sind, sollte bei vollständiger Trennung der Flächen durch Öl keine Abnutzung mehr auftreten. Ist aber doch Abnutzung vorhanden, wie sie durch die eine oder andere Störung im allgemeinen auftreten kann, so zeigt sie sich am schnellsten da, wo die Oberflächen sich am nächsten kommen, d. i. bei *GH* unterhalb *O*.

Daher bleibt, solange die Bewegung in einer Richtung vor sich geht, das allmähliche „Einlaufen“ der Flächen aufeinander durch Abnutzung auf die Seite unterhalb *O* beschränkt. Dies bietet augenscheinlich eine sehr einfache und wohlbegründete Erklärung der wichtigen und allgemeinen Erfahrung, daß neue Oberflächen sich nicht so befriedigend verhalten wie alte. Ebenso erklärt dies die Beobachtung des Herrn Tower, daß im Fall des Ölbads der in einer Richtung laufende Zapfen die Schale nicht für die Übertragung einer Belastung geeignet macht, bei welcher der Zapfen in entgegengesetzter Richtung läuft; immerhin hängt diese Erklärung an dem Einfluß schlechter Einpassung von Lager und Schale, der noch betrachtet werden muß.

10. Fall. Nahezu zylindrische Oberflächen begrenzter Länge in Richtung der Drehachse.

Bisher war noch nicht die Rede von einer möglichen Bewegung der Flüssigkeit senkrecht zur Drehrichtung und parallel zur Achse des Zapfens. Wir hatten ja angenommen, daß die Flächen wirklich zylindrisch und von unbegrenzter Länge in Richtung ihrer Achsen wären, so daß keine derartige Strömung auftreten konnte.

Aber in der Praxis sind die Schalen notwendig von begrenzter Länge, so daß das Öl an den Enden der Schale entweichen kann. Infolge solchen Entweichens kann natürlich der Druck in der Ölschicht in einiger Entfernung von den Schalenenden nicht seinen Höchstwert erhalten und muß an den Enden zu Null abfallen.

Dies wurde von Herrn Tower gezeigt, indem er den Druck an verschiedenen Punkten längs der Schale in einer Geraden durch *O* maß und fand, daß er ungefähr wie die

Kurve in Fig. 13 verlief. Diese entspricht dem, was man von einem Entweichen des Öles an den freien Enden erwarten muß.

Wenn die Flächen in den Richtungen *TU* und *VW* nicht ganz parallel sind, muß der Druck in den engsten Teilen am größten sein und eine achsiale Strömung von diesem nach den breiteren Stellen hervorrufen. Wenn daher die Flächen bedeutende Unregelmäßigkeiten zeigen, so muß das Schmiermittel beim Abströmen nach breiteren Stellen hin der Schale die Annäherung und gegebenenfalls die Berührung des

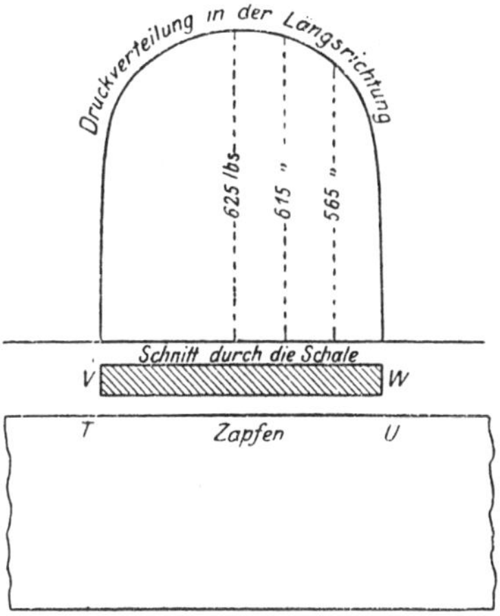

Fig. 13.

Zapfens an den engsten Stellen gestatten, und dies wird besonders in der Nähe der Enden der Fall sein.

In der Tat kann die allgemeine Einpassung zweier neuer Flächen nur eine angenäherte sein, und wie weit die Annäherung geht, hängt von der Zeit und der Geschicklichkeit bei der Montage ab. Diese Einpassung, welcher die Schalen unterworfen werden, kann nicht so weit gehen, daß die Berge und Täler um weniger als $^1/_{10000}$ Zoll differieren, so daß zwei solche Flächen die einander an Bergen berühren, immer noch einen Raum von $^1/_{5000}$ Zoll zwischen sich haben. Das scheint wenig, ist es aber nicht, verglichen mit der mittleren

Entfernung zwischen Lager und Schale, welche wie später, gezeigt werden soll, geringer war als $^{1}/_{1000}$ Zoll.

Es mag also angenommen werden, das solche Unebenheiten im allgemeinen in den Flächen neuer Lager und Schalen existieren, und da die Flächen entsprechend ihrem Material und der Art ihrer Stützung dem Druck nachgeben, nähert sich die Schale dem Lager an den Enden, wo infolge Entweichens des Öles kein Druck sie auseinander hält.

Der Querschnitt durch ein neues Lager mit Zapfen bei GH wird daher (in starker Vergrößerung) sein, wie Fig. 14 zeigt; die Dicke der Schicht, anstatt etwa $^{3}/_{10000}$ Zoll zu betragen, variiert von $^{0-5}/_{10000}$ und ist an den Enden kleiner als in der Mitte. Unter diesen Umständen tritt Abnutzung an den Berührungspunkten auf, welche in der Nähe von GH unterhalb O (Fig. 11) liegen, so daß, wenn der Zapfen nur in einer Richtung läuft, die Flächen in der Nachbarschaft von

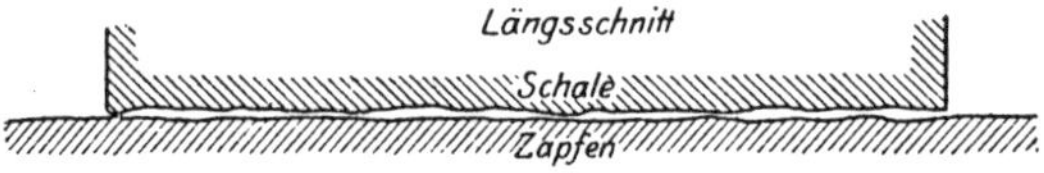

Fig. 14.

GH (an der unteren Seite) nach und nach eingeschliffen werden; währenddessen ist die Reibung groß und von einer mehr oder minder großen Erwärmung begleitet, je nach dem Betrag der Abnutzung und den Verhältnissen der Wärmeabführung.

Solange indessen der Zapfen in einer Richtung läuft, liegt GH auf einer Seite (unterhalb) von O, und die Abnutzung tritt ganz oder hauptsächlich auf dieser Seite ein, je nach der Entfernung zwischen H und O.

Inzwischen wird das Lager auf der oberen Seite nicht in ähnlicher Weise abgeschliffen, so daß bei Umkehr der Drehrichtung, wenn der Punkt A nach der früher oberen Seite herüberrückt, die Abnutzung von neuem beginnen muß.

Die Richtigkeit dieser Erklärung wird dadurch bestätigt, daß wie aus Herrn Towers Bericht hervorzugehen scheint, der Erwärmungseffekt bei der ersten Umkehrung der Bewegungsrichtung stärker im Fall des Ölbads hervortrat.

Denn wenn die Ölzufuhr gering ist, muß HG sehr klein sein und H sehr nahe an O liegen. Infolgedessen wird sich die Abnutzungsfläche wahrscheinlich nach beiden Seiten von O hin erstrecken und das Lager, wenn nicht ganz, so doch teilweise für das Laufen in entgegengesetzter Richtung eingeschliffen werden.

Ist die Ölzufuhr indessen vollkommen, so liegt, wie schon gezeigt wurde, H um 50 oder 60^0 von O entfernt, außer bei übermäßiger Belastung, so daß die Abnutzung in der Nachbarschaft von H auf der einen Seite von O sich nicht zu einem Punkt auf der anderen Seite, der $100—120^0$ entfernt ist, erstrecken kann.

Selbst im Falle eines vollständig glatten Lagers sollte das Laufen des Zapfens unter genügender Belastung in einer Richtung, wenn eine gewisse Abnutzung angenommen wird, nach der Theorie das Lager weniger geeignet für ein Laufen in der entgegengesetzten Richtung machen. Denn, wie schon gesagt, der Druck zwischen Lager und Schale hängt davon ab, daß der Krümmungsradius der Schale auf der oberen Seite größer als der des Zapfens ist. Wenn nun infolge der Abnutzung der Radius der Schale auf der unteren Seite abnimmt, so daß bei Umkehr der Bewegung der Radius auf der jetzt oberen Seite gleich oder kleiner als der des Zapfens ist, während der Radius der jetzt unteren Seite größer ist, wird der Druck im Öl nicht steigen; und dies ist die Folge der Abnutzung; den die Wirkung des Druckes im Öl geht, wie gezeigt werden wird, dahin, den Krümmungsradius der Schale zu vergrößern und, da die wesentliche Abnutzung auf der unteren Seite liegt, wird eine genügende Abnutzung den Radius auf dieser Seite dem des Zapfens annähern, während der Druck wirkt; daher wird bei Entfernung des Druckes die Schale an dieser Seite einen Radius annehmen, der selbst kleiner als der des Zapfens sein kann.

IV. Abschnitt.

Anwendung der hydrodynamischen Gleichungen auf die Schmierung.

19. Wir gehen von den üblichen Ausdrücken für die Spannungen in einer reibenden Flüssigkeit aus.

$$(9)\quad \begin{cases} p_{xx} = -p - \frac{2}{3}\mu\left(\frac{\partial u}{\partial x} + \frac{\partial v}{\partial y} + \frac{\partial w}{\partial z}\right) + 2\mu\frac{\partial u}{\partial x} \\ p_{yy} = -p - \frac{2}{3}\mu\left(\frac{\partial u}{\partial x} + \frac{\partial v}{\partial y} + \frac{\partial w}{\partial z}\right) + 2\mu\frac{\partial v}{\partial y}, \\ p_{zz} = -p - \frac{2}{3}\mu\left(\frac{\partial u}{\partial x} + \frac{\partial v}{\partial y} + \frac{\partial w}{\partial z}\right) + 2\mu\frac{\partial w}{\partial z} \end{cases}$$

$$(10)\quad \begin{cases} p_{xy} = p_{yx} = \mu\left(\frac{\partial v}{\partial x} + \frac{\partial u}{\partial y}\right) \\ p_{yz} = p_{zy} = \mu\left(\frac{\partial w}{\partial y} + \frac{\partial v}{\partial z}\right). \\ p_{zx} = p_{xz} = \mu\left(\frac{\partial u}{\partial z} + \frac{\partial w}{\partial x}\right) \end{cases}$$

Dabei sind die Glieder auf der linken Seite die Spannungen an Ebenen senkrecht zum ersten Index in Richtungen parallel zum zweiten. Die ersten drei bedeuten die Normalspannungen, die letzten drei die Tangentialspannungen. Durch Einsetzen dieser Werte in die Bewegungsgleichungen

$$(11)\quad \begin{cases} \varrho\frac{du}{dt} = \varrho X + \frac{\partial p_{xx}}{\partial x} + \frac{\partial p_{yx}}{\partial y} + \frac{\partial p_{zx}}{\partial z} \\ \varrho\frac{dv}{dt} = \varrho Y + \frac{\partial p_{xy}}{\partial x} + \frac{\partial p_{yy}}{\partial y} + \frac{\partial p_{zy}}{\partial z} \\ \varrho\frac{dw}{dt} = \varrho Z + \frac{\partial p_{xz}}{\partial x} + \frac{\partial p_{yz}}{\partial y} + \frac{\partial p_{zz}}{\partial z}, \\ \frac{d\varrho}{dt} = \varrho\left(\frac{\partial u}{\partial x} + \frac{\partial v}{\partial y} + \frac{\partial w}{\partial z}\right) \end{cases}$$

erhält man die vollständigen Bewegungsgleichungen einer reibenden Flüssigkeit.

Diese Gleichungen enthalten Glieder, die abhängen von der Trägheit, dem Gewicht der Flüssigkeit und der Änderung der Spannungen in der Flüssigkeit.

Im Falle der Schmierung sind die Zwischenräume zwischen den festen Flächen so klein, verglichen mit $\frac{\mu}{\varrho U}$, daß die Bewegung der Flüssigkeit frei von Wirbeln [7]) ist. Ebenso sind die Kräfte, welche vom Gewicht und der Trägheit herrühren, außerordentlich klein gegenüber den Spannungen durch Reibung.

Die Gleichungen, welche man durch Einsetzen von (9) und (10) in die ersten drei Gleichungen (11) erhält, können daher durch Vernachlässigung der Trägheits- und Schwereglieder vereinfacht werden, wodurch die Dichte ϱ herausfällt. Für Öl können sie noch weiter vereinfacht werden durch Weglassen der von der Kompressibilität der Flüssigkeit abhängigen Glieder.

Da ferner μ näherungsweise konstant ist, können auch die Glieder mit $d\mu$ vernachlässigt oder als klein angesehen werden.

Wir erhalten dann aus den Gleichungen (11)

$$(12)\qquad \left\{\begin{aligned} \frac{\partial p}{\partial x} &= \mu\left(\frac{\partial^2 u}{\partial x^2}+\frac{\partial^2 u}{\partial y^2}+\frac{\partial^2 u}{\partial z^2}\right) \\ \frac{\partial p}{\partial y} &= \mu\left(\frac{\partial^2 v}{\partial x^2}+\frac{\partial^2 v}{\partial y^2}+\frac{\partial^2 v}{\partial z^2}\right) \\ \frac{\partial p}{\partial z} &= \mu\left(\frac{\partial^2 w}{\partial x^2}+\frac{\partial^2 w}{\partial y^2}+\frac{\partial^2 w}{\partial z^2}\right) \\ 0 &= \frac{\partial u}{\partial x}+\frac{\partial v}{\partial y}+\frac{\partial w}{d z} \end{aligned}\right. .$$

Weiterhin können wir, da wir es im Falle der Schmierungen immer mit einer dünnen Flüssigkeitsschicht zwischen ungefähr parallelen Flächen, deren Krümmungsradien groß gegenüber der Schichtdicke sind, zu tun haben, ohne Fehler jede Krümmung der Flächen vernachlässigen und setzen

x für Entfernungen, gemessen auf einer der Flächen in Richtung der Relativbewegung,

z für Entfernungen, gemessen an derselben Fläche in Richtung senkrecht zur Relativbewegung,

y für Entfernungen senkreckt zu den Flächen.

Ferner wenn die Flächen in ihrer ursprünglichen Richtung bleiben, da sie näherungsweise parallel sind,

ist v immer klein gegen u und w, und die Veränderungen von u und w in den Richtungen x und z sind klein gegen ihre Änderungen in der y-Richtung.

Die Gleichungen (12) für das Innere der Schicht werden dann

$$(13)\quad \left\{\begin{aligned} \frac{\partial p}{\partial x} &= \mu \frac{\partial^2 u}{\partial y^2} \\ \frac{\partial p}{\partial y} &= 0 \\ \frac{\partial p}{\partial z} &= \mu \frac{\partial^2 w}{\partial y^2} \\ 0 &= \frac{\partial u}{\partial x} + \frac{\partial v}{\partial y} + \frac{\partial w}{\partial z} \end{aligned}\right. .$$

Die Gleichungen (10) werden

$$(14)\quad \left\{\begin{aligned} p_{xy} &= p_{yx} = \mu \frac{\partial u}{\partial y} \\ p_{yz} &= p_{zy} = \mu \frac{\partial w}{\partial y} \\ p_{zx} &= p_{xz} = 0 \end{aligned}\right. .$$

20. Die Flüssigkeit unterliegt Grenzbedingungen hinsichtlich Druck und Geschwindigkeit. Diese sind:

1. an den geschmierten Flächen hat die Flüssigkeit die Geschwindigkeit dieser Flächen selbst,
2. an den Enden der Flächen oder der Schicht hängt der Druck von äußeren Bedingungen ab.

Es seien nun die festen Flächen $y = 0$ und $y = h$ in den Richtungen x und z begrenzt durch die Kurve

$$f(x, z) = 0$$

Die Grenzbedingungen sind

$$(15)\quad \begin{cases} y=0 \quad u=U_0 \quad w=0 \quad v=0 \\ y=0 \quad u=U_1 \quad w=0 \quad v=U_1 \dfrac{dh}{dx}+V_1 \,. \\ f(x,z)=0 \qquad p=p_0 \end{cases}$$

21. Gleichungen (13) können nun unter Berücksichtigung der Bedingungen (15) integriert werden.

Die zweite Gleichung (13) zeigt p unabhängig von y, so daß die erste und dritte direkt integrierbar sind, und man erhält:

$$(16)\quad \begin{cases} u=\dfrac{1}{2\mu}\dfrac{\partial p}{\partial x}(y-h)\,y+U_0\dfrac{h-y}{h}+U_1\dfrac{y}{h} \\ w=\dfrac{1}{2\mu}\dfrac{\partial p}{\partial z}(y-h)\,y \end{cases} .$$

Differenzieren wir diese Gleichungen nach x bzw. z und setzen wir sie in die letzte Gleichung (13) ein, so ergibt sich

$$(16)\text{a}\quad \begin{cases} \dfrac{\partial v}{\partial y}=-\dfrac{1}{2\mu}\left[\dfrac{\partial}{\partial x}\left\{\dfrac{\partial p}{\partial x}(y-h)\,y\right\}+\dfrac{\partial}{\partial z}\left\{\dfrac{\partial p}{\partial z}(y-h)\,y\right\}\right] \\ \qquad\qquad -\dfrac{\partial}{\partial x}\left\{U_0\dfrac{h-y}{h}+U_1\dfrac{y}{h}\right\}. \end{cases}$$

Durch Integration von $y=0$ bis $y=h$ und Einsetzen der Bedingungen (15) wird

$$(17)\quad \frac{\partial}{\partial x}\left(h^3\frac{\partial p}{\partial x}\right)+\frac{\partial}{\partial z}\left(h^3\frac{\partial p}{\partial z}\right)=6\,\mu\left\{(U_0+3\,U_1)\frac{dh}{dx}+2\,V_1\right\}.$$ [8]

Aus den Gleichungen (16) und (14) folgt

$$(18)\quad \begin{cases} p_{xy}=\dfrac{1}{2}\dfrac{\partial p}{\partial x}(2y-h)+\mu\,(U_1-U_0)\dfrac{1}{h} \\ p_{yz}=\dfrac{1}{2}\dfrac{\partial p}{\partial z}(2y-h) \end{cases} .$$

Bedeuten f_x und f_z die Schubspannungen an den festen Begrenzungen in den Richtungen x bzw. z, so wird

$$(19)\quad \left\{\begin{aligned} f_x &= \mu(U_1 - U_0)\frac{1}{h} \mp \frac{1}{2}\frac{\partial p}{\partial x}h \\ f_z &= \mp \frac{1}{2}\frac{\partial p}{\partial z}h \end{aligned}\right.$$

wobei das positive Zeichen für $y = h$, das negative für $y = 0$ gilt.

Gleichungen (17) und (19) drücken das Gleichgewicht des Schmiermittels zwischen zusammenhängenden Flächen in der gegenseitigen Entfernung h aus, wobei h jede stetige Funktion von x und z sein kann und μ eine Kontante ist.

22. Für die weitere Integration dieser Gleichungen muß man genau wissen, in welcher Weise h von x und z abhängt, sowie die Funktion kennen, welche die Grenzen der Schmierfläche bestimmt.

Diese Integration wurde teils vollständig, teils näherungsweise für verschiedene Fälle ausgeführt einschließlich des Hauptfalls der praktischen Schmierung.

Vollständige Integration konnte erreicht werden im Falle zweier paralleler kreisförmiger oder elliptischer Oberflächen, die sich einander ohne Tangentialbewegung nähern. Dieser Fall ist deshalb interessant, weil er näherungsweise das Experiment von Stefan*) darstellt, bei welchem eine ebene Fläche durch eine trennende Luftschicht über einer anderen schwebend erhalten wird. Dieser Fall ist hier aufgenommen, weil er der vollständigste und einfachste ist, in welchem der wichtige Effekt der Normalbewegung bei der Wirkung der Schmiermittel hervortritt. Es entspricht dem zweiten Fall des dritten Abschnitts.

Vollständige Integration ist auch erreicht für zwei ebene Flächen im gegenseitigen Abstand

$$h = h_1\left(1 + m\frac{x}{a}\right)$$

zwischen den Grenzen $x = 0$ und $x = a$, wo p gleich dem Atmosphärendruck Π wird, während die Flächen in der z-Richtung unbegrenzt sind. Dies entspricht dem Fall 4 des III. Abschnitts.

Für den wichtigsten Fall der zylindrischen Flächen ließ sich eine angenäherte Integration durchführen für den Fall

*) Wien. Sitz.-Ber. Bd. 69 (1874) S. 713.

vollständiger Schmierung und unbegrenzter Ausdehnung der Flächen in der z-Richtung (9. Fall des III. Abschnitts).

V. Abschnitt.

Fälle, in welchen die Gleichungen vollständig integriert worden sind.

23. Zwei parallele ebene Flächen von elliptischer Begrenzung, die sich einander annähern.

In diesem Fall ist h konstant über die ganzen Flächen und für

(20) $$\frac{x^2}{a^2}+\frac{z^2}{c^2}=1 \text{ ist } p=\Pi.$$

U_0 und U_1 sind null. Gleichung (17) wird

(21) $$\left(\frac{\partial}{\partial x^2}+\frac{\partial}{\partial z^2}\right)p=\frac{12\mu}{h^3}\frac{dh}{dt}.$$

Die Lösung ist

(22) $$p=\Phi(t)\left\{\frac{x^2}{a^2}+\frac{z^2}{c^2}+C_1\right\}+E_1 e^{-\frac{x}{a}}\sin\frac{y}{c}+\&c.$$

Daher

(23) $$2\,\Phi(t)\left(\frac{1}{a^2}+\frac{1}{c^2}\right)=\frac{12\mu}{h^3}\frac{dh}{dt}$$

und $$E_1=0,\ \&c.$$

(23 a) $$C_1=-1+\frac{\Pi}{\Phi(t)}$$

(24) $$p-\Pi=\frac{6\mu}{h^3}\cdot\frac{a^2c^2}{a^2+c^2}\left\{\frac{x^2}{a^2}+\frac{z^2}{c^2}-1\right\}\frac{dh}{dt}\,^{9)}.$$

Aus Gleichung (19) folgt

(25) $$\begin{cases} f_x=\mp\dfrac{6\mu}{h^2}\dfrac{c^2}{a^2+c^2}\cdot x\dfrac{dh}{dt}, \\[2ex] f_z=\mp\dfrac{6\mu}{h^2}\dfrac{a^2}{a^2+c^2}\cdot z\dfrac{dh}{dt} \end{cases}$$

wenn wir voraussetzen, daß die Oberflächen horizontal sind und die obere nur durch den Flüssigkeitsdruck gehalten wird. Die Gleichgewichtsbedingungen folgen in diesem Fall aus der Symmetrie.

Der Schwerpunkt der Belastung muß vertikal über dem Mittelpunkt der Ellipse liegen, daher aus Symmetriegründen

$$(26)\quad \left\{\begin{aligned} &\int_0^c\int_0^{a\sqrt{\left(1-\frac{z^2}{c^2}\right)}} p x \, dx \, dz = 0 \\ &\int_0^c\int_0^{a\sqrt{\left(1-\frac{z^2}{c^2}\right)}} p z \, dx \, dz = 0 \\ &\int_0^c\int_0^{a\sqrt{\left(1-\frac{z^2}{c^2}\right)}} f_x \, dx \, dz = 0 \\ &\int_0^c\int_0^{a\sqrt{\left(1-\frac{z^2}{c^2}\right)}} f_z \, dx \, dz = 0 \end{aligned}\right.$$

und

$$(27)\quad W = \int_0^c\int_0^{a\sqrt{1-\frac{z^2}{c^2}}} (p - \Pi)\, dx \, dz$$

$$(28)\quad = -\frac{3\mu\pi}{4h^3}\frac{a^3c^3}{a^2+c^2}\cdot\frac{dh}{dt};$$

daher durch Integration

$$(29)\quad t = \frac{3\mu\pi a^3 c^3}{8(a^2+c^2)W}\left(\frac{1}{h_2^{\,2}} - \frac{1}{h_1^{\,2}}\right),$$

wobei t die Fallzeit zwischen h_1 und h_2 bedeutet.

24. Ebene Flächen von unbegrenzter Länge und parallel in der z-Richtung.

Die untere Fläche sei unbegrenzt in der x-Richtung und bewege sich mit der Geschwindigkeit $-U$. Die obere Fläche sei fest und erstrecke sich von $x = 0$ bis $x = a$. Dieser Fall entspricht dem 4. Fall des III. Abschnitts.

Die Grenzbedingungen sind

$$(30)\quad \left\{\begin{array}{lll} \left.\begin{array}{l} x = 0 \\ x = a \end{array}\right\} & p = \Pi & \\ y = 0 & U_0 = -U & \\ y = h & U_1 = 0 & V_1 = 0 \\ h = h_0\left(1 + m\dfrac{x}{a}\right) & & \end{array}\right.$$

p ist nur Funktion von x.

Nach Gleichung (17) des IV. Abschnitts erhält man durch Integration

$$\frac{dp}{dx} = -6\mu U \frac{h - h_1}{h^3}, \tag{31}$$

wobei h_1 den Wert von h an der Stelle $x = x_1$ des Druckmaximums bedeutet.

Durch Integration nach x und Einsetzen von $p = \Pi$ an den Grenzen wird

$$x_1 = \frac{a}{2+m} \tag{32}$$

$$p = \Pi + 6\frac{\mu U a}{h^2 m}\left\{\frac{1}{1 + m\frac{x}{a}} - \frac{1+m}{2+m}\,\frac{1}{\left(1 + m\frac{x}{a}\right)} - \frac{1}{2+m}\right\} \tag{33}$$

$$\int_0^a (p - \Pi)\, dx = \frac{6\mu U a^2}{h^2 m^2}\left\{\log_e(1+m) - \frac{m}{1+\frac{m}{2}}\right\}. \tag{34}$$

Nennen wir W die Belastung der Breiteneinheit, so ist W ein Maximum, wenn $m =$ ungefähr 1,2 ist und

$$W = 0{,}16\,\mu U \frac{a^2}{h^2}\ ^{10)}. \tag{35}$$

Weiterhin nach Gleichung (19)

$$f_x = \mu \frac{U_1}{h}\ ^{11)}, \tag{36}$$

daher

$$\int_0^a f_x\, dx = \frac{\mu a U}{h_1 m} \log_e (1+m), \tag{37}$$

und wenn $m = 1{,}2$,

$$F = 0{,}6572\,\frac{\mu a U}{h_1}. \tag{38}$$

Um die Anwendung der Gleichungen (35) und (38) klarzustellen, seien bestimmte Werte angenommen.

Es sei $\mu = 10^{-5}\,\frac{\text{lbs. sec.}}{\text{inches}^2}\left[= 0{,}70 \cdot 10^{-6}\,\frac{\text{kg s}}{\text{cm}^2}\right]$, was dem Wert für Olivenöl bei einer Temperatur von 70° F [= 21° C] entspricht.

Es sei $U = 60 \frac{\text{inches}}{\text{sec.}} \left[= 152 \frac{\text{cm}}{\text{s.}}\right]$, $h_1 = 0{,}0003$ inches $[= 0{,}00076 \text{ cm}]$. Dann folgt aus Gleichung (35) die Belastung der geschmierten Fläche zu

$$W = 1070\, a^2 \frac{\text{lbs.}}{\text{inches}} \left[= 29{,}5\, a^2 \frac{\text{kg}}{\text{cm}}\right]$$

und aus Gleichung (38) der Reibungswiderstand zu

$$\frac{F}{a} = 1{,}31 \frac{\text{lbs.}}{\text{inches}^2} \left[= 0{,}092 \frac{\text{kg}}{\text{cm}^2}\right].$$

Dies scheint ungefähr der äußerste Fall vollständiger Schmierung zwischen ebenen Metallflächen; es dürfte dies der kleinste erreichbare Abstand h_0 sein.

VI. Abschnitt.

Die Integration der Gleichungen für den Fall zylindrischer Flächen.

25. Allgemeine Umformung der Gleichungen. Fig. 15 zeigt einen Schnitt zweier Kreiszylinderflächen rechtwinklig zu den Achsen, wie in Nummer 17.

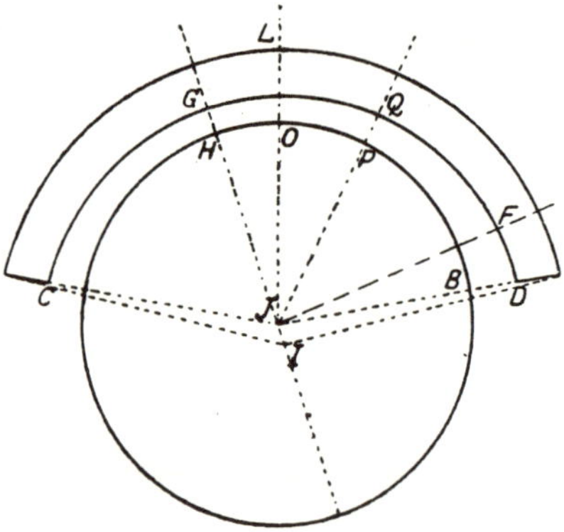

Fig. 15.

J ist die Achse des Zapfens AB,
I ist die Achse der Schale CD,

JO ist die Kraftrichtung der Belastung, welche die Schale symmetrisch schneidet und

$$(39)\quad \begin{cases} R = JP \\ R + a = IQ \\ h = PQ \\ h_0 = HG, \text{ der engste Querschnitt} \\ JI = ca \\ PJO = \Theta \\ GJO = \frac{\pi}{2} - \Phi_0 \\ P_1JO = \Phi_1, \end{cases}$$

wobei P_1 die Stelle des Druckmaximums bedeutet.

Dann folgt, wenn wir mit x die Richtung OA von O aus auf der Fläche AB bezeichnen und mit r die Entfernung irgendeines Punktes von J

$$(40)\quad \begin{cases} x = R\Theta \\ y = r - R \end{cases}$$

$$(41)\quad x_1 = R\Phi_1 .$$

Vernachlässigen wir Größen von der Ordnung $\left(\frac{ca}{R}\right)^2$, so wird

$$(42)\quad h = a\left\{1 + c\sin(\Theta - \Phi_0)\right\};$$

denn wenn I gegen J zu bewegt wird, dann bewegt sich Q um die Strecke ca in der Richtung JH. Die Grenzbedingungen verlangen, daß

1. alle Größen unabhängig von z sind,
2. U_0 konstant, U_1 und $V_1 = 0$ sind,
3. mit $\Theta_0 = OJA$, $\Theta_1 = OJB$ (wobei aus Symmetriegründen $\Theta_0 \quad -\Theta_1$), für

$$(43)\quad \left.\begin{matrix} \Theta \quad \Theta_0 \\ \Theta \quad \Theta_1 \end{matrix}\right\} \cdots p = p_0 \text{ wird}.$$

Bedeutet $-L$ die äußere Belastung und $-M$ das äußere Moment für die Längeneinheit in der z-Richtung, und sind keine äußeren horizontalen Kräfte vorhanden, so lauten die Gleichgewichtsbedingungen für das Lager:

$$\int_{\Theta_0}^{\Theta_1} \{p \sin \Theta - f \cos \Theta\}\, d\,\Theta = 0 \tag{44}$$

$$\int_{\Theta_0}^{\Theta_1} \{p \cos \Theta + f \sin \Theta\}\, d\,\Theta = \frac{L}{R} \tag{45}$$

$$\int_{\Theta_0}^{\Theta} f\, d\,\Theta = \frac{M}{R^2}. \tag{46}$$

Setzen wir die Gleichungen (40), (41) und (42) in die Gleichungen (17) und (19) ein und setzen

$$K_1 = \frac{6\, R\, \mu\, U_0}{a^2}, \qquad K_2 \quad \frac{\mu\, U_0}{a}, \tag{47}$$

so ergibt die Integration bei Berücksichtigung der Grenzbedingungen:

$$\frac{dp}{d\,\Theta} = \frac{6\, R \mu\, U_0\, c\, \{\sin(\Theta - \Phi_0) - \sin(\Phi_1 - \Phi_0)\}}{a^2 \{1 + c \sin(\Theta - \Phi)\}^3} \tag{48}$$

$$\left\{\begin{aligned} f = &- \frac{3\, \mu\, U_0\, c\, \{\sin(\Theta - \Phi_0) - \sin(\Phi_1 - \Phi_0)\}}{a\, \{1 + c \sin(\Theta - \Phi)\}^2} \\ &- \frac{\mu\, U_0}{\{1 + c \sin(\Theta - \Phi)\}} \end{aligned}\right. . \tag{49}$$

26. Die Methode angenäherter Integration.

Die rechten Seiten der Gleichungen (48) und (49) können entwickelt werden, so daß

$$\left\{\begin{aligned} \frac{1}{K_1 c}\, \frac{dp}{d\,\Theta} = A_0 &+ A_1 \sin(\Theta - \Phi_0) + A_2 \cos 2(\Theta - \Phi) + \text{usw.} \\ &+ A_{2n} \cos 2x(\Theta - \Phi_0) + A_{2n+1} \sin\{(2x + 1)(\Theta - \end{aligned}\right. \tag{50}$$

$$\left\{\begin{aligned} -\frac{1}{K_2} f = B_0 &+ B_1 \sin(\Theta - \Phi_0) + B_2 \cos 2(\Theta - \Phi) + \text{usw.} \\ &+ B_{2n} \cos 2x(\Theta - \Phi) + B_{2n+1} \sin\{(2x + 1)(\Theta - \end{aligned}\right. \tag{51}$$

Setzen wir

$$\chi = \sin(\Phi_1 - \Phi_0) \tag{52}$$

$$
3)\left\{\begin{aligned}
A_0 &= -\chi - \sum_{r=2}^{r=2\infty}\left\{\frac{(r+1)\,r^2\,(r-1)\cdots\dfrac{r+2}{2}}{2^{r+1}\left(\dfrac{r}{2}\right)!}\,c^{r-1} + \frac{(r+2)\,(r+1)\,r\,(r-1)\cdots\dfrac{r+2}{2}}{2^{r+1}\left(\dfrac{r}{2}\right)!}\,c^{r}\,\chi\right\}\\
A_{2n} &= (-1)^{n+1}\left\{\frac{(2n+1)\,2n}{2^{2n}}\,c^{2n+1} + \frac{(2n+2)\,(2n+1)}{2^{2n}}\,c^{2n}\,\chi\right.\\
&\quad + \sum_{r=2n+2}^{r=2\infty}\left(\frac{(r+1)\,r^2\,(r-1)\cdots\dfrac{r+2n+2}{2}}{2^{r}\left(\dfrac{r}{2}-n\right)!}\,c^{r-1}\right.\\
&\quad\left.\left. + \frac{(r+2)\,(r+1)\,r\cdots\dfrac{r+2n+2}{2}}{2^{r}\left(\dfrac{r}{2}-n\right)!}\,c^{r}\,\chi\right]\right\}\\
A_{2n+1} &= (-1)^{n}\left\{\frac{(2n+2)\,2n+1)}{2^{2n+1}}\,c^{2n} + \frac{(2n+3)\,(2n+2)}{2^{2n+1}}\,c^{2n+1}\,\chi\right.\\
&\quad + \sum_{r=2n+3}^{r=2\infty+1}\left[\frac{(r+1)\,r^2\,(r-1)\cdots\dfrac{r+2n+3}{2}}{2^{r}\left(\dfrac{r-2n-1}{2}\right)!}\,c^{r-1}\right.\\
&\quad\left.\left. + \frac{(r+2)\,(r+1)\,r\cdots r+2n+2}{2^{r}\left(\dfrac{r-2n-1}{2}\right)!}\,c^{r}\,\chi\right]\right\}
\end{aligned}\right.
$$

$$
(54)\quad
\left\{
\begin{aligned}
B_0 &= 1 - 3c\chi + \sum_{r=2}^{r=2\,\infty}\left[\frac{[4-3(r+1)]\,r\cdot(r-1)\cdots\frac{r+2}{2}}{2^r\left(\frac{r}{2}\right)!}\right. \\
&\qquad\left. - \frac{3(r+1)\,r\,(r-1)\cdots\frac{r+1}{2}}{2^r\left(\frac{r}{2}\right)!}\,c^{r+1}\chi\right]\Bigg] \\
B_{2n} &= (-1)^n\left\{\frac{[4-3(2n+1)]\,c^{2n} - 3(2n+1)\,c^{2n+1}\chi}{2^{2n-2}}\right. \\
&\qquad + \sum_{r=2n+2}^{r=2\,\infty}\Bigg[[4-3(r+1)]\,c^r \\
&\qquad\left. - 3(r+1)\,c^{r+1}\chi\Bigg]\frac{r\cdot(r-1)\cdots\frac{r+2n+2}{2}}{2^{r-1}\left(\frac{r-2n}{2}\right)!}\right\} \\
B_{2n+1} &= (-1)^{n+1}\left\{\frac{[4-3(2n+2)]\,c^{2n+1} - 3(2n+2)\,c^{2n+}}{2^{2n}}\right. \\
&\qquad + \sum_{r=2n+3}^{r=2\,\infty+3}\Bigg[[4-3(r+1)]\,c^r \\
&\qquad\left. - 3(r+1)\,c^{r+1}\chi\Bigg]\frac{r\cdot(r+1)\cdots(r+2n+3)}{2^{r-1}\left(\frac{r-2n-1}{2}\right)!}\right\}
\end{aligned}
\right.
$$

Die Koeffizienten A_0, A_1 usw., B_0, B_1 usw. werden so in Reihen nach ansteigenden Potenzen von c entwickelt mit nichtkonvergierenden numerischen Koeffizienten. Es scheint indessen, daß, wenn c nicht größer als 0,6 ist, die Reihen selbst konvergent sind, und es ist nur nötig, bis zum 10. oder 12. Glied zu gehen. So weit wurden sie berechnet und haben folgende Werte:

$$
(55)\quad\left\{
\begin{aligned}
A_0 &= -1\cdot 5\,c - 3\cdot 75\,c^3 - 6\cdot 565\,c^5 - 9\cdot 85\,c^7 - 13\cdot 51\,c^9 \\
&\quad - 17\cdot 6\,c^{11} - \left\{1 + 3\,c^2 + 5\cdot 625\,c^4 + 8\cdot 75\,c^6 \right.\\
&\quad \left. + 12\cdot 225\,c^8 + 16\cdot 2\,c^{10}\right\}\chi \\
A_1 &= 1 + 4\cdot 5\,c^2 + 9\cdot 375\,c^4 + 15\cdot 23\,c^6 + 21\cdot 92\,c^8 + 29\cdot 8\,c^{10} \\
&\quad + 38\cdot 6\,c^{12} + \left\{3\,c + 7\cdot 5\,c^3 + 13\cdot 13\,c^5 \right.\\
&\quad \left. + 19\cdot 7\,c^7 + 27\cdot 01\,c^9 + 35\cdot 2\,c^{11}\right\}\chi \\
A_2 &= 1\cdot 5\,c + 5\,c^3 + 9\cdot 85\,c^5 + 15\cdot 75\,c^7 + 22\cdot 56\,c^9 \\
&\quad + 20\cdot 24\,c^{11} + \left\{3\,c^2 + 7\cdot 5\,c^4 + 13\cdot 13\,c^6 \right.\\
&\quad \left. + 19\cdot 7\,c^8 + 27\cdot 02\,c^{10} + 35\cdot 2\,c^{12}\right\}\chi \\
A_3 &= -1\cdot 5\,c^2 - 4\cdot 7\,c^4 - 9\cdot 2\,c^6 - 14\cdot 7\,c^8 - 21\cdot 45\,c^{10} \\
&\quad - \left\{2\cdot 5\,c^3 + 6\cdot 56\,c^5 + 11\cdot 78\,c^7 \right.\\
&\quad \left. + 18\cdot 03\,c^9 + 25\cdot 4\,c^{11}\right\}\chi \\
A_4 &= -1\cdot 25\,c^3 - 3\cdot 94\,c^5 - 7\cdot 875\,c^7 - 12\cdot 88\,c^9 - 18\cdot 8\,c^{11} \\
&\quad - \left\{1\cdot 875\,c^4 + 5\cdot 25\,c^6 + 9\cdot 85\,c^8 \right.\\
&\quad \left. + 15\cdot 48\,c^{10} + 22\cdot 45\,c^{12}\right\}\chi \\
A_5 &= 0{,}939\,c^4 + 3\cdot 07\,c^6 + 6\cdot 33\,c^8 + 10\cdot 68\,c^{10} \\
&\quad + \left\{2\cdot 63\,c^5 + 3\cdot 94\,c^7 + 7\cdot 76\,c^9 + 12\cdot 6\,c^{11}\right\}\chi
\end{aligned}
\right.
$$

$$
(56)\quad\left\{
\begin{aligned}
B_0 &= 1 - \left\{2\cdot 5\,c^2 + 4\cdot 125\,c^4 + 5\cdot 3125\,c^6 + 6\cdot 54\,c^8\right\} \\
&\quad - \left\{3\,c + 4\cdot 5\,c^3 + 5\cdot 625\,c^5 \right.\\
&\quad \left. + 6\cdot 562\,c^7 + 7\cdot 63\,c^9\right\}\chi \\
B_1 &= 2\,c + 6\,c^3 + 9\cdot 75\,c^5 + 11\cdot 3125\,c^7 \\
&\quad + \left\{6\,c^2 + 9\,c^4 + 11\cdot 25\,c^6 + 12\cdot 5\,c^8\right\}\chi \\
B_2 &= 2\cdot 5\,c^2 + 5\cdot 5\,c^4 + 7\cdot 97\,c^6 + 10\cdot 06\,c^8 \\
&\quad + \left\{4\cdot 5\,c^3 + 7\cdot 5\,c^5 + 9\cdot 85\,c^7 + 11\cdot 8\,c^9\right\}\chi \\
B_3 &= -2\,c^3 - 4\cdot 375\,c^5 - 6\cdot 5625\,c^7 - 8\cdot 61\,c^9 \\
&\quad - \left\{3\,c^4 + 5\cdot 625\,c^6 + 7\cdot 873\,c^8 + 9\cdot 84\,c^{10}\right\}\chi \\
B_4 &= -1\cdot 375\,c^4 - 3\cdot 2\,c^6 - 5\cdot 03\,c^8 \\
&\quad - \left\{1\cdot 875\,c^5 + 3\cdot 94\,c^7 + 5\cdot 09\,c^9\right\}\chi
\end{aligned}
\right.
$$

27. Die Integration der Gleichungen.

Integrieren wir Gleichung (50) zwischen den Grenzen Θ_0 und Θ, so wird

$$\frac{p-p_0}{K_1 c} = A_0 (\Theta - \Theta_0)$$
$$- A_1 \left\{\cos(\Theta - \Phi_0) - \cos(\Theta_0 - \Phi_0)\right\}$$
$$+ \frac{A_2}{2} \left\{\sin 2(\Theta - \Phi_0) - \sin 2(\Theta_0 - \Phi_0)\right\}$$

(57) usw. usw.

$$- \frac{A_{2n+1}}{2n+1} \left\{\cos[(2n+1)(\Theta - \Phi_0)] - \cos[(2n+1)(\Theta_0 - \Phi_0)]\right\}$$
$$+ \frac{A_{2n}}{2n} \left\{\sin 2n(\Theta - \Phi_0) - \sin 2n(\Theta_0 - \Phi_0)\right\}$$

Daher, wenn wir $\Theta = \Theta_1$ setzen, nach (43)

$$0 = A_0 \Theta_1 - A_1 \sin\Theta_1 \sin\Phi_0 + \frac{A_2}{2} \sin 2\Theta_1 \cos 2\Phi_0 - \text{usw.}$$

(58)
$$- \frac{A_{2n+1}}{2n+1} \sin[(2n+1)\Theta_1] \sin[(2n+1)\Phi_0]$$
$$+ \frac{A_{2n}}{2n} \sin 2n\Theta_1 \cos 2n\Phi_0$$

Setzen wir

$$E = A_1 \cos\Theta_1 \cos\Phi_0 + \frac{A_2}{2} \cos 2\Theta_1 \sin 2\Phi_0 + \text{usw.}$$

(59)
$$+ \frac{A_{2n+1}}{2n+1} \cos[(2n+1)\Theta_1] \cos[(2n+1)\Phi_0)]$$
$$+ \frac{A_{2n}}{2n} \cos 2n\Theta_1 \sin 2n\Phi_0,$$

so ergeben die Gleichungen (57) und (58)

$$\frac{p-p_0}{K_1 c} = E + A_0\Theta - A_1 \cos(\Theta - \Phi_0) + \frac{A_2}{2} \sin 2(\Theta - \Phi_0)$$

(60)
$$- \frac{A_{2n+1}}{2n+1} \cos[(2n+1)(\Theta - \Phi_0)]$$
$$+ \frac{A_{2n}}{2n} \sin 2n(\Theta - \Phi_0)$$

Multiplizieren wir Gleichung (60) mit sin Θ und integrieren zwischen Θ_0 und Θ_1, wobei wir bedenken, daß $\Theta_0 = -\Theta_1$, so wird

$$\int_{\Theta_0}^{\Theta_1} \frac{p - p_0}{K_1 c} \sin \Theta \, d\,\Theta = 2 A_0 (\sin \Theta_1 - \Theta_1 \cos \Theta_1)$$

$$+ A_1 \left(\frac{\sin 2\,\Theta_1 \sin \Phi_0}{2} - \Theta_1 \sin \Phi_0\right)$$

$$+ \frac{A_2}{2} \left(\sin \Theta \cos 2\,\Phi - \frac{\sin 3\,\Theta \cos 2\,\Phi}{3}\right)$$

(61) usw. usw.

$$+ \frac{A_{2n+1}}{2n+1} \left\{\frac{\sin (2n+2)\,\Theta_1 \sin (2n+1)\,\Phi_0}{2n+2} - \frac{\sin 2n\,\Theta_1 \sin (2n+1\,\Phi_0}{2n}\right\}$$

$$+ \frac{A_{2n}}{2n} \left\{\frac{\sin 2n+1)\,\Theta_1 \cos 2n\,\Phi}{2n-1} - \frac{\sin (2n+1)\,\Theta \cos 2n\,\Phi}{2n+1}\right\}$$

Durch Multiplikation von Gleichung (60) mit cos Θ und Integration von Θ_0 bis Θ_1 ergibt sich

$$\int_{\Theta_0}^{\Theta_1} \frac{p - p_0}{K_1 c} \cos \Theta \, d\,\Theta = - A_1 \left(\Theta_1 \cos \Phi_0 - \frac{\sin 2\,\Theta_1}{2} \cos \Phi_0\right)$$

$$+ \frac{A_2}{2} \left(\frac{\sin 3\,\Theta_1}{6} \sin 2\,\Phi_0 - \frac{3}{2} \sin \Theta \sin 2\,\Phi - \text{usw.}\right.$$

(62) $$+ \frac{A_{2n+1}}{2n+1} \left\{\frac{2n+1}{2n+2} \sin (2n+2)\,\Theta \cos (2n+1)\,\Phi - \frac{2n+1}{2n} \sin 2n\,\Theta_1 \cos (2n+1)\,\Phi\right\}$$

$$+ \frac{A_{2n}}{2n} \left\{\frac{2n}{2n+1} \sin (2n+1)\,\Theta \sin 2n\,\Phi - \frac{2n}{2n-1} \sin (2n-1)\,\Theta \sin 2n\,\Phi\right\}$$

Durch Multiplikation von Gleichung (51) mit cos Θ und Integration

$$-\int_{\Theta_0}^{\Theta_1} \frac{f \cos \Theta}{K_2} d\,\Theta = 2 B_0 \sin \Theta_1 - B_1 \left(\frac{\sin 2\,\Theta_1 \sin \Phi_0}{2} + \Theta_1 \sin \Phi_0 \right)$$

$$+ B_2 \left(\frac{\sin 3\,\Theta_1 \cos 2\,\Phi_0}{3} + \sin \Theta_1 \cos 2\,\Phi_0 \right)$$

$$-\text{ usw.}$$

$$+ B_{2n} \left\{ \frac{\sin (2n+1)\,\Theta_1 \cos 2n\,\Phi_0}{2n+1} \right.$$

(63)
$$\left. + \frac{\sin (2n-1)\,\Theta_1 \cos 2n\,\Phi_0}{2n-1} \right\}$$

$$- B_{2n+1} \left\{ \frac{\sin (2n+2)\,\Theta_1 \sin (2n+1)\,\Phi_0}{2n+2} \right.$$

$$\left. + \frac{\sin 2n\,\Theta_1 \sin (2n+1)\,\Phi^0}{2n} \right\}$$

Durch Multiplikation von Gleichung (51) mit sin Θ und Integration

$$-\int_{\Theta_0}^{\Theta_1} \frac{f \sin \Theta\, d\,\Theta}{K_2} = B_1 \left(\frac{\sin 2\,\Theta_1 \cos \Phi_0}{2} - \Theta_1 \cos \Phi_0 \right)$$

$$- B_2 \left(\frac{\sin 3\,\Theta_1 \sin 2\,\Phi_0}{3} - \sin \Theta_1 \sin \Phi_0 \right)$$

(64)
$$- B_{2n} \left\{ \frac{\sin (2n+1)\,\Theta_1 \sin 2n\,\Phi_0}{2n+1} \right.$$

$$\left. - \frac{\sin (2n-1)\,\Theta_1 \sin 2n\,\Phi_0}{2n-1} \right\}$$

$$+ B_{2n+1} \left\{ \frac{\sin 2n+2)\,\Theta_1 \cos (2n+1)\,\Phi_0}{2n+2} \right.$$

$$\left. - \frac{\sin 2n\,\Theta_1 \cos (2n-1)\,\Phi_0}{2n} \right\}$$

Durch Integration von Gleichung (51)

$$-\int_{\Theta_0}^{\Theta_1} \frac{f\,d\,\Theta}{K_2} = 2\,B_0\,\Theta_1 - 2\,B_1 \sin\Theta_1 \sin\Phi_0$$

$$(65)\quad + \frac{2\,B_2}{2} \sin 2\,\Theta_1 \cos 2\,\Phi_0 + \frac{2\,B_{2n}}{2n} \sin 2n\,\Theta_1 \cos 2n\,\Phi_0$$

$$- \frac{2\,B_{2n+1}}{2n+1} \sin(2n+1)\,\Theta_1 \sin(2n+1)\,\Phi_0 .$$

Setzen wir die Gleichungen (61) — (65) in die Gleichgewichtsbedingungen (44), (45), (46) ein, so folgt aus Gleichung (44)

$$0 = 2\,(K_1\,c\,A_0 + K_2\,B_0) \sin\Theta_1 - 2\,K_1\,c\,A_0\,\Theta_1 \cos\Theta_1$$

$$+ (K_1\,c\,A_1 - K_2\,B_1) \frac{\sin 2\,\Theta_1}{2} \sin\Phi_0$$

$$- (K_1\,c\,A_1 + K_2\,B_1)\,\Theta_1 \sin\Phi_0$$

$$+ \text{usw.}$$

$$+ \sum_{n=1}^{n=\infty} \left\{ \left(\frac{K_1\,c\,A_{2n}}{2n} + K_2\,B_{2n}\right) \frac{\sin(2n-1)\,\Theta_1 \cos 2n\,\Phi_0}{2n-1} \right.$$

$$- \left(\frac{K_1\,c\,A_{2n}}{2n} - K_2\,B_{2n}\right) \frac{\sin(2n+1)\,\Theta_1 \cos 2n\,\Phi_0}{2n+1}$$

$$(66)\quad - \left(\frac{K_2\,c\,A_{2n+1}}{2n+1} + K_2\,B_{2n+1}\right) \frac{\sin 2n\,\Theta_1 \sin(2n+1)\,\Phi_0}{2n}$$

$$+ \left(\frac{K_1\,c\,A_{2n+1}}{2n+1} - K_2\,B_{2n+1}\right)$$

$$\frac{\sin(2n+1)\,\Theta_1 \sin(2n+1)\,\Phi_0}{2n+2},$$

aus Gleichung (45)

$$\frac{L}{R} = (K_1\,c\,A_1 - K_2\,B_1) \left(\frac{\sin 2\,\Theta_1}{2} - \Theta_1\right) \cos\Phi_0$$

$$+ \sum_{n=1}^{n=\infty} \left\{ (K_1\,c\,A_{2n} + K_2\,B_{2n}) \right.$$

$$\left[\frac{\sin(2n+1)\,\Theta_1}{2n+1} - \frac{\sin(2n-1)\,\Theta_1}{2n-1}\right] \sin 2n\,\Phi_0$$

$$+ (K_1\,c\,A_{2n+1} - K_2\,B_{2n+1})$$

$$\left. \left[\frac{\sin(2n+2)\,\Theta_1}{2n+2} - \frac{\sin 2n\,\Theta_1}{2n}\right] \cos(2n+1)\,\Phi_0 \right\}$$

aus Gleichung (46)

$$-\frac{M}{R^2}=K_2\Big\{2B_0\,\Theta_1-2B_1\sin\Theta_1\sin\Phi_0+\frac{2B_2}{2}\sin 2\Theta_1\cos 2\Phi_0$$

$$(68)\qquad +\frac{2B_{2n}}{2n}\sin 2n\,\Theta_1\cos 2n\,\Phi_0$$

$$-\frac{2B_{2n+1}}{2n+1}\sin(2n+1)\,\Theta_1\sin(2n+1)\,\Phi_0\Big\}$$

Die Gleichungen (66), (67), (68) zusammen mit (58), der Grenzbedingung für den Druck, sind die integrierten Gleichgewichtsbedingungen für die Flüssigkeit zwischen Zapfen und Schale und daher auch für die Schale selbst.

Die in diesen Gleichungen auftretenden Größen sind:

$$R,\ U,\ M,\ L,\ \mu,\ \Theta_1 \text{ und } a,\ c,\ \Phi_0,\ \Phi_1$$

Wenn daher die ersteren gegeben sind, so folgen die letzteren durch Lösung dieser Gleichungen.

VII. Abschnitt.

Lösung der Gleichungen für zylindrische Flächen.

28. c und $\sqrt{\frac{a}{R}}$ klein gegen 1.

In diesem Falle werden die Gleichungen (55)

$$(69)\qquad \begin{array}{ll} A_0=-\chi & B_0=1 \\ A_1=\ \ 1 & B_1=0 \\ A_2=\ \ 0,\text{ usw.} & B_2=0,\text{ usw.} \end{array}$$

Gleichung (58) gibt

$$(70)\qquad 0=\chi\,\Theta_1+\sin\Theta_1\sin\Phi_0$$

Gleichung (66) gibt

$$0=(2K_1c\chi-2K_2)\sin\Theta_1-2K_1c\chi\,\Theta_1\cos\Theta_1$$

$$(71)\qquad -K_1c\frac{\sin 2\,\Theta_1}{2}\sin\Phi_0+K_1c\,\Theta_1\sin\Phi_0$$

Gleichung (67) gibt

(72) $$\frac{L}{R} = K_1 c \left(\frac{\sin 2\,\Theta_1}{2} - \Theta_1\right) \cos \Phi_0$$

Gleichung (68) gibt

(73) $$\frac{M}{R^2} = -2\,K_2\,\Theta_1$$

Ebenso Gleichung (57)

(74) $$p - p_0 = K_1 c \left\{\cos \Theta_1 \cos \Phi_0 - \chi\,\Theta - \cos(\Theta - \Phi)\right\}$$

Eliminieren wir χ aus den Gleichungen (70) und (71), so wird

(75) $$\sin \Phi_0 = \frac{K_2}{K_1} \frac{2 \sin \Theta_1}{c\left(\Theta - \frac{2 \sin^2 \Theta_1}{\Theta_1} + \frac{1}{2} \sin 2\,\Theta\right)}$$

Die Gleichungen (74) und (75) genügen zur Bestimmung von a, c, Φ_0, Φ_1, unter den Voraussetzungen $\sqrt{\frac{a}{R}}$ und c klein, solange Φ_0 nicht klein ist. In diesem letzteren Fall werden die in der Gleichung beibehaltenen Glieder so klein, daß einige vernachlässigte Glieder zu relativer Bedeutung aufrücken.

Setzen wir zunächst $L = 0$ (5. und 9. Fall des III. Abschnitts), dann folgt aus Gleichung (72)

(75a) $$\cos \Phi_0 = 0$$

und aus Gleichung (70)

(75b) $$\chi = -\frac{\sin \Theta_1}{\Theta_1}$$

Setzen wir für χ seinen Wert $\sin(\Phi_1 - \Phi_0)$, so wird

(76) $$\cos \Phi_1 = \frac{\sin \Theta_1}{\Theta_1}$$

Gleichung (76) gibt zwei gleiche Werte von entgegengesetztem Vorzeichen für Φ_1. Diese entsprechen den beiden Stellen P_1 und P_2 des Druckmaximums und Druckminimums. In den äußersten Fällen wird[12])

$$\Theta_1 = 0 \qquad \Phi_1 = \pm \frac{1}{\sqrt{3}} \Theta_1$$

$$(77) \qquad \Theta_1 = \frac{\pi}{2} \qquad \Phi_1 = \pm \arccos \frac{2}{\pi}$$

$$\Theta_1 = \pi \qquad \Phi_1 = \pm \frac{\pi}{2}$$

Aus den Gleichungen (73) und (47) folgt

$$(78) \qquad a = \frac{2 \mu U \Theta}{M}$$

und aus Gleichung (75)

$$(79) \qquad c = \frac{a}{3R} \frac{\sin \Theta_1}{\left(\Theta_1 - \frac{2 \sin^2 \Theta_1}{\Theta_1} + \frac{1}{2} \sin 2 \Theta_1\right)}$$

W e n n L w ä c h s t, so folgt aus (72) und (75)

$$(80) \quad \tan \Phi_0 = \frac{R}{L} K_2 \left(\frac{\sin 2 \Theta_1}{2} - \Theta_1\right) \frac{2 \sin \Theta_1}{\left(\Theta_1 - \frac{2 \sin^2 \Theta_1}{\Theta_1} + \frac{1}{2} \sin 2 \Theta_1\right)}$$

Daher wird mit wachsenden L $\tan \Phi_0$ kleiner, bis die Annäherung versagt. Dies geschieht indessen nicht, solange c klein ist.

Bei wachsender Belastung zeigt Gleichung (80), daß G von O gegen A rückt.

Auch geht aus Gleichung (70) hervor, daß χ und Φ_1 mit Φ_0 kleiner werden und daß Φ_1 positiv ist, solange die Gleichungen gelten.

Um weiterzugehen, ist es notwendig, alle Glieder 1. Ordnung in kleinen Größen beizubehalten.

Behalten wir nur die erste Potenz von c bei, so wird die Gleichung (55)

$$(81)\quad \begin{aligned} A_0 &= -1{\cdot}5\,c - \chi & B_0 &= 1 - 3\,c\chi \\ A_1 &= 1 + 3\,c\chi & B_1 &= 2\,c \\ A_2 &= 1{\cdot}5\,c & B_2 &= 0. \end{aligned}$$

Aus Gleichung (58) folgt

$$(82)\quad \begin{aligned} \chi\,(\Theta_1 + 3\,c \sin\Theta_1 \sin\Phi_0) = &- \sin\Theta_1 \sin\Phi_0 \\ &- 1{\cdot}5\,c\,\Theta_1 + 1{\cdot}5\,c\,\frac{\sin 2\,\Theta_1}{2}\cos 2\,\Phi_0, \end{aligned}$$

aus Gleichung (66):

$$(83)\quad \begin{aligned} 0 = &\left\{-2\,K_1 c\,(1{\cdot}5\,c + \chi) + 2\,K_2\,(1 - 3\,c\,\chi)\right\}\sin\Theta_1 \\ &+ 2\,K_1 c\,(1{\cdot}5\,c + \chi)\,\Theta_1 \cos\Theta_1 \\ &+ \left\{K_1 c\,(1 + 3\,c\chi) - 2\,K_2 c\right\}\frac{\sin 2\,\Theta_1}{2}\sin\Phi_0 \\ &- \left\{K_1 c\,(1 + 3\,c\chi) + 2\,K_2 c\right\}\Theta_1 \sin\Phi_0 \\ &+ \tfrac{3}{4} K_1 c^2 \left(\sin\Theta_1 - \frac{\sin 3\,\Theta_1}{3}\right)\cos 2\,\Phi_0, \end{aligned}$$

aus Gleichung (67):

$$(84)\quad \begin{aligned} \frac{L}{R} = &-\left\{K_1 c\,(1 + 3\,c\chi) - 2\,K_2 c\right\}\left(\Theta_1 - \frac{\sin 2\,\Theta_1}{2}\right)\cos\Phi_0 \\ &+ K_1 c\,\frac{1{\cdot}5\,c}{4}\left(\tfrac{1}{3}\sin 3\,\Theta_1 \sin 2\,\Phi_0 - \sin\Theta_1 \sin 2\,\Phi_0\right) \end{aligned}$$

aus Gleichung (68):

$$(85)\quad \frac{M}{R^2} = -K_2\left\{2\,(1 - 3\,c\,\chi)\,\Theta_1 - 4\,c \sin\Theta_1 \sin\Phi_0\right\}$$

In den Gleichungen (82)—(85) wurden Glieder mit der 2. Potenz von c beibehalten, aber diese haben sehr ungleiche Werte. Bei Verminderung von χ und $\sin\Phi_0$ wächst c, und die Produkte $c\chi$ und $c \sin\Phi_0$ können als unbedeutend angesehen und weggelassen werden, wenn sie mit $K_1 c$ oder K_2 multipliziert sind.

Unter diesen Vernachlässigungen ergibt sich aus Gleichung (82) und (83) durch Elimination von χ

$$\sin \Phi_0 = \frac{\dfrac{2K_2}{K_1 c}\,\Theta_1 \sin \Theta_1 + c\left\{\frac{3}{4}\Theta_1\left(\sin\Theta_1 - \dfrac{\sin 3\Theta_1}{3}\right) - 3\left(\sin\Theta_1 - \Theta_1\cos\Theta_1\right)\dfrac{\sin 2\Theta_1}{2}\right\}}{\Theta_1\left(\Theta_1 - \dfrac{\sin 2\Theta_1}{2}\right) - 2\left(\sin\Theta_1 - \Theta_1\cos\Theta_1\right)\sin\Theta_1} \tag{86}$$

Gleichung (86) ist für c quadratisch in $\sin \Phi_0$. Daraus geht hervor, daß, wenn c von O an wächst, Φ ein Minimum durchläuft, wenn

$$c^2 = \frac{2K_2}{K_1}\,\frac{\Theta_1 \sin\Theta_1}{\frac{3}{4}\Theta_1\left(\sin\Theta_1 - \dfrac{\sin 3\Theta_1}{3}\right) - 3\left(\sin\Theta_1 - \Theta_1\cos\Theta_1\right)\dfrac{\sin 2\Theta_1}{2}} \tag{87}$$

Wächst die Belastung von O an, so wächst c von dem Wert der Gleichung (79) zu dem der positiven Wurzel von (87). Bei weiterem Anwachsen der Belastung wächst c weiter, aber Φ_0 wächst auch wieder, so daß, wie aus Gleichung (86) hervorgeht, für Werte von Φ_0 über dem Minimum zwei Belastungen existieren, zwei Werte von c und zwei Werte von χ.

Wenn Θ_1 nahezu $= \dfrac{\pi}{2}$ ist, wird c von der Ordnung $\sqrt{\dfrac{a}{2R}}$, solange Φ_0 klein ist, und $\sin \Phi_0$ wird von der Ordnung 4 c. Also bringt, solange $\sqrt{\dfrac{a}{2R}}$ genügend klein ist, die Vernachlässigung der Produkte und Quadrate dieser Größen keinen Fehler in die Rechnung. Es sei z. B.

(88) $\Theta_1 = 1{\cdot}37045$ ($78^0\,31'\,30''$, wie in Towers Versuchen).

Aus Gleichung (86) folgt

$$\sin \Phi_0 = 3{\cdot}934\,c + 1{\cdot}9847\,\frac{a}{cR} \tag{89}$$

und nach Gleichung (87) beim Minimum von Φ_0

$$c = \sqrt{\frac{a}{2R}}$$

(90)

$$\sin \Phi_0 = 5 \cdot 61 \sqrt{\frac{a}{R}}$$

Setzen wir $\chi = \sin \Phi_1 - \sin \Phi_0$, so wird Gleichung (82)

(91) $$\sin \Phi_1 = -0{,}16776\, c + 0{,}5656 \frac{a}{Rc}$$

oder wenn Φ_0 ein Minimum ist,

(92) $$\sin \Phi_1 = 0{,}682 \sqrt{\frac{a}{R}}$$

daher

(93) $$\chi = 4 \cdot 928 \sqrt{\frac{a}{R}}$$

Gleichungen (84) und (85) ergeben

(94) $$\frac{L}{R} = -1 \cdot 1753\, K_1\, c$$

(95) $$\frac{M}{R^2} = -2 \cdot 74\, K_2$$

daher Gleichung (47)

(96) $$c = 0{,}388\, a \frac{L}{M}$$

(97) $$\frac{\mu}{a} = -0{,}3635 \frac{M}{R^2 U_0}$$

Solange $a \dfrac{L}{M}$ nicht größer als 0,2 ist, können diese Annäherungen auf jeden Fall angewandt werden.

Für größere Werte von $\dfrac{L}{M}$ wird die Lösung schwieriger; solange indessen c nicht größer als 0,5 ist, kann die Lösung für jeden besonderen Wert von c erhalten werden.

29. Weitere Annäherung zur Lösung der Gleichungen für besondere Werte von c.

Der hierbei verwendete Gedankengang besteht darin, einen Wert von c anzunehmen und aus den Gleichungen (53) und (54)

$$A_0 = A_0' + A_0'' \chi \qquad B_0 = B_0' + B_0'' \chi \qquad (98)$$

usw. usw.

zu berechnen, wobei A_1', A_1'', B_1', B_1''. ...numerische Werte sind.

Diese Koeffizienten werden dann in die Gleichung (58) und (66) eingeführt, welche nach Elimination von χ eine Gleichung für Φ_0 ergeben.

Die komplizierte Art, wie Φ_0 in die Gleichungen eintritt, macht die Lösung schwierig; man muß durch Probieren die Werte von Φ_0, die verschiedenen Werten von c entsprechen, finden.

Der Wert von Φ_0, in die Gleichungen (58) oder (66) eingesetzt, ergibt χ und Φ_1.

Hat man so die entsprechenden Werte von c, Φ_0 und χ erhalten, so kann eine vollständige Tafel gerechnet werden. Dies ist indessen nicht geschehen, da nicht genügend experimentelle Daten vorhanden sind, um eine solche Tafel notwendig zu machen. Es wurden nur Φ_0 und Φ_1 für $c = 0{,}5$ gerechnet, wobei Θ_1 den Wert 1,3704 hat wie in Gleichung (88) und in Towers Versuchen.

Der Wert $c = 0{,}5$ wurde durch Probieren den Versuchen angepaßt, in welchen Herr Tower den Druck an verschiedenen Stellen des Zapfens gemessen hat (nach seinem 2. Bericht); es ist dies gleichzeitig der größte Wert von c, für welchen vollständige Schmierung gesichert ist.

Setzen wir $c = 0{,}5$, so ergeben die Gleichungen (43) und (44)

$$(99) \quad \left| \begin{array}{ll} A_0 = -1{\cdot}5351 - 2{\cdot}3018\chi & B_0 = -0{\cdot}012 - 2{\cdot}304\chi \\ A_1 = 3{\cdot}0723 + 3{\cdot}0721\chi & B_1 = 2{\cdot}143 + 2{\cdot}286\chi \\ A_2 = 1{\cdot}8647 + 1{\cdot}5360\chi & B_2 = 1{\cdot}139 + 0{\cdot}896\chi \\ A_3 = -0{\cdot}8911 - 0{\cdot}6571\chi & B_3 = -0{\cdot}455 - 0{\cdot}316\chi \\ A_4 = -0{\cdot}3753 - 0{\cdot}2582\chi & B_4 = -0{\cdot}146 - 0{\cdot}097\chi \\ A_5 = 0{\cdot}1396 + 0{\cdot}1343\chi & \end{array} \right.$$

Nehmen wir

$$\Theta_1 = 1{,}3704 \text{ oder } 78^0\ 31'\ 30'',$$

(100) so findet man durch Probieren, daß mit

$$\Phi_0 = 48^0$$

und bei Vernachlässigung von K_2 (unter den gegebenen Verhältnissen war K_2 ungefähr 0,0003 K_1) aus Gleichung (58)

$$\chi = -0{,}82295 \text{ oder } \sin 55^0\, 22'\, 40''$$

(101) und aus Gleichung (66)

$$\chi = -0{,}82274 \text{ oder } \sin 55^0\, 21'\, 40''.$$

Die Differenz 0,00021 liegt im selben Sinn und ist von der Größenordnung der vernachläsigten Größe K_2.

Diese Lösung konnte daher als genügend genau angesehen werden und ergab unter Annahme des Wertes von $\Phi_1 - \Phi_0$:

$$\Phi_1 = 7^0\, 21'\, 40''.$$

Gleichung (99) wurde dann

$$(103)\quad \begin{cases} A_0 = 0{\cdot}3587 & B_0 = 1{\cdot}912 \\ A_1 = 0{\cdot}5449 & B_1 = 2{\cdot}263 \\ A_2 = 0{\cdot}6010 & B_2 = 0{\cdot}303 \\ A_3 = -0{\cdot}3505 & B_3 = -0{\cdot}195 \\ A_4 = -0{\cdot}0407 & B_4 = 0{\cdot}066 \\ A_5 = -0{\cdot}0291 & \end{cases}$$

Durch Einsetzen der Werte aus Gleichung (100), (102) und (103) erhält man aus Gleichung (67)

$$(104)\quad \frac{L}{R} = -1{\cdot}2752\, K_1\, c,$$

aus Gleichung (68)

$$(105)\quad \frac{M}{R^2} = -4{\cdot}7546\, K_2.$$

Nach Gleichung (59) wird

$$(106)\quad E = -0{\cdot}25257.$$

Nach Gleichung (60)

$$(107)\quad \begin{aligned} \frac{p - p_0}{K_1\, c} = &-0{\cdot}25257 + 0{\cdot}3587\, \Theta - 0{\cdot}545 \cos(\Theta - 48^0) \\ &+ 0{\cdot}3005 \sin 2(\Theta - 48^0) + 0{\cdot}1168 \cos 3(\Theta - 48^0) \\ &- 0{\cdot}0407 \sin 4(\Theta - 48^0) + 0{\cdot}0058 \cos 5(\Theta - 48^0) \end{aligned}$$

Aus Gleichung (107) ergaben sich Werte von

$$\frac{p - p_0}{K c}$$

für Werte von Θ von 10 zu 10° und bei besonderen Werten von Θ, nämlich

$\Theta = \pm 29^0 20' 20''$ Stellen, an welchen der Druck gemessen wurde.

(108) $\begin{cases} \Theta = -\ 7^0 21' 40'' & \text{Stelle des Druckmaximums.} \\ \Theta = -\ 76^0 38' 40'' & \text{Stelle des Druckminimums.} \\ \Theta = \pm\ 78^0 31' 30'' & \text{Enden der Schale.} \end{cases}$

Diese sind in Tafel II aufgeführt.

Tafel II. Druck an verschiedenen Punkten des Lagers.

Θ unterhalb	Θ in Bogenmaß	$\frac{p - p_0}{-K_1 c}$
0° 0′ 0″	—0·0	1·0151
— 7 21 40	— 0·12837	1·0269
— 10 0 0	— 0·17453	1·0232
— 20 0 0	— 0·34907	0·9412
— 29 20 20	— 0·5120	0·7923
— 40 0 0	— 0·6981	0·5612
— 50 0 0	— 0·8737	0·3349
— 60 0 0	— 1·0472	0·1449
— 70 0 0	— 1·2217	0·0293
— 76 38 20	— 1·3367	— 0·001
— 78 31 20	— 1·3704	0·0002

Θ oberhalb	Θ in Bogenmaß	$\frac{p - p_0}{-K_1 c}$
0° 0′ 0″		1·0151
10 0 0	0·17453	0·9331
20 0 0	0·34907	0·8022
29 20 20	0·5120	0·6609
40 0 0	0·6981	0·5003
50 0 0	0·8737	0·3555
60 0 0	1·0472	0·2249
70 0 0	1·2217	0·1002
78 31 20	1·3704	0·0002

Die Fig. 16, 17, 18 stellen die Ergebnisse der Tafel II dar. In der Kurve der Fig. 16 sind die Drucke die Ordinaten und die Abszissen sind die Bogen Θ.

In der Kurve der Fig. 17 sind dieselben Ordinaten zur Abszisse R sin Θ aufgetragen.

Fig. 16. Fig. 17.

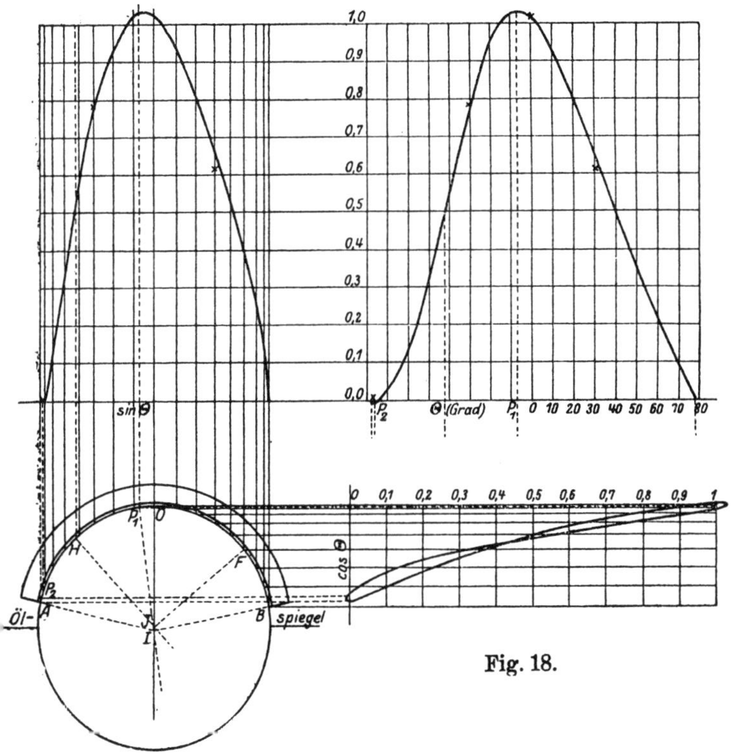

Fig. 18.

Fig. 19.

In der Kurve Fig. 18 sind horizontalen Koordinaten dieselben wie die vertikalen der Fig. 16 und 17, und die vertikalen Abszissen sind $= R \cos \Theta$. Diese theoretischen Resultate werden im IX. Abschnitt weiter diskutiert, wo sie mit den Towerschen Versuchen verglichen werden.

29a. $c = 0{,}5$ ist die Grenze für diese Integrationsmethode.

Im betrachteten Falle, in welchem $\Theta = 78^0\,31'\,20''$, zeigt Tafel II, daß der Druck in der Nähe des unteren Endes gerade negativ wird. Bei größeren Werten von c muß dieser negative Druck nach der Theorie wachsen.

Ob dieser negative Druck auftritt oder nicht, hängt davon ab, ob das äußerste untere Ende der Schale ganz in das Ölbad getaucht ist oder nicht; die ist in der Regel nicht der Fall; und auch dann ist es zweifelhaft, wie weit ein negativer Druck bestehen kann, wahrscheinlich nicht mit Sicherheit unter Atmosphärendruck.

Bei einem Berührungsbogen, der einigermaßen gleich dem betrachteten Fall ist, müssen notwendig, wenn man zu größeren Werten von c als 0,5 fortschreiten will, die Grenzen, zwischen welchen die Gleichung integriert werden muß, von

$$-\Theta_1,\ +\Theta_1$$

auf

$$2\left(\Phi_0 - \frac{\pi}{2}\right) - \Phi_1,\ +\Theta_1$$

abgeändert werden.

Diese Integration wurde nicht versucht, zum Teil deshalb, weil sie bei vollständiger Schmierung nur anwendbar ist, wenn ein Wert von $c > 0{,}5$ die Annäherung sehr umständlich macht; aber hauptsächlich deshalb, weil es ganz natürlich scheint, daß der Wert von c, bei welchem der Druck am unteren Ende der Schale negativ wird, auch der größte ist, bei welchem von einer sicheren Schmierung gesprochen werden kann.

Der Zapfen mag mit wesentlich höheren Werten von c umlaufen, wobei die Kontinuität der Schicht durch den Atmosphärendruck aufrechterhalten wird, was dem Falle hoher Geschwindigkeit entsprechen mag. Aber obwohl die Belastung, welche $c = 0{,}5$ macht, nicht notwendig die Grenze der Arbeitsübertragung des Zapfens darstellt, scheint sie doch die Grenze einer sicher arbeitenden Belastung zu sein; diese Schlußfolgerung scheint nach Herrn Towers Experimenten in Übereinstimmung mit der Erfahrung zu stehen.

Soweit geht die hydrodynamische Theorie der Schmierung, die in dieser Untersuchung entwickelt werden sollte.

Es bleiben indessen noch physikalische Betrachtungen über die Wirkung von Geschwindigkeits- und Belastungsänderungen auf a und μ anzustellen, die vor Anwendung der Theorie berücksichtigt werden müssen.

VIII. Abschnitt.

Der Einfluß von Erwärmung und Elastizität.

30. μ und a sind nur aus den Experimenten selber zu bestimmen.

Die Gleichungen des letzten Abschnitts geben unmittelbar die Reibung, die Stärke des Drucks und die Entfernung zwischen den zylindrischen Flächen, wenn die Geschwindigkeit, die Krümmungsradien von Zapfen und Lager, die Länge des Lagers und die Art der Belastung gegeben sind (d. i. wenn U, R, a, Θ, L und μ bekannt sind). Und weiter geben die Gleichungen bei bekanntem Reibungsmoment M die Möglichkeit, a zu bestimmen, wenn μ bekannt ist oder μ bei bekanntem a.

Die Größen U, R, Θ_1 und L können leicht für jedes Experiment oder für jeden praktischen Fall bestimmt werden. Ebenso läßt sich in jedem besonderen Fall M leicht messen; anders ist es mit a und μ.

Auf keine bekannte Weise kann die Radiendifferenz (a) von Zapfen und Lager auf den zehntausendsten Teil eines Zolls bestimmt werden, und dies wäre nötig, um einen genauen Wert von a zu erhalten. In Wirklichkeit ist selbst eine rohe Messung von a unmöglich. Darum muß notwendig zur Bestimmung von a das Reibungsmoment oder die Druckverteilung bekannt sein; dann kann, wenn μ experimentell bestimmt ist, a aus den Gleichungen für jeden besonderen Wert von μ erschlossen werden. Aber obwohl die Werte von μ für alle Temperaturen und für die gebräuchlichen Öle bestimmt sind, bleibt doch immer die Frage, ob die Temperatur des Ölbads (oder an der Stelle, an welcher die Temperatur gemessen sein mag) dieselbe ist wie in der Ölschicht. In Anbetracht der Dünne der Schicht und der raschen Wärmeleitung durch die Metallflächen scheint es auf den ersten Blick vernünftig, keine große Differenz anzunehmen; aber bei Anwendung der Gleichungen zur Bestimmung des Wertes von a für Zapfen und Lager in den Towerschen Experimenten ergeben sich für verschiedene Experimente nicht dieselben Werte von a; ferner wachsen die gerechneten Werte von a viel schneller mit der Geschwindigkeit, wenn man die Belastung konstant hält, als mit der Belastung, wenn die Geschwindigkeit konstant ist. Es scheint daher wahrscheinlich, daß die Temperatur der Ölschicht in unbemerkter Weise sich geändert haben mußte; sie muß mit der Geschwindigkeit gewachsen sein und dadurch die Reibung vermindert haben, wenn sie die auftretende Steigerung von a erklären soll.

Daß a mit der Geschwindigkeit wächst, ist zu erwarten, da ja die Materialien von Zapfen und Lager elastisch sind und die Belastung bis zu Werten von 600 $\frac{\text{lbs}}{\text{inches}^2}$ $\left[= 42 \frac{\text{kg}}{\text{cm}^2}\right]$ stieg; aber daraus ergibt sich noch kein Grund dafür, daß a mit der Geschwindigkeit wachsen sollte, außer, wenn die Temperatur im Metall wachsen würde. Wenn dies der Fall ist, dann muß die in Erscheinung tretende Steigerung von a teilweise real sein, teilweise auf eine unberücksichtigte Verminderung von μ, entsprechend einer Temperatursteigerung, zurückgeführt werden.

Solange nicht ein Gesetz für die Änderung der Temperatur und die Änderung von a mit der Belastung gefunden ist, sind die aus den Gleichungen gewonnenen Resultate, welche dem μ-Werte bei irgendeiner gemessenen Temperatur, sei es im Ölbad oder an einem Punkt des Lagers, entsprechen, nur angenähert anwendbar auf die wirklichen Ergebnisse. Selbst dann ist indessen der Näherungsgrad nicht sehr groß, solange der Fall eines „kaltlaufenden" Zapfens vorliegt.

Aber bei dieser Behandlung können die Gleichungen auch nicht in befriedigender Weise von einer der wichtigsten Erscheinungen der Schmierung Rechenschaft ablegen, nämlich von den Umständen, welche die durch einen Zapfen übertragbare Belastung begrenzen. Man kann zwar annehmen, daß die Grenze erreicht wird, wenn $c a$ die kürzeste Entfernung zwischen den Flächen, null oder kleiner als ein bestimmter Wert wird, aber wenn man a und μ konstant setzt, so ergeben die Gleichungen, daß der Wert von c proportional U wächst bei konstanter Belastung, so daß die Grenzbelastung mit U wachsen müßte. Aber dies ist nicht der Fall; denn es scheint nach den Versuchen, daß bei einem bestimmten Wert von U die Grenzbelastung einen größten Wert erreicht, wenn sie nicht sogar bei weiterem Wachsen von U sich vermindert. Nun scheinen zwar die nahe Übereinstimmung der gerechneten Druckverteilung über das Lager mit der beobachteten und die angenäherte Übereinstimmung der berechneten Werte für die Reibung bei verschiedenen Geschwindigkeiten und Belastungen, wie sie bei konstantem μ und a herauskommen, eine befriedigende Bestätigung der Theorie zu geben; auch erhält man einen befriedigenden Einblick in die allgemeine Wirkungsweise der Schmierung, ohne in die schwierige und unübersichtliche Frage der Wirkung von Wärme und Elastizität einzutreten; dennoch lohnt anscheinend die Möglichkeit, einen bestimmten Überblick über die Umstände zu erhalten, welche die Grenzen der Schmierung bestimmen — die noch nicht experimentell aufgedeckt, aber für die Praxis außerordentlich wichtig sind —, einen Versuch zur Aufdeckung der Gesetze, welche Geschwindigkeit und Belastung mit a und μ verbinden.

Da weder die Temperatur der Ölschicht noch der Abstand der Flächen gemessen werden kann, bleibt die einzige Methode, die Gesetze der Änderung dieser Größen aus solch vollständigen Versuchsreihen wie die Towerschen herzuleiten. Zu diesem Zweck wird zuerst eine wahrscheinliche Formel mit willkürlichen Konstanten eingeführt oder aus theoretischen Betrachtungen abgeleitet, und dann werden diese Konstanten aus Versuchen bestimmt und die Übereinstimmung im allgemeinen festgestellt. Um die wirklichen Verhältnisse, von welchen die Konstanten abhängen, zu bestimmen, ist es wichtig, die Formel aus theoretischen Gesichtspunkten abzuleiten. Dies ist darum geschehen, obwohl diese Betrachtungen nicht hinreichen, um ohne Heranziehung der Experimente die Formeln aufzustellen.

31. Der Einfluß von Belastung und Geschwindigkeit auf den Wert der Radiendifferenz von Schale und Zapfen d. i. von a.

Die Wirkung der Belastung rührt von der Elastizität des Materials her, daher ist es wahrscheinlich, daß die Wirkung proportional zur Belastung L ist. Wir setzen also

(109) $$a = a_0 + mL.$$

Der Einfluß der Temperatur auf a rührt von den verschiedenen Ausdehnungskoeffizienten von Messing und Eisen her, daher

$$a_T - a_0 = (B' - S')(T - T_0) R,$$

wobei B' und S' die Ausdehnungskoeffizienten von Lager und Zapfen bedeuten. Diese sind für Messing und Eisen

$$B' = 0{,}0000111 \left[\frac{1}{\text{Grad Fahr.}} = 2{,}0 \cdot 10^{-5} \frac{1}{\text{Grad Cels.}}\right]$$

$$S' = 0{,}0000061 \left[\frac{1}{\text{Grad Fahr.}} = 1{,}1 \cdot 10^{-5} \frac{1}{\text{Grad Cels.}}\right]$$

Setzen wir daher $T - T_0 = T_m$ (der mittleren Temperaturerhöhung infolge von Reibung), so wird

$$a_T = a_0 \left(1 + 0{,}000005 \frac{R}{a_0} T_m\right) \left[\text{umgerech. } 0{,}9 \cdot 10^{-5} \frac{R}{a_0} T_m \text{ (Cels.)}\right]$$

(110) $$= a_0 (1 + T E_m),$$

wobei $E = 0{,}000005 \frac{R}{a_0}$ gesetzt ist.

Wenn, was im allgemeinen der Fall scheint, a_0 ungefähr 0,0005″ beträgt, dann ist bei einem 4″ Zapfen

(111) $$E \text{ ungefähr} = 0{,}02,$$

also genügend groß, um Einfluß zu haben.

32. Die Wirkung der Geschwindigkeit auf die Temperatur.

Es bedeuten:

T_0 die Temperatur der Umgebung und des Bades,
T_1 die mittlere Temperatur des Öles bei seinem Austritt aus der Schicht,
T_m die mittlere Temperaturerhöhung der Schicht infolge Reibung,
Q die sekundliche Durchflußmenge des Öls,
D die Dichte,
S die spezifische Wärme,
H die erzeugte Wärme,
H_1 die durch Leitung fortgeführte Wärme,
C' einen Leitungskoeffizienten.

Wir nehmen Zoll, lbs. und Grad Fahrenheit als Einheiten und setzten 12 J für das mechanische Wärmeäquivalent, dann ist

$$Q = \frac{U h_1}{2}$$

(111 a)
$$H = \frac{2 R \Theta f U}{12 J},$$

$$H_1 = 2 R \Theta C' T_m,$$

$$T_1 - T_0 = \frac{H - H_0}{D S Q}.$$

Setzten wir

(112)
$$H - H_1 = q T_m Q$$

so bedeutet q eine Konstante, die von den relativen Werten von $T - T_0$ und T_m abhängt, sowie von der Größe der Fortleitung der Wärme durch das Zapfenmaterial.

Setzen wir die Werte von H_1, H_2 und Q ein, so wird

(112a)
$$T_m = \frac{f U}{\frac{3 J D S q h_1 U}{R \Theta} + B}$$

(112b)
$$B = 12 J C'.$$

Man braucht wohl nicht anzunehmen, daß eine der im Nenner stehenden Größe von der Temperatur abhängt, mit Ausnahme von h_1. Nach Gleichung (42) ist

(112c)
$$h_1 = a \left\{1 + c \sin(\Phi_1 - \Phi_0)\right\}$$

Daher kann Gleichung (112 a) die Form annehmen

(113)
$$T_m = \frac{f}{A(1 + E T_m) + \frac{B}{U}}$$

wobei

(114)
$$A = 3 J D S q (a_0 + m L) \left\{1 + c \sin(\Phi_1 - \Phi_0)\right\}$$

Dies zeigt A in Abhängigkeit von der Belastung, und zwar wachsend mit der ersten Potenz und abnehmend mit der zweiten Potenz. Aber die Versuche erweisen den Einfluß dieser Glieder als klein, und A ist in Wirklichkeit konstant außer bei extremen Belastungen.

33. **Die Formeln für Temperatur und Reibung und die Bedeutung der Konstanten.**

Wir können nach eigenen Versuchen für Olivenöl setzen:

$$\mu = \mu_0 e^{-C(T-T_0)}$$

(115) wobei $C = 0{,}0221 \frac{1}{\text{Grad Fahr.}} \left[= 0{,}0398 \frac{1}{\text{Grad Cels.}}\right]$[13])

Aus Gleichung (109) und (110) folgt

(116) $$a = (a_0 + mL)\{1 + E(T - T_0)\}$$

oder angenähert, da $E\ (T_1 - T_0)$ klein ist

(117) $$a = (a_0 + mL)\, e^{E(T-T_0)}$$

Durch Einsetzen in die Gleichung (51), in welcher man c vernachlässigt, erhält man

(118) $$f = \frac{\mu}{a} U$$

Bedeutet T_x die Temperatur an einer Stelle, μ_x und a_x die entsprechenden Werte, so wird

(119) $$f = \frac{\mu_x}{a_x + mL} U e^{-[C+E](T-T_x)}$$

Aus Gleichung (113)

(120) $$f = A\{T_m + ET^2_m\} + \frac{B}{U} T_m\,.$$

Diese Gleichungen (119) und (120) sind voneinander unabhängig und geben daher eine gegenseitige Kontrolle, wenn die Konstanten bekannt sind. Es müssen die Versuchswerte von U und f in (120) eingesetzt eine Reihe von T_m-Werten ergeben, welche in (119) eingesetzt zu den nämlichen Werten von f zurückführen.

In diesen Gleichungen bedeuten die Konstanten das folgende:

C gibt die Abhängigkeit der Zähigkeit von der Temperatur an,

E ist die Zunahme von a mit der Temperatur, die von der verschiedenen Ausdehnung des Messings und des Eisens herrührt,

AU drückt allgemein das mechanische Äquivalent der Wärme aus, welche durch die Ölschicht infolge der Bewegung des Öles und des Zapfens weggeführt wird, bezogen auf einen Grad Temperaturerhöhung in der Schicht,

B drückt das mechanische Äquivalent der Wärme aus, welche durch das Lager und den Zapfen abgeführt wird.

Die relative Bedeutung dieser beiden Koeffizienten ist leicht einzusehen. Wenn die Geschwindigkeiten klein sind, dann wird nur wenig Wärme fortgeführt, und die Temperatur des Zapfens hängt daher nur von dem Wert von B ab; aber wenn die Geschwindigkeiten groß sind, dann wird B unbedeutend gegenüber AU, und A allein hält den Zapfen kühl.

Der Wert von A kann bis zu einem gewissen Grad aus den Größen, welche in Gleichung (114) auftreten, bestimmt werden. So wird im Falle der Towerschen Versuche, da

$$(121)\quad \begin{array}{llll} R=2 & \Theta=1{,}37 & a=0{,}00075 & J=0{,}772 \\ D=0{,}033 & S=0{,}31 \text{ (für Olivenöl)} & & A=0{,}0063\,q \end{array}$$

Sehr schwer ist die Abschätzung von q. Aber es scheint wahrscheinlich, daß der Wert nicht weit von 2 liegt und, wie später gezeigt werden wird, ist q im Falle der Towerschen Versuche ungefähr 3,5 oder

$$(122)\quad A=0{,}0223\left[\frac{\text{lbs}}{\text{inches/Grad Fahr.}}=0{,}00713\,\frac{\text{kg}}{\text{cm/Grad Cels.}}\right]$$

Da B den Betrag der aus der Ölschicht infolge Leitung durch das Öl und das umgebende Metall weggeführten Wärme ausdrückt, ist jede Schätzung seines Wertes sehr schwer. Könnten wir die Temperatur an den Metallflächen messen, so könnten wir B auf einen nur von der Dicke und Leitfähigkeit der Ölschicht abhängigen Ausdruck reduzieren. Aber ehe die Wärme aus dem Lager oder Zapfen entweichen kann, muß sie durch verwickelte metallische Kanäle gehen, die durch das Lager oder die Welle oder die Stützungen gebildet werden, und es scheint, daß für gewöhnlich der Widerstand solcher Kanäle viel größer sein muß als der Widerstand der Ölschicht selbst. Z. B. muß im Falle einer Eisenbahnachse die erzeugte Wärme entweder längs des Zapfens zum nächsten Rad wandern oder durch das Lager und die gußeiserne Achsenbüchse zur äußeren Fläche, so daß sie auf jedem Weg mindestens 3—4″ Eisen durchwandern muß. Dabei ist kaum eine Art von Zapfen so gut für die

Kühlung eingerichtet. In den meisten anderen Fällen muß die Wärme viel weiter wandern, bis sie entweichen kann. Indes hängt in jedem Fall B von den Bedingungen der Umgebung ab und kann nur experimentell bestimmt werden. Aus den im folgenden Abschnitt zu betrachtenden Experimenten geht hervor, daß

$$(123) \quad B \text{ ungefähr} = 1 \left[\frac{\text{lbs}}{\text{sec/Grad Fahr.}} = 0{,}815 \frac{\text{kg}}{\text{sec/Grad Cels.}}\right]$$

Es muß indes bemerkt werden, daß Herr Tower eine etwas abnorme äußere Bedingung einführt, indem er das Ölbad über die Temperatur der Umgebung erwärmt; denn dadurch muß, ganz abgesehen von der durch Reibung erzeugten Wärme, ein kontinuierlicher Wärmefluß vom Ölbad längs des Zapfens zu der Maschine eintreten; und in Anbetracht der vergleichsweise begrenzten Zapfenfläche, welche in Berührung mit dem heißen Öl steht und der großen Querschnittsfläche des Zapfens, scheint es unwahrscheinlich, daß die Temperatur des Zapfens nur annähernd auf die Temperatur des Bades gestiegen sein könnte. Diese Schlußfolgerung wird dadurch gestützt, daß bei den Towerschen Versuchen mit verschiedenen Badtemperaturen diese Temperaturen einen viel kleineren Einfluß auf die Reibung zeigen, wie es nach der Abhängigkeit der Zähigkeit des Öls von der Temperatur der Fall sein müßte, wenn die Ölschicht wirklich dieselbe Temperatur wie das Bad gehabt hätte.

Also ist die Temperatur der Schicht, ganz abgesehen von der Reibung, nicht dieselbe wie die des Bades oder der Umgebung, und da sie ohne experimentelle Bestimmung unbekannt bleibt, sei sie mit T_x bezeichnet. Wenn T die mittlere Temperatur der Schicht bezeichnet, so ist

$$T - T_x = T_m$$

wobei T_m die Temperaturerhöhung der Schicht bezeichnet.

33a. Die Höchstbelastung, welche der Zapfen bei irgendeiner Geschwindigkeit übertragen kann.

Es wurde schon abgeleitet, daß die Tragfähigkeit des Lagers ihren größten Wert erreicht, wenn c zwischen 0,5 und 0,6 liegt. Wenn daher bei konstanter Belastung c mit wachsender Geschwindigkeit durch ein Minimum geht, dann wird die Belastung, welche c konstant macht, ein Maximum für eine bestimmte Geschwindigkeit sein, und, wenn der besondere Wert von c derjenige ist, bei welchem die Tragfähigkeit am größten ist, dann wird die Tragfähigkeit am größten gerade bei dieser Geschwindigkeit sein.

Die Frage, ob nach der Theorie ein Maximum der Kraftübertragung durch den Zapfen bei einer gewissen Geschwindigkeit besteht, geht also dahin, ob

$$\frac{dL}{dU} \text{(bei konstanten } c\text{)}$$

für irgendeinen Wert von U null wird.

Dies gestattet eine Antwort, wenn die Werte für μ, a, T_x und Gleichungen (119), (120) gelten; denn bei konstantem c sind auch $\frac{L}{K_1 U}$, $\frac{f}{K_2 U}$ und A konstant. Daher erhält man durch Differenzieren und Einsetzen bei konstantem c

$$\text{(123b)} \quad \frac{dL}{dU} = \frac{L}{U} \, \frac{A + \frac{B}{U} + \left\{ AE - (3E + C)\frac{B}{U} \right\} \dfrac{T + AE^2 T^2}{T + AE(E+C)T^2}}{A + \frac{B}{U} + \left\{ (3E + C)A + (E + C)\frac{B}{U} \right\} \dfrac{T + AE^2 T^2}{T + AE(E+C)T^2}}$$

wobei U positiv genommen ist und T mit wachsendem U wächst. Daraus folgt, daß $\frac{dL}{dU}$ bei konstantem c sein Zeichen wechselt für einen Wert von U, während T weiter mit U wächst.

Daher nähern sich nach der Theorie die Werte von L, welche c konstant machen, mit wachsendem U einem Höchstwert und da dieser Wert, wenn c ungefähr 0,5 ist, die Übertragungsfähigkeit des Zapfens darstellt, so nähert sich diese mit wachsendem U einem Höchstwert.

IX. Abschnitt.

Anwendung der Gleichungen auf Herrn Towers Versuche.

34—42. In der im VIII. Abschnitt auseinandergesetzten Weise werden die Zahlwerte der Korrekturkoeffizienten und das Lagerspiel den Versuchen von Tower entnommen und gezeigt, daß die Gleichungen anwendbar sind. Die ins einzelne gehende numerierte Diskussion wurde nicht abgedruckt; das Ergebnis ist aus den Kreuzchen in den Fig. 16 und 17 zu erkennen.

43. Schlußfolgerungen.

Die Theorie wurde durch alle Towerschen Versuche, auf deren äußere Umstände die Integrationsergebnisse anwendbar waren, bestätigt, und die Versuchsergebnisse, welche in manchen Fällen einander entgegenstanden, erwiesen sich als durchaus miteinander verträglich.

Die Übereinstimmung der experimentellen Ergebnisse mit den besonderen Gleichungen, die unter der Annahme eines völlig kreisförmigen Lagers und Zapfens gewonnen wurden, muß denselben Ursachen zugeschrieben werden wie die große Regelmäßigkeit, welche die Versuchsresultate selbst darbieten.

Grundlegend unter diesen Ursachen ist, wie Herr Tower hervorhebt, die vollkommene Zufuhr des Schmiermittels durch das Ölbad. Aber kaum weniger bedeutend muß die Exaktheit gewesen sein, mit welcher von vornherein Lager und Zapfen aufeinander eingepaßt waren, die Geringfügigkeit der nachherigen Abnutzung und die Anpassungsfähigkeit der Bedingungen, wie Größe der Belastung, Geschwindigkeit, Bewegungsrichtung.

Damit ein Lager in ständigem Gebrauch kreisförmigen Querschnitt mit konstantem Radius behält, dazu ist erforderlich, daß überhaupt keine Abnützung auftritt oder daß die Abnützung an irgendeinem Punkte P proportional sin $(90^{0}—POH)$ ist.

Die Erfahrung zeigt tatsächlich Abnützung im gewöhnlichen Betrieb, und selbst in Herrn Towers Versuchen scheint einige Abnützung eingetreten zu sein. In diesen Versuchen spricht indes alles für die Annahme, daß die Abnützung näherungsweise proportional zu c sin $(\Phi_0 - \Theta) = c$ sin $(90^0 - POH)$ gewesen ist, weil dieser Ausdruck die Annäherung zwischen Zapfen und Lager innerhalb der mittleren Entfernung a für alle Punkte darstellt, außer denen mit negativer Annäherung. An diesen konnte natürlich keine Abnützung auftreten. Solange also der Zapfen nur in einer Richtung lief, mußte die Abnützung dahin wirken, daß der Radius und die richtige Kreisform auf dem Teil des Bogens von C bis F (Fig. 15 S. 74) erhalten blieb, während der Radius von F bis D vergrößert wurde. Bei Umkehrung ändern indessen C und F ihre Lage, daher muß der Wechsel in der Richtung den Radius über das ganze Lager hin konstant halten. Die von Herrn Tower hervorgehobene Erfahrung, daß der Zapfen, wenn er einige Zeit in einer Richtung gelaufen war, zunächst nicht in der andern laufen wollte, führt zwangläufig zu dieser Schlußfolgerung. Daraus folgt, daß bei ständigem Umlauf des Zapfens in einer Richtung die Schmierungsbedingungen, wie sie in der Druckverteilung um den Zapfen hervortreten, geändert werden; der Druck sinkt zwischen O und B auf der oberen Seite des Zapfens; diese Schlußfolgerung wird unterstützt durch die Tatsache, daß in den Versuchen mit Lager Nr. 2, welches einige Zeit ständig in einer Richtung lief, der an der oberen Seite gemessene Druck etwas unter dem Druck bleibt, der aus der Rechnung bei Annahme von Kreisform folgt, während die Übereinstimmung für die anderen 4 Punkte sehr gut ist (Fig. 16 S. 93).

Wenn die Flächen ganz durch Öl getrennt sind, ist schwer einzusehen, woher die Abnutzung kommt. Aber es tritt im allgemeinen metallische Berührung und daher Abschaben beim Anlauf auf, wodurch Metallteilchen in das Öl getrieben werden (und es schwärzen). Diese Teilchen werden mehr oder weniger herumgeführt, erzeugen Abnutzung und vermehren so selbst wieder die Anzahl der Teilchen und die Zähigkeit des Öles. So muß die Größe der Abnutzung von den Verunreinigungen im Öl abhängen, sowie von den Werten von c, $\frac{1}{a}$ und der Geschwindigkeit des Zapfens. Dadurch wird die größte Geschwindigkeit, bei welcher die Höchstbelastung übertragen werden kann, bei einem großen Wert von c klein. Diese Schlußfolgerung scheint durch Herrn Towers Versuche mit 20 Umdrehungen in der Minute bestätigt zu werden.

In Fällen von der Art der Maschinenlager wird der Krümmungsradius der Schale durch die Abnutzung ständig größer, und daher wachsen auch a und c ständig mit der Abnutzung. Will man aber die Theorie auf solche Fälle anwenden, so muß man die Änderung in der Richtung der Belastung (oder U_1 und V_1) mit in Betracht ziehen.

Die Umstände von Herrn Towers Versuchen sind nicht die des gewöhnlichen Betriebes, und daher lassen sich die besonderen Gleichungen, welche zur Anwendung der Theorie auf diese Experimente abgeleitet wurden, nicht auf gewöhnliche Fälle anwenden, doch folgt daraus noch nicht, daß die allgemeine Theorie, wie sie in den Gleichungen (15), (18) und (19) gegeben ist, nicht auch auf gewöhnliche Fälle anwendbar wäre, wenn die Bedingungen genügend genau bekannt wären.

Die Towerschen Experimente boten die Möglichkeit, die Theorie in einem bestimmten Falle zu verifizieren; sie haben daher ihre Richtigkeit und Anwendbarkeit auf alle Fälle, in welchen die Integration durchgeführt werden kann, erwiesen. Die äußeren Umstände, von welchen die Schmierung abhängt, und welche durch die Größen

$$\mu, \frac{L}{U}, \frac{a}{R}, c, \Phi_0, \Phi_1, n, m, C, A, E, B$$

ausgedrückt werden, sind nicht dieselben in anderen Fällen; aber sie werden immer die wichtigsten Umstände sein, und durch sie werden die Bedingungen angegeben, die zur Sicherung einer guten Schmierung erfüllt sein müssen.

Die Bestätigung der Gleichungen für reibende Flüssigkeiten unter solch extremen Verhältnissen liefert einen strengen Beweis für die Richtigkeit und Vollständigkeit der Annahmen, auf welchen die Gleichungen beruhen. Auch führt diese ganze Untersuchung zu der naturwissenschaftlich wichtigen Schlußfolgerung, daß nicht nur in Fällen beabsichtigter Schmierung, sondern überall, wo harte Flächen unter Druck ohne Abschabung aneinander gleiten, eine trennende Schicht von irgendeiner fremden Materie vorhanden sein muß, ob sie wahrnehmbar ist oder nicht. Und die Frage, ob diese Wirkung ständig vorhanden sein kann oder nicht, muß so formuliert werden, ob bei diesem Vorgang die betr. Materie zwischen den Flächen an den Punkten mit Druck erhalten bleibt, wie in dem anscheinend einzigartigen Falle des drehenden Zapfens, oder die Materie seitlich hinausgetrieben wird, wie bei allen vorwärts oder rückwärts gleitenden Bewegungen mit kontinuierlichem Druck.

Die Tatsache, daß ein wenig Fett fast allen Flächen für einige Zeit die Fähigkeit zu gleiten gibt, hat zweifellos die Wirkung des drehenden Lagers, durch welche das Öl zwischen den Flächen unter Druck erhalten wird, verschleiert; und doch, wenn auch jetzt erst verstanden, ist es allein diese Wirkung, welche unsere Maschinen und selbst unsere Fahrzeuge möglich gemacht hat. Das einzige andere automatische System einer Schmierung ist das von hin und her schwingenden Gelenken mit wechselndem Druck auf die Flächen und Trennung der Flächen durch Rückführung des Öles oder frische Zufuhr. Dies spielt eine große Rolle in gewissen Maschinen, wie bei Dampfmaschinen, und ist ebenso grundlegend für tierische Mechanismen, wie die Schmierwirkung des Zapfens für mechanische Vorrichtungen.

A. Sommerfeld, Zur hydrodynamischen Theorie der Schmiermittelreibung.

Abdruck aus Zeitschrift f. Mathematik u. Physik Bd. 50 (1904) Heft 1 u. 2.

§ 1.

Einleitende Bemerkungen über Lagerreibung. Trockene Reibung und Flüssigkeitsreibung. Allgemeines über Versuchsergebnisse und Literatur.

Bei der Behandlung der Reibungserscheinungen hat man zwei diametral entgegengesetzte Ansätze gemacht. Der eine derselben rührt von Coulomb her und herrscht zurzeit in dem Gesamtgebiete der technischen Mechanik. Er betrifft ursprünglich die gleitende Reibung zwischen zwei festen Körpern, deren Oberflächen unmittelbar (ohne Dazwischentreten eines Schmiermittels) miteinander in Berührung sind. Wenn P der Gesamtdruck ist, mit dem die beiden Körper senkrecht gegen ihre Berührungsfläche aufeinander wirken, so lautet der Coulombsche Ansatz für den in die Berührungsflächen fallenden Reibungswiderstand bekanntlich

(1) $$W = fP,$$

wo f „Reibungskoeffizient" heißt; f soll dabei von dem Drucke P sowie von der Größe der Berührungsfläche und im wesentlichen auch von der Größe der relativen Geschwindigkeit unabhängig sein.

Ein anderer Ansatz ist von physikalischer Seite (Newton, Poisson, Navier, Stokes) ausgebildet*) und betrifft die innere Reibung der Flüssigkeiten. So oft der Physiker Reibungs- oder Dämpfungserscheinungen zu behandeln hat, schließt er

*) Sorgfältige Literaturangaben bei A. E. H. Love, Encykl. d. math. Wissenschaften IV 15, Art. Hydrodynamik Nr. 12.

sich je nach den Umständen mehr oder minder eng diesem zweiten Ansatz an. Man denke sich die Flüssigkeit durch ihre Strömungslinien in einzelne Schichten eingeteilt und betrachte die Wirkung zweier benachbarter Schichten aufeinander. u sei die Geschwindigkeit der Strömung, n eine Länge, die senkrecht gegen die Berührungsfläche der beiden betrachteten Schichten gemessen wird. Dann beträgt die durch die Berührungsfläche f übertragene Reibung

$$W = \mu f \frac{\partial u}{\partial n}, \tag{2}$$

wo μ eine Konstante der Flüssigkeit ist — man kann sie Viskositätskonstante nennen —, die von dem Drucke p, unter dem die Flüssigkeit an der betrachteten Stelle steht, sowie von der Strömungsgeschwindigkeit unabhängig ist und nur (in hohem Grade) von der Temperatur abhängt.

Die Ansätze (1) und (2) sind so verschieden wie möglich. Nach (1) ist die Reibung von der Geschwindigkeit unabhängig und dem Gesamtdrucke P proportional; nach (2) dagegen ist die Reibung von dem Drucke p unabhängig und dem Geschwindigkeitsgefälle proportional.

Hervorgehoben sei noch, daß in der Grenze für verschwindende Bewegung die Reibung nach (1) nicht selbst verschwindet, vielmehr (wegen des eigentümlichen Verhaltens des Reibungskoeffizienten bei kleinen Geschwindigkeiten) sich einem Maximum $f_0 P$ nähert (f_0 gleich „Reibungskoeffizient der Ruhe“), während die Reibung der Ruhe nach (2) gleich Null wird.

Der Ansatz (2) findet seine vollste Bestätigung in den Beobachtungen von Poiseuille an Kapillarröhren. Der Ansatz (1) bewährt sich überall da, wo es sich um das direkte Gleiten von festen Körpern gegeneinander handelt.

In den schärfsten Gegensatz treten die beiden verschiedenen Auffassungen bei dem Problem der Lagerreibung. Obwohl im Betriebe der Lager ein Schmiermittel unentbehrlich ist, wird in der älteren technischen Literatur der Ansatz (1) auch auf diesen Fall ohne weiteres übertragen. Für das Moment des Reibungswiderstandes um die Achse des Zapfens gibt man dementsprechend gewohnheitsmäßig die folgende Formel an:

$$M = f r P, \tag{I}$$

wo r den Zapfenradius, P den Zapfendruck bedeutet; f wird auch hier als Reibungskoeffizient bezeichnet, zugleich wird aber in der Regel hinzugefügt, daß f nicht identisch ist mit dem Reibungskoeffizienten für die trockene Gleitung des Zapfenmaterials auf dem Material der Lagerschale, sondern durch den Versuch jedesmal besonders zu bestimmen sei.

Im Gegensatz hierzu hat zuerst Petroff*) hervorgehoben, daß die Erscheinungen der Lagerreibung durch die Gesetze der inneren Reibung des Schmiermittels beherrscht werden und hat seine Auffassung durch Theorie und Experiment gestützt. Nimmt man an, daß das Schmiermittel sowohl an dem sich umdrehenden Zapfen wie an der ruhenden Lagerschale haftet und daß der Zapfen im Lager konzentrisch liegt, so kann das Geschwindigkeitsgefälle im Schmiermittel gleich U/δ gesetzt werden, wo U die Umfangsgeschwindigkeit des Zapfens und δ die (als gleichmäßig vorausgesetzte) Dicke der Schmierschicht oder die Differenz zwischen dem Zapfenradius und dem Radius der Lagerschale bedeutet. Nach dem Ansatz (2) wird alsdann das Moment der auf den Zapfen übertragenen Reibung

$$M = \mu r F \frac{U}{\delta}, \qquad \text{(II)}$$

wo F die von dem Schmiermittel benetzte Fläche des Zapfenumfanges bedeutet.

Während also nach (I) die Reibungswirkung dem Zapfendrucke P proportional sein soll, soll sie nach (II) von dem Zapfendrucke P und dem damit zusammenhängenden spezifischen Drucke p im Schmiermittel unabhängig sein; während nach (II) die Reibungswirkung der Geschwindigkeit U proportional sein soll, würde sie nach dem Wortlaute von (I), sofern man den Reibungskoeffizienten f als wirkliche Konstante ansehen will, von U unabhängig sein.

Was sagt nun die Erfahrung zu diesen widerstreitenden Ansätzen? Im großen und ganzen hat sich im Betriebe der langsamlaufenden älteren Dampfmaschinen der Ansatz (I) bewährt: maßgebend für die Größe der Reibungswirkung erwies sich hier die Größe der Belastung P des Zapfens. Dagegen weisen die Erfahrungen bei den neueren schnell um-

*) N. Petroff, Neue Theorie der Reibung, deutsch von Wurzel, Hamburg 1887.

laufenden, namentlich den elektrischen Maschinen, auf ein Verhalten hin, welches sich dem Gesetze (II) nähert: die Reibung nimmt hier innerhalb gewisser Grenzen mit der Geschwindigkeit zu und wird von dem Drucke unabhängig.

Will man diese neueren Erfahrungen im Sinne der Formel (I) deuten, so müßte man sagen: der Reibungkoeffizient f wächst mit der Umfangsgeschwindigkeit U und ist dem Zapfendrucke P umgekehrt proportional. Es ergibt sich auf diese Weise der eigentümliche Sachverhalt, daß man in den Ausdruck des Reibungsmomentes den Zapfendruck P durch die Formel (I) zunächst einführt, daß man sich aber auf Grund der Erfahrung gezwungen sieht, ihn nachträglich durch geeignete Verfügung über den Reibungskoeffizienten f wieder aus der Formel herauszuschaffen. Wenngleich sich auf solche Weise Formel (I) mit den Beobachtungen zwar in Einklang bringen läßt, so wird man diese Formel für den Fall hoher Geschwindigkeiten doch kaum als zweckmäßig bezeichnen können. Nichtsdestoweniger ist es in allen später zu nennenden Arbeiten üblich, die Versuchsergebnisse in die Form (I) einzukleiden, also den Reibungskoeffizienten f in etwas gezwungener Weise als Funktion von Geschwindigkeit und Zapfendruck aufzufassen. Dieser Umstand zeigt recht deutlich, wie ausschließlich die Coulombsche Auffassung der Reibung auf technischem Gebiete herrscht.

Wir werden im folgenden die Formeln (I) und (II) als Gesetze der trockenen und der Flüssigkeitsreibung unterscheiden und werden dementsprechend sagen können, daß erfahrungsgemäß bei geringer Zapfengeschwindigkeit das Gesetz der trockenen Reibung gilt, während die Erfahrungen bei hoher Zapfengeschwindigkeit besser im Sinne des Gesetzes der Flüssigkeitsreibung gedeutet werden.

Aufgabe der folgenden Untersuchung ist es nun, zu zeigen, daß die von Petroff angebahnte hydrodynamische Theorie der Schmiermittel bei folgerichtiger Ausgestaltung den Gegensatz zwischen den Gesetzen der trockenen und Flüssigkeitsreibung aufzulösen vermag, daß nämlich diese Theorie die Formel (II) als Ausdruck des Reibungmomentes bei hinreichend großer Zapfengeschwindigkeit, die Formel (I) als Grenzwert desselben Ausdrucks bei hinreichend kleiner Geschwindigkeit liefert. Der in (I) vorkommende Reibungskoeffizient wird sich dabei in bestimmter Weise als eine aus den Abmessungen des Lagers zu berechnende Verhältniszahl ergeben. Die eigentliche und einzige physikalische Konstante wird dagegen im folgenden die Konstante μ der inneren Reibung des Schmiermittels sein.

Unsere Untersuchung wird ferner zeigen, daß es eine bestimmte Geschwindigkeit gibt, bei welcher die Reibungswirkung zu einem Minimum wird; unterhalb dieser Geschwindigkeit gilt mit hinreichender Näherung die Formel (I), oberhalb derselben mehr oder minder genau die Formel (II). Die Größe dieser Geschwindigkeit kleinster Zapfenreibung, welche als Übergangsgeschwindigkeit bezeichnet werden kann, hängt von der Größe des Zapfendruckes, den Dimensionen des Lagers und der Beschaffenheit des Schmiermittels ab; sie wächst mit wachsendem Zapfendruck und mit zunehmender Dünnflüssigkeit des Schmiermittels. Geschwindigkeiten unterhalb dieser Übergangsgeschwindigkeit können als kleine Geschwindigkeiten, Geschwindigkeiten oberhalb derselben als große Geschwindigkeiten bezeichnet werden, wobei die Unterscheidung zwischen kleinen und großen Geschwindigkeiten nach dem eben Gesagten auch von der Größe des Zapfendruckes usw. abhängig ist. Bei den schnell laufenden elektrischen Maschinen befindet man sich stets oberhalb der Übergangsgeschwindigkeit, im Betriebe der Dampfmaschinen wohl meistenteils unterhalb derselben.

Bevor wir die Größe des Reibungsmomentes bestimmen können, werden wir die Lage des Zapfens innerhalb der Lagerschale sowie die Verteilung des hydrodynamischen Druckes längs des Zapfenumfanges festzustellen haben. Was die Lage des Zapfens betrifft, so werden wir finden, daß dieser im allgemeinen exzentrisch in der Lagerschale liegen muß, und zwar um so mehr, je kleiner die Geschwindigkeit ist, und daß er sich nur in der Grenze für unendlich große Geschwindigkeit genau zentrieren kann. Dabei zeigt sich, daß die Stelle kürzesten Abstandes zwischen Zapfenumfang und Lagerschale, von der Richtung des Zapfendruckes aus gerechnet, im Sinne der Zapfenumdrehung verschoben ist. Überträgt man dagegen das Coulombsche Reibungsgesetz unmittelbar auf den Fall der Lagerreibung, so ergibt sich, daß die Stelle kürzesten Abstandes zwischen Zapfen und Lager von der Richtung des Zapfendruckes auch im entgegengesetzten Sinne der Umdrehung abweichen sollte*).

---

*) Vgl. z. B. A. Ritter, Technische Mechanik § 92.

Was die Verteilung des hydrodynamischen Druckes über den Zapfenumfang betrifft, so sind in der technischen Literatur zwei Annahmen üblich. Nach der einen (Weisbach) ist der Druck pro Längeneinheit des Zapfenumfanges konstant, nach der andern (Reye) ist er es pro Längeneinheit der Projektion des Zapfenumfanges auf die zum Zapfendruck senkrechte Richtung. Diese beiden Verteilungsgesetze werden sich hier ebenfalls als Grenzfälle ergeben, das zweite als Grenzfall bei hoher Geschwindigkeit, das erste in gewissem Sinne als Grenzfall bei hinreichend kleiner Geschwindigkeit. Beide Grenzfälle werden bei uns durch eine kontinuierliche Folge von dazwischenliegenden Druckverteilungsgesetzen bei mittleren Geschwindigkeiten ineinander übergeführt.

In jüngster Zeit hat die Frage der Lagerreibung seitens der Beobachter eine erhöhte Aufmerksamkeit erfahren. Erwähnt sei namentlich eine umfassende Arbeit von R. Stribeck*), eine Untersuchung von O. Lasche**) für den Fall hoher Umdrehungsgeschwindigkeiten und Aufsätze von G. Dettmar***). Zwischen den Beobachtungen von Stribeck und der folgenden Theorie herrscht wenigstens in großen Zügen eine bemerkenswerte Übereinstimmung; diese betrifft namentlich das Vorhandensein eines Minimums der Reibungswirkung oder nach der obigen Bezeichnung das Vorhandensein einer Übergangsgeschwindigkeit und die Abhängigkeit dieses Minimums bzw. dieser Übergangsgeschwindigkeit vom Zapfendruck. In anderer Richtung bestehen bedeutende Abweichungen zwischen Theorie und Erfahrung, die noch der Aufklärung bedürfen und die auf empfindliche Lücken unserer Theorie hinweisen.

Die folgende Untersuchung knüpft, was den mathematischen Ansatz des Problems betrifft, an eine wichtige Arbeit von

---

*) Die wesentlichen Eigenschaften der Gleit- und Rollenlager, Ztschr. d. Vereins deutscher Ingenieure Bd. 46 (1902) S. 341, abgedruckt in Mitteilungen über Forschungsarbeiten Heft 7. Berlin (Springer) 1903.

**) Die Reibungsverhältnisse in Lagern mit hoher Umfangsgeschwindigkeit, Ztschr. d. Vereins deutscher Ingenieure Bd. 46 (1902) S. 1881, abgedruckt in Mitteilungen über Forschungsarbeiten Heft 9. Berlin 1903.

***) Neue Versuch eüber Lagerreibung nebst neuer Berechnungsmethode derselben. Dinglers polyt. Journal Bd. 315 Heft 6 und Elektrot. Ztschr. 1899 S. 203, 380

Osborne Reynolds*) an; in der Durchführung aber weiche ich von Reynolds ab, indem ich die unübersichtlichen und mühsamen Reihenentwicklungen von Reynolds vermeide und zum Teil durch Integration in geschlossener Form, zum Teil durch direkte Zahlenrechnung ersetze. Ich hoffe, auf diese Weise die hydrodynamische Theorie der Lagerreibung wesentlich einfacher und zugänglicher gemacht zu haben.

Sehr viel enger schließt sich N. Petroff**) in einer neueren Arbeit an die Entwicklungen von Reynolds an, die er in einzelnen Punkten verbessert und ergänzt, in der Hauptsache aber ungeändert wiedergibt. Gerade im Vergleich mit dieser Petroffschen Arbeit dürfte die wesentliche Vereinfachung hervortreten, die durch das von mir eingeschlagene Verfahren erzielt wird.

Endlich habe ich noch auf die wertvolle Zusammenstellung der gesamten älteren Literatur (Hirn, Thurston, Tower usw.) hinzuweisen, die N. Masi***) gibt, sowie auch auf die eigenen theoretischen und experimentellen Ergebnisse dieses Forschers.

In dem nächstfolgenden § 2 werden wir die Grundlagen der hydrodynamischen Reibungstheorie auf möglichst elementarem und anschaulichem Wege darlegen. In § 3 gelangen wir von den hydrodynamischen Differentialgleichungen aus in etwas strengerer Weise zu denselben Ergebnissen; da dieser Paragraph somit nur der Methode, nicht dem Inhalte nach über § 2 hinausgeht, kann er bei der ersten Orientierung überschlagen werden. In § 4 wird die Lage des Zapfens in der Lagerschale auf Grund der gewöhnlichen mechanischen Gleichgewichtsbedingungen bestimmt. § 5 bringt die Hauptresultate der Theorie, die im vorstehenden bereits teilweise angedeutet sind, und vergleicht die Theorie mit der Erfahrung. in § 6 wird die Verteilung des hydrodynamischen Druckes im Schmiermittel untersucht. Bei alledem wird vorausgesetzt, daß der Zapfen ringsum vom Schmiermittel umschlossen ist.

---

*) On the Theory of Lubrication and its Application to Mr. Beauchamp Towers experiments, Philos. Transaction R. Soc. of London 1886 Part I, abgedruckt in Scientific Papers Vol. II pag. 228.

**) Frottement dans les machines, Mémoires de l'Académie de St. Petersburg (8) Bd. 10 Nr. 4 (1890).

***) Le Nuove Vedute nelle Ricerche teoriche ed esperimentali sull'attrito und Esperienze d'attrito, Bologna (Zanichelli) 1897.

Demgegenüber behandeln wir in § 7 anhangweise den Fall einer halbumschließenden Lagerschale, für den die Rechnung unverhältnismäßig komplizierter wird, die Ergebnisse der Rechnung aber nicht weit von dem vorher behandelten einfacheren Falle abweichen. Die Schlußbemerkungen in § 8 beziehen sich auf die beiden genannten Fälle; inbesondere teilen wir hier eine kleine statistische Erhebung über die halbumschließenden Lager der Eisenbahnachsen mit.

§ 2.

Aufstellung des hydrodynamischen Problems in einfachster Form.

Wir beginnen damit, die hydrodynamischen Grundgleichungen, soweit wir sie nötig haben werden, möglichst im Anschluß an die in der Technik geläufigen Vorstellungen zu entwickeln und gehen dabei schrittweise vor.

1. Wir betrachten eine Flüssigkeitsschicht (Schmierschicht) von der Dicke h zwischen zwei ebenen parallelen Wänden A und B. B sei in Ruhe, A werde mit der konstanten Geschwindigkeit U bewegt. Die Flüssigkeit hafte an beiden Wänden. Parallel zu U messen wir eine Koordinate x,

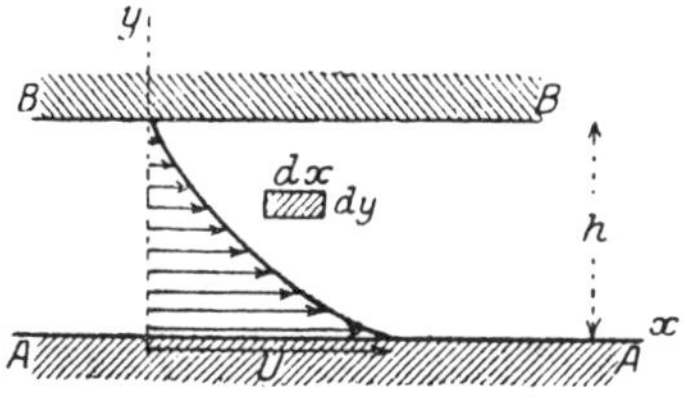

Fig. 1.

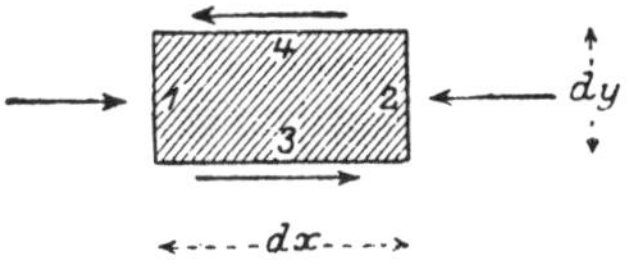

Fig. 2.

senkrecht dazu eine Koordinate y. Die Strömung finde parallel zu U statt; ihre Geschwindigkeit sei u; u ist von x unabhängig, also nur Funktion von y. Auf ein Teilchen $dx\,dy$, welches senkrecht zur Zeichenebene die Erstreckung 1 haben möge, wirken in der x-Richtung folgende Kräfte (vgl. Fig. 1 und die in vergrößertem Maßstabe gezeichnete Fig. 2):

a) Der hydrodynamische Druck p beträgt für die Seitenflächen 1 und 2

$$p\,dy \quad \text{bzw.} \quad -\left(p+\frac{\partial p}{\partial x}dx\right)dy\,;$$

der Drucküberschuß in der x-Richtung wird daher

$$-\frac{\partial p}{\partial x}dx\,dy\,.$$

b) Die Flüssigkeitsreibung, die wir nach Gl. (2) des vorigen Paragraphen anzusetzen haben, wird für die Seitenflächen 3 und 4

$$-\mu\frac{du}{dy}dx \quad \text{bzw.} \quad +\mu\left(\frac{du}{dy}+\frac{d^2u}{dy^2}dy\right)dx^{*)}\,;$$

die gesamte Reibungswirkung in der x-Richtung wird daher

$$\mu\frac{d^2u}{dy^2}dx\,dy\,.$$

Die Strömung ist stationär; Beschleunigungen sind nach der Art der vorliegenden Frage ausgeschlossen. Es muß daher die Summe der unter a) und b) bezeichneten Kräfte verschwinden. Somit gilt

$$\frac{d^2u}{dy^2}=\frac{1}{\mu}\frac{\partial p}{\partial x}\,. \tag{3}$$

Da unser Flüssigkeitsteilchen auch in der y-Richtung keine Beschleunigung erfährt, muß die Summe der Kräfte nach dieser Richtung ebenfalls verschwinden; diese Kräfte bestimmen sich aus der auf die Seitenflächen 1 und 2 übertragenen Reibung und dem auf 3 und 4 wirkenden Druck. Die genannte Reibung ist aber Null; mithin führt die Gleichgewichtsbedingung für die y-Richtung, wenn wir von der Änderung des Druckes durch die Schwere absehen, einfach auf

$$0=\frac{\partial p}{\partial y}\,.$$

Der Druck p ist also von y unabhängig, so daß wir statt $\partial p/\partial x$ lieber dp/dx schreiben wollen. Wir bestimmen jetzt

---

*) Bei dem Vergleich der Vorzeichen dieser Ausdrücke mit den Pfeilrichtungen in Fig. 2 ist zu beachten, daß, wie Fig. 1 zeigt, u mit wachsendem y abnimmt, du/dy also negativ ist.

u aus Gl. (3) durch Integration nach y; hierbei ist nach dem eben Gesagten dp/dx als Konstante zu behandeln. Es ergibt sich

$$u = \frac{1}{2\mu}\frac{dp}{dx}y^2 + ay + b,$$

wo a und b Integrationskonstante sind. Zur Berechnung derselben haben wir die Grenzbedingungen, daß die Flüssigkeit an den beiden Wänden haften soll, daß also sein muß:

$$u = U \quad \text{für} \quad y = 0,$$
$$u = O \quad \text{„} \quad y = h.$$

Hieraus folgt

$$b = U, \quad a = -\frac{1}{2\mu}\frac{dp}{dx}\mathrm{h} - \frac{U}{h}$$

und

$$(4) \qquad u = U\left(1 - \frac{y}{h}\right) - \frac{1}{2\mu}\frac{dp}{dx}\,yh\left(1 - \frac{y}{h}\right).$$

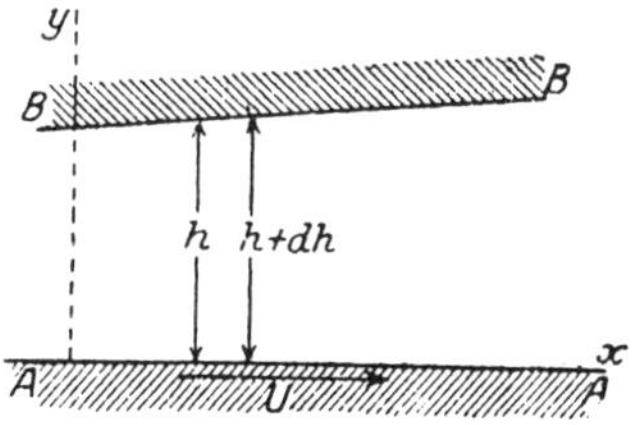

Fig. 3.

Die hierdurch bestimmte Verteilung der Strömungsgeschwindigkeit u über den Querschnitt h unserer Flüssigkeitsschicht ist in Fig. 1 schematisch dargestellt.

2. Statt der parallelen Wände A und B betrachten wir zwei wenig gegeneinander geneigte Wände (Fig. 3). Die Koordinaten x und y werden parallel und senkrecht zu A gemessen. Wir nehmen auch jetzt an, daß die Strömung lediglich in der x-Richtung erfolgt, d. h. wir vernachlässigen ihre y-Komponente und setzen voraus, daß die oben gefundene Verteilung der Strömungsgeschwindigkeit auch jetzt gültig

bleibt; letzteres kommt darauf hinaus, daß wir die Trägheit der Flüssigkeit im Verhältnis zu den Reibungswirkungen vernachlässigen.

Bei den gegeneinander geneigten Begrenzungen der Flüssigkeit muß das einzelne Flüssigkeitsteilchen allerdings beschleunigt werden; ein Teil des zur Verfügung stehenden Drucküberschusses wird daher jetzt zur Erzeugung dieser Beschleunigung oder zur Überwindung der Trägheit verbraucht. Statt der Gleichgewichtsbedingungen zwischen Druck und Reibung sollten daher jetzt genau genommen die Beschleunigungsgleichungen für das Teilchen angesetzt werden. Diese stimmen mit den früheren Gleichgewichtsbedingungen nur dann überein, wenn wir die Trägheit vernachlässigen, was gestattet sein wird, wenn die Beschleunigungen hinreichend klein sind, also z. B. im Falle wenig geneigter Wände oder starker Zähigkeit des Schmiermittels. In diesem Falle gilt die aus den Gleichgewichtsbedingungen gefundene Verteilung der Strömungsgeschwindigkeit hinreichend genau auch für die jetzt zu betrachtende wenig beschleunigte Bewegung.

Wir werden unsere Flüssigkeit als inkompressibel voraussetzen; dann muß die durch verschiedene Querschnitte in der Zeiteinheit geförderte Flüssigkeitsmenge dieselbe sein. Die Flüssigkeitsmenge beträgt nach (4):

$$Q = \int_0^h u\,dy = U\frac{h}{2} - \frac{dp}{dx}\frac{h^3}{12\,\mu}. \tag{5}$$

Betrachten wir insbesondere zwei benachbarte, um dx voneinander abstehende Querschnitte h und $h + dh$, so wird $dQ/dx = 0$. Dies führt nach (5) auf die Gleichung

$$U\frac{dh}{dx} = \frac{d}{dx}\left(\frac{dp}{dx}\frac{h^3}{6\,\mu}\right);$$

dieselbe läßt sich unmittelbar integrieren und liefert, wenn wir unter h_0 eine Integrationskonstante verstehen:

$$U(h - h_0) = \frac{dp}{dx}\frac{h^3}{6\,\mu}.$$

Wir berechnen daraus

$$\frac{dp}{dx} = 6\mu U \frac{h-h_0}{h^3}. \tag{6}$$

Während bei der unter **1** betrachteten stationären Strömung das Druckgefälle konstant sein muß, wird es jetzt, nach Maßgabe der veränderlichen Schichtdicke h, eine Funktion von x.

Wir berechnen noch die von der Flüssigkeit auf die Längeneinheit der Wandung A übertragene Reibung q. Diese beträgt nach dem Ansatz (2) und der Gl. (4) für $y=0$:

$$q = \mu \frac{du}{dy} = -\frac{\mu U}{h} - \frac{dp}{dx}\frac{h}{2},$$

also mit Rücksicht auf (6):

$$q = -\mu U \frac{4h - 3h_0}{h^2}. \tag{7}$$

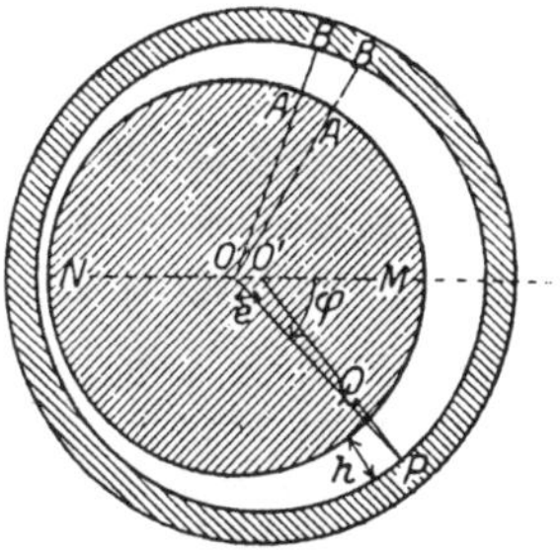

Fig. 4.

3. Wir gehen jetzt zu dem Fall eines in einer Lagerschale sich umdrehenden Zapfens über. Die Oberfläche des Zapfens und die innere Grenzfläche der Lagerschale werden als Kreiszylinder vorausgesetzt. Wir betrachten einen Querschnitt durch Zapfen und Lagerschale (Fig. 4) und nehmen an, daß die Strömung des Schmiermittels lediglich in der Ebene des einzelnen Querschnittes erfolgt. U sei die Umfangsgeschwindigkeit des Zapfens. Der Allgemeinheit wegen zeichnen wir den Zapfen exzentrisch; e sei der Abstand des

Zapfenmittelpunktes O vom Mittelpunkt der Lagerschale O' oder die „Exzentrizität“. Die Richtung OO', in der der Zapfen aus der zentrischen Lage verschoben ist, kann beliebig gewählt werden, solange über die Richtung des Zapfendruckes P noch nichts ausgesagt ist; wir wählen für OO' aus Gründen, die später darzulegen sind, die horizontale Richtung.

Auf der Geraden OO' befindet sich die Stelle größter und kleinster Schmierschichtdicke M und N. Um O herum zählen wir im Sinne der Umdrehung des Zapfens von dem Radius OM aus einen Winkel φ. r sei der Radius des Zapfens, R der der Lagerschale, so daß z. B. $OQ = r$, $O'P = R$ ist. $R - r$ werde gleich δ gesetzt. Wir bestimmen die Dicke der Schmierschicht als Funktion von φ und betrachten zu dem Zwecke den Linienzug $OO'PQO$. Die Projektion von $OO'P$ auf OPQ ist einerseits gleich $r + h$, andererseits gleich $e \cos \varphi + R$, wobei der Winkel bei P als kleiner Winkel behandelt, sein Kosinus also gleich 1 gesetzt ist. Man hat also

$$r + h = e \cos \varphi + R$$

oder

$$h = \delta + e \cos \varphi . \tag{8}$$

Hieraus folgt insbesondere als größte und kleinste Schichtdicke bei M und N

$$\text{für } \varphi = 0 \ldots h_{\max} = \delta + e, \quad \text{für } \varphi = \pi \ldots h_{\min} = \delta - e.$$

Um nun die Betrachtungen unter **2** auf den Fall unserer Schmierschicht anwenden zu können, ziehen wir von O aus zwei benachbarte Radien OAB (vgl. Fig. 4). Die zwischen AA und BB enthaltene Schicht kann, da die Schichtdicke h außerordentlich klein gegen die Krümmungsradien r und R von AA und BB ist, annähernd als geradlinig begrenzt angesehen werden. Zählen wir die Variable x wie früher in der Richtung von AA, so wird $dx = r\,d\varphi$, und es ergibt sich nach (6)

$$\frac{dp}{d\varphi} = 6 \mu r U \frac{h - h_0}{h^3} . \tag{9}$$

Mit Rücksicht auf (8) ist also das Druckgefälle $dp/d\varphi$ eine bekannte Funktion von φ, in die nur die noch nicht bestimmte Integrationskonstante h_0 eingeht.

Die Bedeutung dieser Integrationskonstanten geht unmittelbar aus (9) hervor: h_0 bedeutet die Schichtdicke, für welche $dp/d\varphi = 0$ wird, also die Dicke an denjenigen Stellen des Zapfenumfanges, wo p seinen größten oder kleinsten Wert annimmt.

Ich werde jetzt voraussetzen, daß das Schmiermittel den ganzen Zwischenraum zwischen Zapfen und Lagerschale allseitig ausfüllt. Diese Voraussetzung ist für die Einfachheit der folgenden Rechnungen entscheidend und muß daher an erster Stelle behandelt werden. Ob sie der Wirklichkeit entspricht, wird später (§ 6) zu überlegen sein.

Wenn die Schmierschicht ununterbrochen und in sich zurücklaufend ist, so muß p eine stetige, in sich zurücklaufende Funktion des Winkels φ werden. Es gilt daher

$$p(\varphi + 2\pi) = p(\varphi)$$

und speziell

$$p(2\pi) = p(0). \tag{10}$$

Diese Bedingung soll uns zur Bestimmung der Integrationskonstanten h_0 dienen. Wir integrieren (9) nach φ von 0 bis 2π und erhalten

$$p(2\pi) - p(0) = 6\mu r U \left\{ \int_0^{2\pi} \frac{d\varphi}{h^2} - h_0 \int_0^{2\pi} \frac{d\varphi}{h^3} \right\},$$

also wegen (8) und (10)

$$h_0 \int_0^{2\pi} \frac{d\varphi}{(\delta + e\cos\varphi)^3} = \int_0^{2\pi} \frac{d\varphi}{(\delta + e\cos\varphi)^2}. \tag{11}$$

Es ist bequem, die Verhältniszahl

$$\alpha = \frac{\delta}{e}, \quad 1 \leqq \alpha \leqq \infty \tag{12}$$

einzuführen; bei genau zentrischer Lage des Zapfens im Lager wird $e = 0$ und $\alpha = \infty$; bei möglichst exzentrischer Lage, d. h. wenn der Zapfen mit einer Stelle seines Umfanges unmittelbar an die Lagerschale anstößt, wird andrerseits $e = \delta$ und $\alpha = 1$. Benutzen wir noch die Abkürzungen:

$$J_1 = \int_0^{2\pi} \frac{d\varphi}{a + \cos\varphi}, \quad J_2 = \int_0^{2\pi} \frac{d\varphi}{(a + \cos\varphi)^2}, \tag{13}$$

$$J_3 = \int_0^{2\pi} \frac{d\varphi}{(a + \cos\varphi)^3},$$

so schreibt sich Gl. (11) wie folgt:

$$\frac{h_0}{e} = \frac{J_2}{J_3}. \tag{14}$$

Um die Werte von J_1, J_2, J_3 anzugeben, bemerken wir, daß ersichtlich

$$J_2 = -\frac{dJ_1}{da}, \quad J_3 = -\frac{1}{2}\frac{dJ_2}{da}; \tag{15}$$

ferner überzeugen wir uns durch Differenzieren von der Richtigkeit der folgenden (bekannten) Integralformel, bei welcher $a > 1$ vorausgesetzt wird:

$$\int_0^{\varphi} \frac{d\varphi}{a + \cos\varphi} = \frac{2}{\sqrt{a^2 - 1}} \operatorname{arc\,tg}\left(\sqrt{\frac{a-1}{a+1}} \operatorname{tg}\frac{\varphi}{2}\right). \tag{16}$$

Ersetzen wir in (16) die obere Grenze des Integrals durch 2π, so ergibt sich der Wert von J_1; nach (15) folgen zugleich die Werte J_2 und J_3. Man findet so:

$$J_1 = \frac{2\pi}{\sqrt{a^2 - 1}}, \quad J_2 = \frac{2\pi a}{\left(\sqrt{a^2 - 1}\right)^3}, \quad J_3 = \pi \frac{2a^2 + 1}{\left(\sqrt{a^2 - 1}\right)^5}. \tag{17}$$

Nach (14) schließen wir hieraus, daß

$$\frac{h_0}{e} = \frac{2a(a^2 - 1)}{2a^2 + 1}. \tag{18}$$

Schreiben wir nach Analogie von (8)

$$h_0 = \delta + e\cos\varphi_0, \quad \frac{h_0}{e} = a + \cos\varphi_0, \tag{18'}$$

so ergibt sich zur Bestimmung der Stellen größten oder kleinsten Druckes die Gleichung:

$$\cos\varphi_0 = -\frac{3a}{2a^2 + 1}. \tag{19}$$

Die genannten Stellen liegen also bei verschwindender Exzentrizität ($a = \infty$) einander diametral gegenüber, indem $\varphi_0 = \pm \pi/2$ wird, bei größtmöglicher Exzentrizität ($a = 1$) fallen sie unter sich und mit der alsdann vorhandenen Stelle unmittelbarer Berührung zwischen Zapfen und Lager $\varphi_0 = \pm \pi$ zusammen.

Nachdem somit die Konstante h_0 bzw. der Winkel φ_0 als Funktion von a bekannt ist, ist auch das Druckgefälle durch Gl. (9) in völlig bestimmter Form gegeben, sobald die Lage des Zapfens innerhalb der Lagerschale, d. h. sobald die Exzentrizität e dieser Lage oder die Verhältniszahl a gefunden ist. Das gleiche gilt von der Reibung q pro Längeneinheit des Zapfenumfanges, deren Wert wir unmittelbar aus der früheren Gl. (7) entnehmen können.

§ 3.

Strenger Ansatz des Problems auf Grund der hydrodynamischen Differentialgleichungen.

Obgleich die vorhergehenden anschaulichen Betrachtungen für unsere Zwecke im wesentlichen ausreichen, wird es doch gut sein, die Fragestellung noch einmal strenger zu formulieren. Wir werden dabei die Vernachlässigungen, welche dem bisherigen Ansatz zugrunde liegen, deutlicher als bisher hervortreten lassen und die Ergebnisse des vorigen Paragraphen bestätigen.

Zunächst ergänzen wir den in Gl. (2) enthaltenen Ansatz für die innere Reibung der Flüssigkeiten. Wir setzen hierbei abermals Inkompressibilität voraus und betrachten einen Strömungszustand, bei dem die Geschwindigkeit $\mathfrak{v}$ irgendwie von Ort zu Ort wechselt. Die rechtwinkligen Komponenten der Geschwindigkeit seien u, v, w. Die durch die Flächeneinheit übertragene Reibung heiße q; durch einen dem q angehängten ersten Index deuten wir wie üblich die Normale der Fläche, durch einen zweiten die Richtung an, in welcher die Reibung wirkt. Nach Navier und Poisson haben wir dann zu setzen:

$$(20)\qquad q_{xx} = 2\mu \frac{\partial u}{\partial x}, \qquad q_{xy} = \mu\left(\frac{\partial v}{\partial x} + \frac{\partial u}{\partial y}\right), \qquad q_{xz} = \mu\left(\frac{\partial w}{\partial x} + \frac{\partial u}{\partial z}\right);$$

die entsprechende Bedeutung mögen

$$q_{yx} = q_{xy}, \quad q_{yy}, \quad q_{yz} = q_{zy}, \quad q_{zz}$$

haben.

Bei der Aufstellung der Bewegungsgleichungen werden wir die Trägheit der Flüssigkeit und die Wirkung äußerer Kräfte (z. B. der Schwere) vernachlässigen. Beide Vernachlässigungen sind offenbar im Falle der Schmiermittelbewegung in hohem Grade gerechtfertigt. Unsere Bewegungsgleichungen haben dann nur auszudrücken, daß sich der hydrodynamische Druck p mit der Reibung q an jedem Volumelemente das Gleichgewicht hält. Dies verlangt für die x-Richtung

$$\frac{\partial p}{\partial x} = \frac{\partial q_{xx}}{\partial x} + \frac{\partial q_{yx}}{\partial y} + \frac{\partial q_{zx}}{\partial z}$$

oder wegen (20)

$$\frac{\partial p}{\partial x} = \mu\left(\frac{\partial^2 u}{\partial x^2} + \frac{\partial^2 u}{\partial y^2} + \frac{\partial^2 u}{\partial z^2}\right) + \mu\,\frac{\partial}{\partial x}\left(\frac{\partial u}{\partial x} + \frac{\partial v}{\partial y} + \frac{\partial w}{\partial z}\right).$$

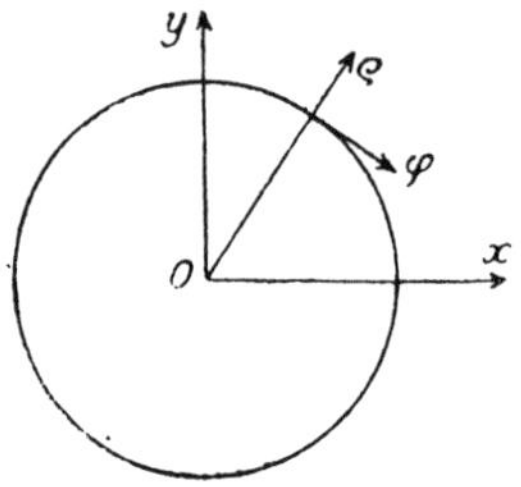

Fig. 5.

Wegen der vorausgesetzten Inkompressibilität schreiben wir mit Benutzung des üblichen Symbols Δ und Hinzufügung der entsprechenden Gleichungen für die y- und z-Richtung:

$$(21) \qquad \frac{\partial p}{\partial x} = \mu \Delta u, \quad \frac{\partial p}{\partial y} = \mu \Delta v, \quad \frac{\partial q}{\partial z} = \mu \Delta w.$$

Dazu kommt die Inkompressibilitätsbedingung:

$$(22) \qquad \frac{\partial u}{\partial x} + \frac{\partial v}{\partial y} + \frac{\partial w}{\partial z} = 0.$$

Wir spezialisieren nun diese Gleichungen auf den Fall der Fig. 5, legen die z-Achse in die Mittellinie des Zapfens und nehmen an, daß die Bewegung des Schmiermittels lediglich in der xy-Ebene erfolge und von der z-Koordinate unabhängig sei. Dann können wir statt (22) schreiben:

$$\frac{\partial u}{\partial x} = -\frac{\partial v}{\partial y}.$$

Den gemeinsamen Wert der rechten und linken Seite dieser Gleichung bezeichnen wir mit $\partial^2 V/\partial x\,\partial y$, unter V eine unbekannte Funktion der Koordinaten verstanden, und erhalten

$$u = \frac{\partial V}{\partial y}, \quad v = -\frac{\partial V}{\partial x}. \tag{23}$$

Setzen wir in (21) ein, so ergibt sich

$$\frac{\partial p}{\partial x} = \mu \frac{\partial}{\partial y} \Delta V, \quad \frac{\partial p}{\partial y} = -\mu \frac{\partial}{\partial x} \Delta V. \tag{24}$$

Die Elimination von p liefert eine Bedingung für V, nämlich

$$\Delta \Delta V = 0. \tag{25}$$

Es handelt sich also darum, die Gleichung (25) in dem Gebiete zwischen zwei im allgemeinen nicht konzentrischen Kreisen zu integrieren.

Zu dem Ende führen wir statt x und p Polarkoordinaten ϱ und φ ein, wobei $\varrho = 0$ mit dem Zapfenmittelpunkte zusammenfalle. Wir bestimmen die Komponenten der Geschwindigkeit $\mathfrak{v}$ nach den neuen Koordinaten. Sind s und n zwei zueinander senkrechte Richtungen, welche in demselben Sinne aufeinander folgen, wie die x- und p-Richtung, so lassen sich die beiden Gleichungen (23) in die eine Formel zusammenfassen

$$\mathfrak{v}_s = \frac{\partial V}{\partial n}, \tag{26}$$

wo $\mathfrak{v}_s$ die Komponente von $\mathfrak{v}$ in der Richtung von s bedeutet. Diese Schreibweise gestattet sofort die Übertragung auf Polarkoordinaten. Wird φ im Uhrzeigersinne gerechnet und haben die x- und y-Richtung die in Fig. 5 bezeichnete Lage, so liegt die Richtung von φ zur Richtung der wachsenden ϱ und die Richtung der wachsenden ϱ zur Richtung von $-\varphi$ ebenso wie die x- zur y-Richtung. Nehmen wir also einmal $\partial n = \partial \varrho$, das andere Mal $\partial n = \varrho\, \partial \varphi$, so ergibt sich nach (26)

$$(27) \qquad \mathfrak{v}_\varphi = \frac{\partial V}{\partial \varrho}, \quad \mathfrak{v}_\varrho = -\frac{1}{\varrho}\frac{\partial V}{\partial \varphi}.$$

In demselben Sinne lassen sich die beiden Formeln (24) in die eine Gleichung zusammenfassen:

$$\frac{\partial p}{\partial s} = \mu \frac{\partial}{\partial n} \Delta V;$$

geht man speziell zu den aufeinander senkrechten Richtungen unserer Polarkoordinaten ϱ und φ über, so ergibt sich

$$(28) \qquad \frac{1}{\varrho}\frac{\partial p}{\partial \varphi} = \mu \frac{\partial}{\partial \varrho} \Delta V, \quad \frac{\partial p}{\partial \varrho} = -\frac{\mu}{\varrho}\frac{\partial}{\partial \varphi} \Delta V.$$

Bekanntlich lautet der Ausdruck von ΔV in Polarkoordinaten folgendermaßen:

$$\Delta V = \left(\frac{\partial^2}{\partial \varrho^2} + \frac{1}{\varrho}\frac{\partial}{\partial \varrho} + \frac{1}{\varrho^2}\frac{\partial^2}{\partial \varphi^2}\right) V = \frac{1}{\varrho^2}\left(\varrho \frac{\partial}{\partial \varrho} \varrho \frac{\partial}{\partial \varrho} + \frac{\partial^2}{\partial \varphi^2}\right) V.$$

Unsere Differentialgleichung für V nimmt daher die folgende Form an:

$$(29) \qquad \frac{1}{\varrho^2}\left(\varrho \frac{\partial}{\partial \varrho} \varrho \frac{\partial}{\partial \varrho} + \frac{\partial^2}{\partial \varphi^2}\right) \frac{1}{\varrho^2}\left(\varrho \frac{\partial}{\partial \varrho} \varrho \frac{\varrho}{\partial \varrho} + \frac{\partial^2}{\partial \varphi^2}\right) V = 0.$$

Zur Festlegung der Funktion V sind ferner die Bedingungen an der Oberfläche des Zapfens und der Lagerschale erforderlich. Diese besagen, daß die Flüssigkeit an diesen Oberflächen haften, mithin ihre Bewegung mitmachen soll. An der Zapfenoberfläche ist, wenn U die Umfangsgeschwindigkeit des Zapfens bedeutet:

$$\mathfrak{v}_\varphi = U, \quad \mathfrak{a}_\varrho = 0,$$

also nach (27)

$$(30) \qquad \frac{\partial V}{\partial \varrho} = U, \quad \frac{\partial V}{\partial \varphi} = 0 \ldots \text{ für } \varrho = r.$$

Bedeutet wiederum h die längs des Zapfenumfanges veränderliche Dicke der Schmierschicht, so ist an der Grenze der Lagerschale $\varrho = r + h$; da die Lagerschale in Ruhe ist, gilt hier

$$\mathfrak{v}_\varphi = 0, \quad \mathfrak{v}_\varrho = 0,$$

oder nach (27)

$$(30') \qquad \frac{\partial V}{\partial \varrho} = 0, \quad \frac{\partial V}{\partial \varphi} = 0 \ldots \text{ für } \varrho = r + h.$$

Wir drücken noch die auf den Zapfenumfang pro Längeneinheit desselben wirkende Reibung durch unsere Funktion V aus. Die Normale zur Zapfenoberfläche ist die Richtung der wachsenden ϱ. Im Anschluß an die Gl. (20) können wir setzen:

$$q_{\varrho\varrho} = 2\mu \frac{\partial \mathfrak{v}_\varrho}{\partial \varrho}, \quad q_{\varrho\varphi} = \mu \left(\frac{\partial \mathfrak{v}_\varphi}{\partial \varrho} + \frac{1}{\varrho} \frac{\partial \mathfrak{v}_\varrho}{\partial \varphi} \right).$$

Dies bedeutet nach (27):

$$q_{\varrho\varrho} = -2\mu \left(\frac{1}{\varrho} \frac{\partial^2 V}{\partial \varrho \partial \varphi} - \frac{1}{\varrho^2} \frac{\partial V}{\partial \varphi} \right), \quad q_{\varrho\varphi} = \mu \left(\frac{\partial^2 V}{\partial \varrho^2} - \frac{1}{\varrho^2} \frac{\partial^2 V}{\partial \varphi^2} \right).$$

Auf der Oberfläche des Zapfens gelten aber die Grenzbedingungen (30) für jeden Wert von φ, sowie die daraus folgenden Bedingungen $\partial^2 V/\partial \varrho\, \partial \varphi = \partial U/\partial \varphi = 0$ und $\partial^2 V/\partial \varphi^2 = 0$. Unsere Ausdrücke für die auf den Zapfen übertragenen Reibungswirkungen vereinfachen sich daher wie folgt:

$$(31) \qquad q_{\varrho\varrho} = 0, \quad q_{\varrho\varphi} = \mu \frac{\partial^2 V}{\partial \varrho^2} \quad \ldots \text{ für } \varrho = r.$$

Durch die Differentialgleichung (29) und die Grenzbedingungen (30) ist die zu bestimmende Funktion V festgelegt. Die Gleichungen (28) und (31) geben gleichzeitig an, wie wir nach Bestimmung der Funktion V die uns interessierende Verteilung des hydrodynamischen Druckes und die Reibung auf den Zapfen finden können.

Man kann bemerken, daß das in den Gleichungen (29) und (30) enthaltene Integrationsproblem übereinstimmt mit der Frage nach der Gleichgewichtsform einer ursprünglich ebenen, elastischen Platte, welche die Gestalt des in Fig. 4 dargestellten nicht-schraffierten Gebietes hat und welche an ihrer inneren Berandung in gewisser Weise aufgewölbt ist. Fassen wir nämlich V als die transversale Verrückung eines Punktes der sog. neutralen Schicht einer ursprünglich ebenen, horizontalen, elastischen Platte auf, so gibt die Gleichung $\Delta\Delta V = 0$ die Bedingung dafür an, daß die Platte sich im kräftefreien Gleichgewicht befinde. Die Grenzbedingungen (30) ferner sagen aus, wie die Neigung der Platte an ihren Rändern durch eine geeignete Art der Einklemmung zu bestimmen ist. Diese Neigung ist nach (30′) am äußeren Rande horizontal, am inneren Rande hat die Tangente des Neigungswinkels der Platte nach (30) in radialer Richtung den konstanten Wert U.

Wir erwähnen diese elastische Analogie unseres hydrodynamischen Problems, um dadurch den Grad seiner mathematischen Schwierigkeit zu kennzeichnen. Während nämlich die Gleichgewichtsform einer kreisförmigen Platte wohlbekannt ist, ist die Frage für eine exzentrisch kreisringförmige Platte niemals behandelt worden. Die strenge Integration dürfte zu sehr unübersichtlichen Ausdrücken führen. Wir begnügen uns daher mit einer angenäherten Integration, welche mit Rücksicht auf die Schmalheit des für uns in Betracht kommenden Integrationsgebietes völlig ausreicht.

In unserem Falle ist die Funktion V in radialer Richtung rapide veränderlich; nimmt doch ihr Gefälle in dem schmalen Zwischenraum h von U auf 0 ab. Im Verhältnis dazu ist V in der dazu senkrechten, zum Zapfenumfang parallelen Richtung nur sehr langsam veränderlich. Wir werden daher in erster Näherung $\partial V/\partial \varphi$ gegen $\partial V/\partial \varrho$ vernachlässigen und V lediglich als Funktion von ϱ bestimmen. In zweiter Näherung haben wir dann zu berücksichtigen, daß die in dieser Funktion auftretenden Koeffizienten nicht wirkliche Konstante sind, sondern daß sie, wenn auch nicht in rapider Weise, mit φ veränderlich sind.

Unsere Gl. (29) schreiben wir dementsprechend näherungsweise folgendermaßen:

$$\text{(32)} \qquad \Delta\Delta V = \frac{1}{\varrho}\frac{\partial}{\partial \varrho}\varrho\frac{\partial}{\partial \varrho}\frac{1}{\varrho}\frac{\partial}{\partial \varrho}\varrho\frac{\partial V}{\partial \varrho} = 0.$$

Durch zweimalige Integration ergibt sich

$$\text{(32')} \qquad \Delta V = \frac{1}{\varrho}\frac{\partial}{\partial \varrho}\varrho\frac{\partial V}{\partial \varrho} = 2a\log\varrho + b,$$

wo a und b Integrationskonstanten. Durch abermalige Integration folgt:

$$\text{(33)} \qquad \frac{\partial V}{\partial \varrho} = a\varrho\log\varrho + (b-a)\frac{\varrho}{2} + \frac{c}{\varrho},$$

wo c eine weitere Integrationskonstante. V selbst kann mit Benutzung einer letzten Integrationskonstante d folgendermaßen ausgedrückt werden:

(34) $$V = \frac{a}{2}\varrho^2 \log \varrho + (b - 2a)\frac{\varrho^2}{4} + c \log \varrho + d.$$

Zur Bestimmung der a, b, c, d dienen die Grenzbedingungen (30) und (30′). Indem wir den auf dem Zapfenumfange konstanten Wert von V mit V_0 bezeichnen, schreiben wir statt (30)

(35) $$\frac{\partial V_0}{\partial \varphi} = 0, \quad \frac{\partial V_0}{\partial \varrho} = U.$$

Ferner entwickeln wir die in (30′) vorkommenden, für die Grenze der Lagerschale zu bildenden Differentialquotienten nach Potenzen der kleinen Größe h, wobei wir die dritten Ableitungen von V_0 nach ϱ noch beibehalten. Es wird für $\varrho = r + h$:

$$\frac{\partial V}{\partial \varrho} = \frac{\partial V_0}{\partial \varrho} + h \cdot \frac{\partial^2 V_0}{\partial \varrho^2} + \frac{h^2}{2}\frac{\partial^3 V_0}{\partial \varrho^3},$$

$$\frac{\partial V}{\partial \varphi} = \frac{\partial}{\partial \varphi}\left(V_0 + h \cdot \frac{\partial V_0}{\partial \varrho} + \frac{h^2}{2}\frac{\partial^2 V_0}{\partial \varrho^2} + \frac{h^3}{6}\frac{\partial^3 V_0}{\partial \varrho^3}\right).$$

Mit Rücksicht auf (35) verlangen also die Gleichungen (30′):

$$U + h\frac{\partial^2 V_0}{\partial \varrho^2} + \frac{h^2}{2}\frac{\partial^3 V_0}{\partial \varrho^3} = 0.$$

$$\frac{\partial}{\partial \varphi}\left(h\,U + \frac{h^2}{2}\frac{\partial^2 V_0}{\partial \varrho^2} + \frac{h^3}{6}\frac{\partial^3 V_0}{\partial \varrho^3}\right) = 0.$$

Die zweite Gleichung läßt sich nach φ integrieren, wobei die Integrationskonstante mit $h_0 U/2$ bezeichnet werden möge. Darauf nehmen die beiden vorstehenden Gleichungen die Form an:

$$\frac{\partial^2 V_0}{\partial \varrho^2} + \frac{h}{2}\frac{\partial^3 V_0}{\partial \varrho^3} = -\frac{U}{h},$$

$$\frac{\partial^2 V_0}{\partial \varrho^2} + \frac{h}{3}\frac{\partial^3 V_0}{\partial \varrho^3} = -\frac{2h - h_0}{h^2}U.$$

Hieraus findet man durch geeignete Subtraktion:

(36) $$\frac{\partial^2 V_0}{\partial \varrho^2} = -\frac{4h - 3h_0}{h^2}U, \quad \frac{\partial^3 V_0}{\partial \varrho^3} = 6\frac{h - h_0}{h^3}U.$$

In diese Gleichungen (36) und die zweite der Gleichungen (35) ist jetzt der Wert von $\partial V/\partial \varrho$ aus (33) sowie die daraus folgenden höheren Abteilungen von V einzutragen, nachdem man in denselben $\varrho = r$ gemacht hat. Es ergeben sich so die folgenden drei Bestimmungsgleichungen für die a, b, c:

$$(37) \quad \begin{cases} a r \log r + (b-a)\dfrac{r}{2} + \dfrac{c}{r} = U, \\ a r \log r + (b+a)\dfrac{r}{2} - \dfrac{c}{r} = -\dfrac{4h-3h_0}{h^2} r U, \\ a + \dfrac{2c}{r^2} = 6\dfrac{h-h_0}{h^3} r U. \end{cases}$$

Aus den beiden ersten dieser Gleichungen folgt durch Subtraktion und Addition:

$$a - \frac{2c}{r^2} = -\frac{4h-3h_0}{h^2} U - \frac{U}{r},$$

$$2a \log r + b = -\frac{4h-3h_0}{h^2} U + \frac{U}{r}.$$

Nimmt man noch die letzte Gleichung (37) hinzu, so lassen sich die Werte von a, b, c unmittelbar ausrechnen. Es ergibt sich

$$(38) \quad \begin{cases} 2a = 6\dfrac{h-h_0}{h^3} r U - \dfrac{4h-3h_0}{h^2} U - \dfrac{U}{r}, \\ \dfrac{4c}{r^2} = 6\dfrac{h-h_0}{h^3} r U + \dfrac{4h-3h_0}{h^2} U + \dfrac{U}{r}, \\ b = -6\dfrac{h-h_0}{h^3} r \log r \, U - \dfrac{4h-3h_0}{h^2}(1-\log r) U \\ \qquad + \dfrac{U}{r}(1-\log r). \end{cases}$$

Der Wert von d drückt sich seinerseits durch den auf dem Zapfenumfange konstanten Wert von V_0 aus, bleibt aber ebenso wie dieser zufolge unserer Grundbedingungen unbestimmt. Wir bemerken noch, daß wegen der Abhängigkeit der Schichtdicke h von φ (vgl. Gl. (8)) unsere ursprünglich als konstant vorausgesetzten Koeffizienten a, b, c sich tatsächlich als Funktionen von φ ergeben haben. In diesem Umstande kommt zum Ausdruck, daß unsere Integration keine strenge, sondern nur eine genäherte war, und daß durch den gefundenen Wert von V nur die genäherte Differentialgleichung (32), aber nicht die strenge Gleichung (29) erfüllt wird.

Wir geben nun die uns interessierenden Ausdrücke für das Druckgefälle und die Reibungswirkung an der Zapfenoberfläche an. Nach (28), (32′) und (38) haben wir

$$\frac{\partial p}{\partial \varphi} = 2\,a\,\mu = 6\,\mu\,r\,U\frac{h-h_0}{h^3} - \mu\,U\,\frac{4\,h-3\,h_0}{h^2} - \mu\,\frac{U}{r}. \tag{39}$$

Dieses Druckgefälle, welches von ϱ unabhängig ist, gilt insbesondere auch für den Umfang des Zapfens. Die Reibung auf den Zapfen reduziert sich nach (31) auf die in die Umfangsrichtung fallende Komponente $q_{\varrho\varphi}$, die wir wieder kürzer mit q bezeichnen. Nach (31) und (36) haben wir

$$q = -\,\mu\,U\frac{4\,h-3\,h_0}{h^2}. \tag{40}$$

Somit sind wir fast genau auf diejenigen Werte von q und $d\,p/d\,\varphi$ zurückgeführt worden, die im vorigen Paragraphen durch eine mehr elementare Betrachtung abgeleitet wurden. Gl. (40) stimmt genau mit Gl. (7) überein, Gl. (39) unterscheidet sich von Gl. (9) nur durch Glieder, welche gegen das beiden Gl. gemeinsame Glied klein von der Ordnung h/r oder gar h^2/r^2 sind. Dementsprechend wird auch der Wert von h_0, den wir unter Voraussetzung einer den Zwischenraum zwischen Zapfen und Lager völlig ausfüllenden Schmierschicht aus (39) berechnen, nicht merklich von demjenigen verschieden, den wir oben aus (9) fanden. Der relative Unterschied beider Werte wird klein von der Ordnung δ/r und kann unter allen Umständen vernachlässigt werden.

Unsere jetzige Betrachtung hat also die früheren Ergebnisse durchaus bestätigt und rechtfertigt somit nachträglich die im vorigen Paragraphen angewandten, etwas groben Näherungen.

§ 4.

Die Lage des Zapfens innerhalb der Lagerschale. Bestimmung der Exzentrizität der Lage.

Wir haben jetzt zu untersuchen, welche Lage der Zapfen innerhalb des ihm nach der Lagerkonstruktion verbleibenden

Spielraums bei gegebener Belastung und gegebener Geschwindigkeit annehmen wird. Statt dessen können wir auch so vorgehen, daß wir uns die Lage und Geschwindigkeit des Zapfens gegeben denken und nach derjenigen Belastung fragen, für welche die fragliche Lage eine Gleichgewichtslage wird.

Wir nehmen also (Fig. 6) die Größe $O'O$ (gleich e) und die Richtung von $O'O$ (z. B. horizontal) in bestimmter Weise an, wodurch gleichzeitig die Verhältniszahl $a = \delta/e$ gegeben ist. Ferner geben wir uns die Umfangsgeschwindigkeit U des Zapfens. Wir bestimmen die von dem Schmiermittel auf den Zapfen übertragenen Kräfte und setzen sie zu einer Resultierenden zusammen. Entgegengesetzt gleich muß nach den Regeln der Statik die Resultierende der übrigen Kräfte sein, welche auf den Zapfen vermöge seines Zusammenhanges

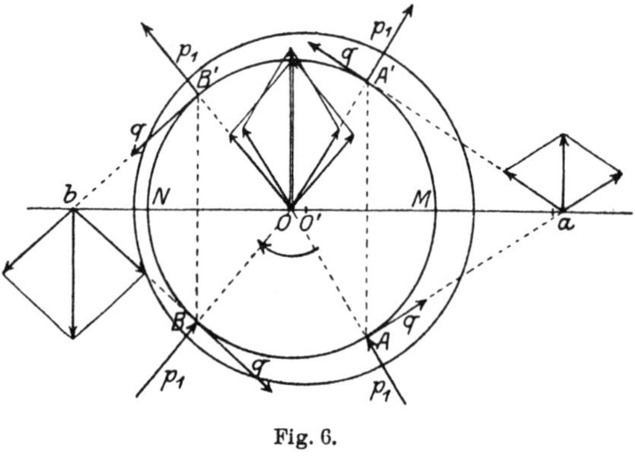

Fig. 6.

mit den sonstigen Teilen der Maschine wirken (des Zapfendruckes, der Triebkraft), wenn anders sich der Zapfen bei gleichförmiger Umdrehung im Gleichgewicht befinden soll.

Die von dem Schmiermittel auf den Zapfen übertragenen Wirkungen bestehen aus dem Drucke p und der Reibung q; der erstere ist radial, die letztere tangential gerichtet.

Nach Gl. (9) ebenso wie nach Gl. (39) ist das Druckgefälle eine rationelle Funktion der Schmierschichtdicke h und daher (vgl. Fig. 6 oder Gl. (8)) eine gerade Funktin φ; daß heißt: in zwei zu der Richtung OO' symmetrischen Punkten (z. B. den Punkten A', A oder B', B) hat das Druckgefällle $dp/d\varphi$ den gleichen Wert. Bezeichnen wir mit p_0

die Größe des Druckes an der Stelle größter Schichtdicke ($\varphi = 0$) und mit p_1 die Differenz $p - p_0$, so wird p_1 notwendig eine ungerade Funktion von φ. In der Tat ist

$$p_1(+\varphi) = \int_0^{\varphi} \frac{dp}{d\varphi} d\varphi = \int_{-\varphi}^{0} \frac{dp}{d\varphi} d\varphi = -p_1(-\varphi).$$

Und zwar erkennt man leicht, daß p_1 zwischen $0 < \varphi < \pi$ positiv, zwischen $-\pi < \varphi < 0$ negativ ist. Da nach Definition von p_1

$$p = p_0 + p_1,$$

so setzt sich der Druck an jeder Stelle aus einem längs des Zapfenumfanges konstanten Bestandteil p_0 und einem variablen Bestandteil p_1 zusammen, der in Fig. 6 längs der oberen Hälfte des Zapfenumfanges negativ ist, also, für sich allein betrachtet, einen auf den Zapfen nach außen wirkenden Zug bedeuten würde, und der längs der unteren Hälfte positiv ist, also einen nach dem Zapfeninnern hin gerichteten wirklichen Druck darstellt, wobei in je zwei symmetrisch gelegenen Punkten A' A, B' B die betr. Größen von Zug und Druck genau gleich sind.

Andererseits ist auch die Reibung auch Gl. (7) oder (40) eine rationale Funktion von h, also eine gerade Funktion von φ. Unsere Größe q bedeutet eine in der Richtung der wachsenden φ auf die Längeneinheit des Zapfenumfanges wirkende Kraft bei positivem Werte von q, eine in der Richtung der abnehmenden φ wirkende Kraft bei negativem q. Da der Wert von q im allgemeinen tatsächlich negativ ausfällt, zeichnen wir in Fig. 6 den betr. Pfeil in dem letztgenannten Sinne ein; jedenfalls aber haben wir in zwei Punkten wie A' A oder B' B zur Darstellung von q zwei Pfeile anzubringen, welche gleich lang sind und im gleichen Sinne tangential um den Zapfen herum weisen. Noch sei bemerkt, daß die Pfeillänge für q in den Punkten B' B größer sein wird, als in den Punkten A' A, weil die Reibung mit abnehmender Dicke der Schmierschicht wächst.

Wir setzen nun die den Anteilen p_0, p_1 und p entsprechenden Kräfte am Zapfen zusammen.

p_0 bedeutet einen allseitig gleichen, normalen Druck. Das entsprechende Kraftsystem steht bekanntlich für sich im Gleichgewicht und liefert, wie man sagen kann, die resultierende Null. Deshalb kommt es auf den konstanten Teil p_0 von p für die Aufstellung der Gleichgewichtsbedingungen in keiner Weise an.

Indem wir zu dem variabeln Teil p_1 von p übergehen, fassen wir je zwei symmetrisch gelegene Punkte $A'A$ gleichzeitig ins Auge und grenzen um dieselben zwei gleich große Elemente ds des Zapfenumfanges ab. Die auf diese Elemente wegen des Druckes p_1 wirkenden Kräfte werden, für die Längeneinheit der Zapfenlänge berechnet, $p_1\,ds$. Unsere mit p_1 bezeichneten Pfeile in Fig. 6 können uns zugleich zur Darstellung dieser (in Wirklichkeit natürlich unendlich kleinen) Kräfte dienen. Wir verschieben die beiden Kräfte

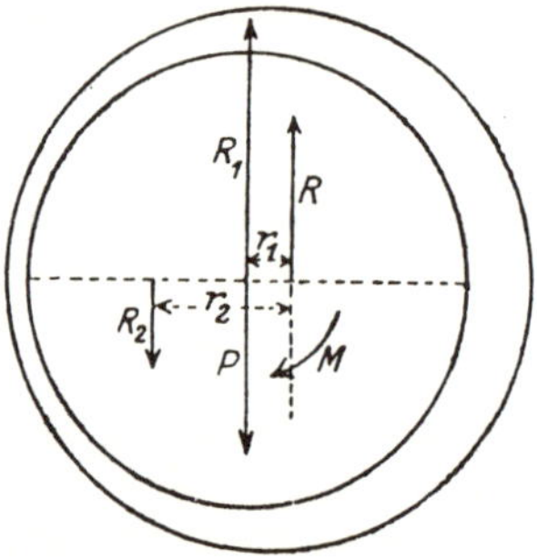

Fig. 7.

in ihren bez. Richtungslinien nach dem Zapfenmittelpunkte O und setzen sie dort zusammen. Dabei ergibt sich wegen der Gleichheit der Pfeillängen notwendig eine Resultierende von vertikaler Richtung. Dasselbe gilt ersichtlich für irgend zwei andere Punkte $B'B$. Daher wird auch die Resultierende des ganzen Kraftsystems der Drucke p_1, welche gleich der Summe der für die einzelnen Punktpaare konstruierten Resultierenden wird, eine Kraft von vertikaler Richtung, welche in O angreift und in Fig. 6 von unten nach oben weist. Wir bezeichnen sie mit R_1 und tragen sie in Fig. 7 ein.

Ähnlicherweise setzen wir die der Reibung in den beiden symmetrisch gelegenen Punkten $A'A$ entsprechenden Kräfte zusammen. Diese Kräfte sind für die Längeneinheit der Zapfenlänge berechnet $q\,ds$; sie können wieder direkt durch die in Fig. 6 mit q bezeichneten Pfeile versinnlicht werden. Wir verschieben sie nach ihrem Schnittpunkte a und konstruieren in a denjenigen Rhombus, dessen Diagonale die Resultierende der beiden betrachteten Reibungskräfte liefert. Dieselbe ist abermals vertikal, und zwar nach oben gerichtet. Verfahren wir ebenso mit den Reibungen in zwei Elementen bei den symmetrisch gelegenen Punkten B' und B, so erhalten wir in b eine Resultierende, ebenfalls vertikal, aber nach unten gerichtet. Führen wir die Konstruktion für mehr und mehr Punktepaare aus, so ergibt sich folgendes Bild: Auf der Verlängerung der horizontalen Achse $O'\,O$ über M und N hinaus haben wir überall dicht vertikal gerichtete Kräfte, auf der Seite von M nach oben, auf der Seite von N nach unten weisend. Der Größe nach sind sie natürlich sämtlich unendlich klein zu denken, indem sie mit der Länge des jedesmal betrachteten Elementes ds verschwinden. Im Verhältnis werden dabei die rechts von M anzubringenden Kräfte etwas kleiner sein als die entsprechenden links von N in gleicher Entfernung konstruierten Kräfte. Denn diese letzteren entsprechen Punktepaaren, für welche die Schmierschichtdicke geringer und daher die Reibungswirkung größer ist, wie für diejenigen Punktepaare, die den ersteren entsprechen. Fassen wir nun alle diese Resultierenden zu einer Gesamtresultierenden der Reibungswirkungen zusammen, was nach den Regeln der Statik immer möglich ist, so wird diese Gesamtresultierende ebenfalls vertikale Richtung haben und (wegen der überwiegenden Größe der links von N angreifenden, nach unten gerichteten Teilresultierenden) ebenfalls links von O angreifen und nach unten hin verlaufen. Wir bezeichnen sie mit R_2 und tragen sie in Fig. 7 ein.

Schließlich wollen wir noch die Gesamtresultierende der Druckwirkungen R_1 mit der Gesamtresultierenden der Reibungswirkungen R_2 zu einer einzigen Resultierenden R vereinigen. Ihre Größe wird gleich $R_1 - R_2$, ihr Angriffspunkt liegt auf der anderen Seite von O als der von R_2. Bezeichnen wir die Abstände der Richtungslinie R von R_1 und R_2 mit r_1 und r_2, so gilt offenbar: $r_1 R_1 = r_2 R_2$. Ebenso wie R_1 und R_2 bezieht sich auch R auf die Längeneinheit der Zapfenlänge. Damit sich unser Zapfen in der angenommenen Lage im Gleichgewicht befinden kann, ist erforderlich, daß unsere schließliche Resultierende R von den auf die Längeneinheit des Zapfens sonst übertragenen Kräften genau aufgehoben wird. Die letzteren müssen also nach Richtung, Größe und Lage durch eine Einzelkraft darstellbar sein, die im Abstande r_1 von der Zapfenmitte angreifend dieselbe Größe und die entgegengesetzte Richtung wie R hat. Ersetzen wir diese exzentrische Einzelkraft wie üblich durch eine gleich große zentrische Kraft P, die der „Zapfendruck" heißt, und ein Kräftepaar M, welches als „Moment der zur Überwindung der Zapfenreibung erforderlichen Triebkraft" bezeichnet werden kann, so wird sein müssen: $P = R$ und $M = r_1 P = r_1 R$. Auch P und M sind für die Einheit der Zapfenlänge gemeint, so daß der Gesamtdruck auf den Zapfen und das gesamte Moment der Triebkraft bei der Zapfenlänge l mit Pl und Ml zu bezeichnen wären.

Das Hauptergebnis unserer statischen Betrachtung läßt sich hiernach folgendermaßen ausdrücken: Damit die in den Figuren 6 und 7 angenommene Lage des Zapfens bei gegebener Umdrehungsgeschwindigkeit eine mögliche Gleichgewichtslage darstellt, muß der Zapfendruck P senkrecht nach unten gerichtet sein. Etwas allgemeiner können wir sagen, indem wir von der bisher festgehaltenen speziellen Wahl der Verschiebungsrichtung $O'O$ absehen: Die Richtung des Zapfendruckes und die Richtung der Verschiebung des Zapfenmittelpunktes müssen rechtwinklig zueinander stehen. Oder: Der Zapfen muß senkrecht gegen die Richtung des Zapfendruckes ausweichen, so zwar, daß die Stelle kürzesten Abstandes zwischen Zapfen und Lager im Sinne der Zapfenumdrehung U gegen die Richtung des Zapfendruckes verschoben ist.

Dieses Ergebnis wird fraglos auf den ersten Blick überraschen. Man wird zunächst erwarten, daß der Zapfen der Wirkung des Zapfendruckes folgen und sich in der Richtung des Zapfendruckes von dem Mittelpunkte der Lagerschale aus verschieben wird. Daß diese Erwartung indessen mit den Bedingungen der Statik im Widerspruch steht, zeigt die vorausgehende Betrachtung. Sie lehrt nämlich unmittelbar, daß sich in der Verschiebungsrichtung $O'O$ alle Komponenten der auf den Zapfen übertragenen Kräfte p und q gegenseitig zerstören müssen, daß also die Resultierende dieser Kräfte nur in der dazu senkrechten Richtung liegen kann und daß mithin auch der Zapfendruck, welcher diese

Resultierende aufheben muß, senkrecht gegen die Verschiebungsrichtung $O' O$ stehen muß.

Wir wollen nun die vorstehende geometrische Betrachtung durch den analytischen Ansatz der Gleichgewichtsbedingungen ergänzen. Dabei wird sich einerseits eine Bestätigung der bisherigen Resultate ergeben, andrerseits werden wir so den quantitativen Zusammenhang zwischen der Größe des Zapfendruckes P, der Umfangsgeschwindigkeit U und der Größe der Exzentrizität e der Zapfenlage feststellen.

Wir nehmen zu dem Ende an, daß der pro Längeneinheit des Zapfens gerechnete Zapfendruck P unter einem uns unbekannten Winkel ψ gegen den Halbmesser $O M$ des Zapfens geneigt sei und betrachten die Komponenten von P nach den Richtungen $\varphi = 0$ und $\varphi = \pi/2$, d. h. nach der Richtung von $O M$ und der dazu senkrechten Richtung. Diese Komponenten betragen:

$$P \cos \psi \quad \text{und} \quad P \sin \varphi.$$

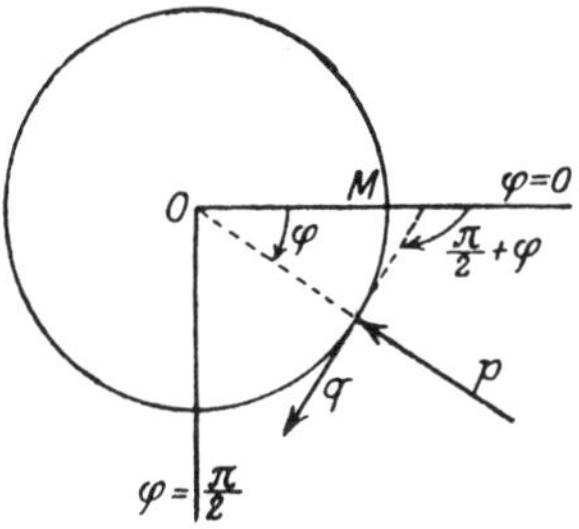

Fig. 8.

Andrerseits bilden wir die Summe der entsprechenden Komponenten der Druckkräfte $p ds$ und der Reibungskräfte $q ds$ für den Umfang des Zapfens. Die Komponenten der Druckkraft $p ds$ werden wegen der nach dem Zapfenmittelpunkte weisenden Richtung derselben (vgl. Fig. 8):

$$-p \cos \varphi \, ds \quad \text{und} \quad -p \sin \varphi \, ds\,.$$

Die Reibungskraft $q ds$ müssen wir hier im Sinne der Zapfenumdrehung tangential zum Zapfenumfang angetragen denken, da durch das Vorzeichen von q in den Formeln (7) oder (40) bereits die tatsächliche, umgekehrte Richtung von q berücksichtigt wird. Da q unter dem Winkel $\pi/2+\varphi$ gegen OM geneigt ist, werden die fraglichen Komponenten von q:

$$-q\sin\varphi\,ds \quad \text{und} \quad +q\cos\varphi\,ds.$$

Damit Gleichgewicht gegen Verrückungen in der Richtung $\varphi=0$ $\varphi=\pi/2$ besteht, ist erforderlich, daß:

$$(41)\qquad \begin{cases} P\cos\psi-\int p\cos\varphi\,ds-\int q\sin\varphi\,ds=0,\\ P\sin\psi-\int p\sin\varphi\,ds+\int q\cos\varphi\,ds=0.\end{cases}$$

Wir setzen $ds=rd\varphi$ und formen die vorstehenden Bedingungen durch teilweise Integration so um, daß darin statt des Druckes p das Druckgefälle $dp/d\varphi$, welches uns formelmäßig bekannt ist, auftritt. Dies ist leicht zu erreichen auf Grund der Beziehungen:

$$(42)\qquad \begin{cases} \int\limits_0^{2\pi} p\cos\varphi\,d\varphi= \quad [p\sin\varphi]_0^{2\pi}-\int\limits_0^{2\pi}\frac{dp}{d\varphi}\sin\varphi\,d\varphi,\\ \int\limits_0^{2\pi} p\sin\varphi\,d\varphi=-[p\cos\varphi]_0^{2\pi}=\int\limits_0^{2\pi}\frac{dp}{d\varphi}\cos\varphi\,d\varphi.\end{cases}$$

Hier verschwinden die vom Integralzeichen freien Glieder wegen der Periodizität von p und $\overset{\sin}{\underset{\cos}{}}\varphi$. Die Gl. (41) gehen daher über in

$$(43)\qquad \begin{cases} \int\limits_0^{2\pi}\left(\frac{dp}{d\varphi}-q\right)\sin\varphi\,d\varphi=-\frac{P}{r}\cos\psi,\\ \int\limits_0^{2\pi}\left(\frac{dp}{d\varphi}=q\right)\cos\varphi\,d\varphi=+\frac{P}{r}\sin\psi.\end{cases}$$

Wie bereits oben betont, sind $dp/d\varphi$ und q gerade Funktionen von φ; das Produkt ihrer Differenz mit $\sin\varphi$ ist daher eine ungerade Funktion von φ, welche zwischen 0 und 2π oder, was dasselbe ist, zwischen $-\pi$ und $+\pi$ integriert verschwindet. Die erste der Gl. (43) ist also nur dadurch zu befriedigen, daß wir annehmen:

$$\psi=\frac{\pi}{2}.$$

Hierdurch wird, was die Richtung des Zapfendruckes betrifft, das Ergebnis unserer obigen geometrischen Betrachtung bestätigt.

Gleichzeitig liefert die zweite Gleichung (43) den erforderlichen Ausweis über die Größe des Zapfendruckes. Entnehmen wir die Differenz $dp/d\varphi - q$ aus den Gl. (9) und (8) des zweiten Paragraphen, so ergibt sich

$$\frac{dp}{d\varphi} - q = 6\mu r U \frac{h - h_0}{h^3} - \mu U \frac{4h - h_0}{h^2}.$$

Hier können wir unbedenklich das zweite Glied der rechten Seite gegen das erste vernachlässigen, da es sich gegen dieses der Größenordnung nach verhält wie $h : r$. Statt dessen können wir uns auch auf die etwas genaueren Formeln (39) und (40) des dritten Paragraphen berufen. Auf Grund dieser Formeln ergibt sich einfacher

$$\frac{dp}{d\varphi} - q = 6\mu r U \frac{h - h_0}{h^3} - \mu \frac{U}{r},$$

indem sich die Größe q gegen ein Glied des Ausdruckes von $dp/d\varphi$ forthebt. Das zweite Glied auf der rechten Seite der letzten Gleichung könnten wir abermals gegen das erste vernachlässigen; überdies fällt es bei der in (43) vorgesehenen Integration von selbst fort, da es von φ unabhängig ist. Mithin lautet unsere zweite Gleichung (43) mit Rücksicht auf $\psi = \pi/2$ einfach folgendermaßen:

$$6\mu r U \int_0^{2\pi} \frac{h - h_0}{h^3} \cos\varphi \, d\varphi = \frac{P}{r}.$$

Wir berücksichtigen den Ausdruck (8) von h sowie die Definition von a in Gleichungen (12) und schreiben statt der vorigen Gleichung

$$(44) \qquad \int_0^{2\pi} \frac{\cos\varphi \, d\varphi}{(a + \cos\varphi)^2} - \frac{h_0}{e} \int_0^{2\pi} \frac{\cos\varphi \, d\varphi}{(a + \cos\varphi)^3} = \frac{\delta^2 P}{6\mu a^2 r^2 U}.$$

Die hier auftretenden Integrale werden leicht auf die früher berechneten Größen J_1, J_2 und J_3 (s. Gleichungen (13) und (17)) zurückgeführt. Man hat nämlich

$$(45)\quad \int_0^{2\pi} \frac{\cos\varphi\, d\varphi}{(a+\cos\varphi)^2} = \int_0^{2\pi} \frac{d\varphi}{a+\cos\varphi} - a\int_0^{2\pi} \frac{d\varphi}{(a+\cos\varphi)^2} = J_1 - aJ_2$$

und (45')

$$\int_0^{\pi} \frac{\cos\varphi\, d\varphi}{(a+\cos\varphi)^3} = \int_0^{2\pi} \frac{d\varphi}{(a+\cos\varphi)^2} - a\int_0^{2\pi} \frac{d\varphi}{(a+\cos\varphi)^3} = J_2 - aJ_3\,.$$

Daher lautet die linke Seite von (44) mit Rücksicht auf die Gl. (14) und (17)

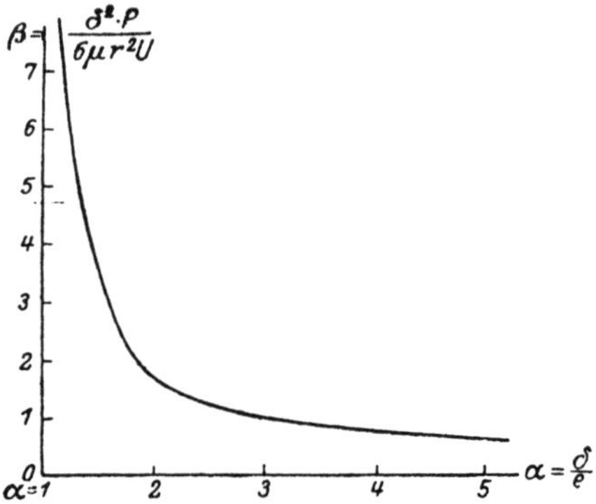

Fig. 9.

$$J_1 - a\,J_2 - \frac{J_2}{J_3}(J_2 - a\,J_3) = J_1 - \frac{J_2^2}{J_3}$$

$$= \frac{2\pi}{\sqrt{a^2-1}}\left(1 - \frac{2a^2}{2a^2+1}\right) = \frac{2\pi}{\sqrt{a^2-1}}\,\frac{1}{2a^2+1}\,,$$

und Gl. (44) geht mit Benutzung einer neuen Abkürzung β über in:

$$(46)\qquad \frac{2\pi}{\sqrt{a^2-1}}\,\frac{a^2}{2a^2+1} = \beta, \quad \beta = \frac{\delta^2 P}{6\mu r^2 U}.$$

Durch diese Beziehung ist die erforderliche Größe des Zapfendruckes bestimmt, wenn wir uns die Lage des Zapfens (d. h.

die Verhältniszahl a) sowie die Umfangsgeschwindigkeit U, die Lagerabmessungen (d. h. die Größen r und d) und die Natur des Schmiermittels (seine Reibungskonstante λ) gegeben denken.

Den Inhalt der Gl. (46) führen wir uns auf graphischem Wege näher, indem wir in Fig. 9 die Größen a und β, welche reine, dimensionslose Zahlen bedeuten, als Koordinaten einer Kurve auftragen. Dabei kommen wegen der geometrischen Bedeutung von a nur die Werte $1 \leqq a \leqq \infty$ für uns in Betracht. Der Verlauf dieser Kurve wird sehr einfach. Wie man aus (46) erkennt, wird $\beta = \infty$ für $a = 1$, $\beta = 0$ für $a + \infty$. Zwischen diesen Grenzen verläuft die Kurve ohne Maxima und Minima, was sich leicht durch Differenzieren nachweisen läßt. Einige besondere Werte von β sind die folgenden

$$a = \sqrt{2} \qquad\qquad a = 2 \qquad\qquad a = 3$$

$$\beta = \frac{4\pi}{5} = 2{,}5 \qquad \beta = \frac{8\pi}{9\sqrt{3}} = 1{,}6 \qquad \beta = \frac{18\pi}{19\sqrt{8}} = 1{,}06$$

$$a = 5$$

$$\beta = \frac{50\pi}{51 \cdot \sqrt{24}} = 0{,}63\,.$$

Der Verlauf der Kurve wird daher der in Fig. 9 angegebene.

Wir können hiernach sagen, indem wir berücksichtigen, daß die Größe β dem Zapfendrucke P direkt, die Größe a der Exzentrizität e umgekehrt proportional ist: Bei festgehaltener Umfangsgeschwindigkeit nimmt die Exzentrizität der Zapfenlage mit wachsendem Zapfendrucke fortgesetzt zu. Berücksichtigen wir andrerseits, daß die Größe β der Umfangsgeschwindigkeit U umgekehrt proportional ist, so können wir hinzufügen: Bei festgehaltenem Zapfendruck nimmt die Exzentrizität der Zapfenlage mit wachsender Zapfengeschwindigkeit fortgesetzt ab; für $U = \infty$ ergibt sich als Grenzlage $a = \infty$ oder $e = 0$, d. h. eine völlig zentrische Lage des Zapfens im Lager.

§ 5.

Bestimmung des Reibungsmomentes. Grenzfälle der Reibung und Definition der Übergangsgeschwindigkeit.

Wir sind jetzt in der Lage, das Moment der hydrodynamischen Reibung formelmäßig zu bestimmen. Wir multiplizieren zu dem Zwecke die pro Längeneinheit des Zapfens gerechnete, auf ein Element $ds = r\,d\varphi$ wirkende Reibungskraft $q\,ds$ mit dem Hebelarme r und integrieren über den Umfang des Zapfens. So ergibt sich nach (7), (8) und (12):

$$(47)\qquad M = r^2\int q\,d\varphi = -\frac{\mu a r^2 U}{\delta}\left\{4\int_0^{2\pi}\frac{d\varphi}{a+\cos\varphi} - \frac{3h_0}{e}\int_0^{2\pi}\frac{d\varphi}{(a+\cos\varphi)^2}\right\}.$$

Auch die hier auftretenden Integrale sind nach Früherem bekannt. Nach (14) und (17) wird nämlich der Wert der Klammer:

$$\{\ \} = 4J_1 - 3\frac{J_2^2}{J_3} = \frac{2\pi}{\sqrt{a^2-1}}\left(4 - \frac{6a^2}{2a^2+1}\right) = \frac{4\pi}{\sqrt{a^2-1}}\,\frac{a^2+2}{2a^2+1}.$$

In Gl. (47) ist das Reibungsmoment positiv im Sinne der Zapfenumdrehung gemessen. Verabreden wir, was naturgemäßer erscheint, dieses Moment positiv im umgekehrten Sinne zu zählen, so haben wir das negative Zeichen in Gl. (47) zu unterdrücken. Aus (47) folgt dann

$$(48)\qquad \frac{4\pi a}{\sqrt{a^2-1}}\,\frac{a^2+2}{2a^2+1} = \frac{\delta M}{\mu r^2 U}.$$

Denken wir uns aus (46) und (48) a eliminiert, so haben wir M als Funktion von U und P dargestellt, womit das eigentliche Ziel unserer Untersuchung erreicht ist. Indessen würde die formelmäßige Elimination von a so unübersichtlich werden, daß wir es vorziehen, zunächst zwei

Grenzfälle hervorzuheben und dann graphisch zu verfahren. Dabei ist es bequem, den Gl. (46) und (48) eine Formel für den sog. Reibungskoeffizienten $f = M/Pr$ an die Seite zu stellen, also diejenige Größe zu bestimmen, die man vom Standpunkte der trockenen Reibung an die Spitze der Untersuchung stellen würde, die aber von unserem Standpunkte der Flüssigkeitsreibung nur eine bequeme Abkürzung ohne eigentliche physikalische Bedeutung ist. Durch Division der Gl. (46) und (48) ergibt sich

$$f = \frac{M}{Pr} = \frac{\delta}{r} \frac{a^2 + 2}{3a}. \tag{49}$$

Erster Grenzfall $a = 1$. Gl. (48) wird in diesem Falle wegen des Faktors $\sqrt{a^2 - 1}$ unbrauchbar. Dagegen liefert Gl. (49) den bestimmten und endlichen Wert

$$f_0 = \frac{\delta}{r}, \quad M_0 = \delta P. \tag{50}$$

Wir bezeichnen den hier bestimmten Wert $f = f_0$ als Reibungskoeffizienten der Ruhe, und zwar aus folgenden Grunde: Fig. 9 zeigt, daß dem Werte $a = 1$ als zugehörige Ordinate der Kurve der Wert $\beta = \infty$ entspricht. Da $\beta = \delta^2 P / 6 \mu r^2 U$ war, so tritt unser Grenzfall $a = 1$ entweder bei unendlich wachsendem P oder bei unendlich abnehmenden U ein. Beachten wir insbesondere die letztere Möglichkeit, so können wir sagen: Unser erster Grenzfall entspricht den Verhältnissen bei hinreichend geringer Zapfengeschwindigkeit. Den Inhalt der Gl. (50) können wir für diesen Fall auch so formulieren:

$$M_0 = f_0 r P. \tag{50'}$$

Es ist offenbar kein Zufall, daß der Wert (50) von M_0 übereinstimmt mit derjenigen mechanischen Arbeit, die zu leisten ist, wenn der Zapfen aus seiner natürlichen Ruhelage, in welcher er mit seinem untersten Punkte auf dem tiefsten Punkte der Lagerschale aufliegen würde, in diejenige Lage gehoben werden soll, in welcher er sich nach den Erörterungen des vorigen Paragraphen im Bewegungsgleichgewichte befindet.

Zweiter Grenzfall $a = \infty$. In diesem Falle wird die linke Seite der Gl. (48) einfach gleich 2π. Für M bzw. f ergibt sich daher aus (48) der folgende Wert:

$$(50'') \qquad M_\infty = \frac{2\pi\mu r^2 U}{\delta}, \quad f_\infty = \frac{2\pi\mu r U}{\delta P}.$$

Fig. 9 zeigt, daß dem Grenzfall $\alpha = \infty$ als zugehöriger Wert von β der Wert $\beta = 0$ entspricht. Es wird aber $\beta = 0$, entweder wenn $P = 0$ wird oder wenn U unendlich groß ist. Heben wir wieder die zweite Möglichkeit besonders hervor, so können wir sagen: Unser zweiter Grenzfall entspricht den Verhältnissen bei hinreichend großer Zapfengeschwindigkeit.

Die Gl. (50′) und (50″) decken sich der Form nach genau mit den beiden Ansätzen (I) und (II), die wir in der Einleitung als Standpunkt der trockenen und der Flüssigkeitsreibung einander gegenübergestellt haben. Indem unsere Theorie diese beiden Ansätze als Grenzfälle aus ein und derselben Anschauungsweise hervorgehen läßt, söhnt sie jene beiden entgegengesetzten Standpunkte miteinander aus.

Zu betonen ist bei dem Vergleich von (50′) und (I), daß der Reibungskoeffizient der Ruhe f_0 in unserer Theorie nicht als Erfahrungskoeffizient erscheint, sondern daß ihm eine bestimmte geometrische Bedeutung beigelegt wird. Er soll nämlich nach (50) gleich dem Verhältnis δ/r sein. Daß die in (II) mit F bezeichnete benetzte Fläche des Zapfenumfanges in Gl. (50″) durch $2\pi r$ ersetzt wird, entspricht unserer bisher durchweg festgehaltenen Annahme, wonach der ganze Zwischenraum zwischen Zapfen und Lager von dem Schmiermittel ausgefüllt sein sollte, sowie dem Umstande, daß wir M sowohl wie P für die Längeneinheit der Zapfenlänge berechnet haben.

Von den Grenzfällen $\alpha = 1$ und $\alpha = \infty$ wollen wir jetzt zu den diesen benachbarten Fällen übergehen, indem wir Reihenentwickelungen ansetzen und diese mit den ersten Gliedern abbrechen.

Die dem ersten Grenzfall benachbarten Fälle. Wir setzen

$$\sqrt{\alpha^2 - 1} = \varepsilon,$$

wobei wir ε als klein ansehen. Aus (46) ergibt sich in erster Näherung

$$\varepsilon = \frac{4\pi\mu r^2 U}{\delta^2 P}.$$

Andrerseits folgt aus (49)

$$(51') \qquad f = \frac{\delta}{r}\left(1 - \frac{\varepsilon^2}{6}\right) = f_0\left(1 - \frac{2}{3}\left(\frac{2\pi\mu r^2 U}{\delta^2 P}\right)^2\right).$$

Hiernach nimmt der Reibungskoeffizient von dem Grenzwerte f_0 mit wachsender Geschwindigkeit zunächst etwas ab. Dasselbe gilt von dem Reibungsmomente.

D i e d e m z w e i t e n G r e n z f a l l b e n a c h b a r t e n F ä l l e. Wir setzen $a = 1/\varepsilon$, wobei wir abermals ε als klein ansehen. Aus (46) ergibt sich dann in erster Näherung

$$\varepsilon = \frac{\delta^2 P}{6\pi\mu r^2 U}$$

und aus (48)

$$(51'') \quad M = \frac{2\pi\mu r^2 U}{\delta}(1 + 2\varepsilon^2) = \frac{2\pi\mu r^2 U}{\delta}\left\{1 + \frac{2}{9}\left(\frac{\delta^2 P}{2\pi\mu r^2 U}\right)^2\right\}.$$

Hiernach fällt das Reibungsmoment für endliche Geschwindigkeiten größer aus, als es sich nach der Grenzformel (50″) berechnen würde. Das Entsprechende gilt für den Reibungskoeffizienten.

D a s M i n i m u m d e s R e i b u n g s k o e f f i z i e n t e n u n d d e s R e i b u n g s m o m e n t e s. Übergangsgeschwindigkeit und Übergangsdruck. Indem wir an Gl. (49) anknüpfen, suchen wir denjenigen Wert von a, für den $d\mu/da = 0$ wird. Wir haben

$$\frac{d}{da}\left(\frac{a^2+2}{a}\right) = 1 - \frac{2}{a^2} = 0 \quad \text{für } a = \sqrt{2}$$

und ferner

$$\frac{d^2}{da^2}\left(\frac{a^2+2}{a}\right) = +\frac{4}{a^3} > 0 .$$

Für $a = \sqrt{2}$ wird also f zum Minimum. Der betr. Minimalwert beträgt:

$$(52) \qquad f_{\min} = \frac{\delta}{r}\,\frac{2\sqrt{2}}{3} = 0{,}943\, f_0 .$$

Dementsprechend wird

$$(52') \qquad M_{\min} = 0{,}943\, P\delta .$$

Der Kleinstwert von f hängt nur von den Lagerabmessungen ab und ist ungefähr um 6% kleiner als der ebenfalls nur von den Lagerabmessungen abhängige Wert f_0; er ist unabhängig von Zapfendruck und Zapfengeschwindigkeit.

Indem wir ferner Gl. (46) hinzunehmen, berechnen wir zu $a = \sqrt{2}$ den zugehörigen Wert des Verhältnisses $\delta^2 P / \mu r^2 U$. Es ergibt sich

$$(53) \qquad \frac{\delta^2 P}{\mu r^2 U} = \frac{12\pi}{\sqrt{a^2-1}} \frac{a^2}{2a^2+1} = \frac{24\pi}{5} = 15{,}1\,.$$

Nehmen wir das eine Mal an, daß außer den Lagerabmessungen und der Reibungskonstanten μ auch der Zapfendruck gegeben ist, so können wir die vorstehende Gleichung zur Berechnung von U benutzen. Nehmen wir andrerseits an, daß außer den Lagerabmessungen und der Reibungskonstanten die Geschwindigkeit gegeben ist, so können wir aus derselben Gleichung den Wert von P berechnen. Wir erhalten so den günstigsten Wert der Geschwindigkeit bzw. den günstigsten Wert des Druckes, nämlich denjenigen Wert, für den Reibungskoeffizient und Reibungsmoment ihren Kleinstwert annehmen. Diese Geschwindigkeit (dieser Druck) soll Übergangsgeschwindigkeit (Übergangsdruck) heißen und mit $U_{\min}$ $(P_{\min})$ bezeichnet werden. Es ergibt sich

$$(54) \qquad U_{\min} = \frac{1}{15{,}1} \frac{\delta^2 P}{\mu r^2}, \qquad (55) \qquad P_{\min} = 15{,}1 \frac{\mu r^2 U}{\delta^2}.$$

Der Betrag der Übergangsgeschwindigkeit wächst hiernach mit wachsendem Zapfendruck P und mit zunehmender Dünnflüssigkeit des Schmiermittels, d. h. mit abnehmendem μ. Da erfahrungsgemäß der Wert von μ durch eine Erhöhung der Temperatur merklich herabgesetzt wird, können wir auch sagen, daß die Übergangsgeschwindigkeit mit wachsender Temperatur ebenfalls wächst. Die umgekehrten Aussagen gelten von dem Übergangsdruck.

Wir wollen nun die bisherigen Resultate durch einige Figuren zusammenfassen. In der ersten derselben nehmen wir U als Abszisse, f als Ordinate und denken uns den Druck P für die einzelne der zu konstruierenden Kurven konstant gehalten.

Wir können so vorgehen, daß wir einen beliebigen Punkt auf der Ordinatenachse zur Darstellung von f_0 und einen beliebigen Punkt auf der Abszissenachse zur Darstellung der einem bestimmten P zugehörigen Übergangsgeschwindigkeit

U_{min} wählen, wodurch nur der Maßstab auf der Ordinaten- und Abszissenachse festgelegt ist. Darauf ziehen wir im Abstande f_0 von der Abszissenachse eine Parallele a zu dieser und im Abstande $f_{min} = 0{,}943\, f_0$ eine Parallele b. Unsere Kurve 1, die den Zusammenhang zwischen f und U bei dem bestimmten Werte P veranschaulicht, muß nun die Parallele b bei der Abszisse U_{min}, die Parallele a (s. Gl. (51')) bei der Abszisse $U = 0$ berühren. Weiter haben wir den asymptotischen Verlauf unserer Kurve für große Werte von U festzustellen. Wir konstruieren zu dem Zwecke die Gerade

$$f = \frac{2\pi\mu r U}{\delta P},$$

der nach Gl. (50'') unsere Kurve asymptotisch zustrebt, wobei sie nach Gl. (51'') oberhalb derselben verläuft. Für $U = U_{min}$ hat diese Gerade nach (54) die Ordinate

$$f = \frac{2\pi}{15{,}1}\frac{\delta}{r} = 0{,}416 f_0 .$$

In dem Abstande $0{,}416 f_0$ ziehen wir daher eine dritte Parallele c zur Abszissenachse. Den Schnittpunkt derselben mit der in U_{min} errichteten Ordinate verbinden wir mit O und erhalten so die gesuchte Asymptote unserer Kurve. Der weitere Verlauf unserer Kurve zwischen ihrem Minimum und demjenigen Teile, wo sie merklich mit der Asymptote zusammenfällt, kann leicht durch Berechnung einiger besonderer Kurvenpunkte festgestellt werden. Z. B. ergibt sich nach Gl. (49), (46) und (54) mit Rücksicht auf die Zahlenwerte von S. 141:

$$\alpha = 2, \quad f = f_0, \quad \beta = 1{,}6, \quad U = \frac{\delta^2 P}{9{,}6\,\mu r^2} = 1{,}58\, U_{min},$$

$$\alpha = 3, \quad f = 1{,}2 f_0, \; \beta = 1{,}06, \quad U = \frac{\delta^2 P}{6{,}36\,\mu r^2} = 2{,}38\, U_{min},$$

$$\alpha = 5, \quad f = 1{,}8 f_0, \; \beta = 0{,}63, \quad U = \frac{\delta^2 P}{3{,}78\,\pi r^2} = 4{,}00\, U_{min}.$$

Wir gehen jetzt von der Kurve 1 zu denjenigen Kurven über, welche dem doppelten, dreifachen usw. Werte von P entsprechen. (In Fig. 10 ist die erstere Kurve eingetragen und mit 2 bezeichnet.) Der Wert der Übergangsgeschwindigkeit ist nach (54) für diese Kurven das Doppelte, Dreifache usw. der früheren Übergangsgeschwindigkeit. Der Wert von $f_{\min}$ aber ist nach (52) derselbe wie früher. Deshalb müssen auch diese Kurven unsere Parallele b berühren, und zwar je

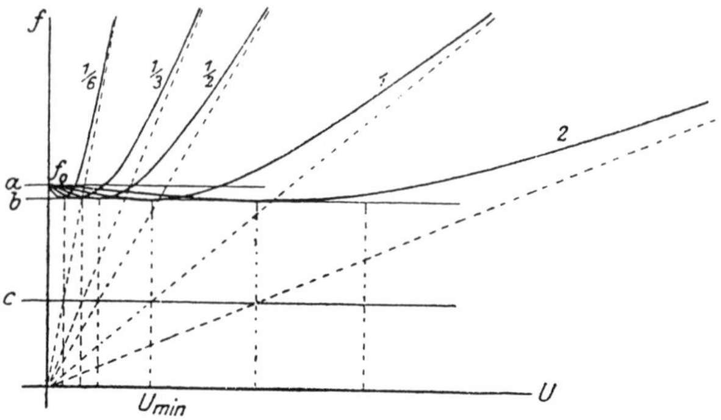

Fig. 10.

in einem Punkte, der der zweifachen, dreifachen usw. Abszisse entspricht. Ferner berühren sie die Parallele a im Punkte $f = f_0$, $U = 0$. Um das asymptotische Verhalten

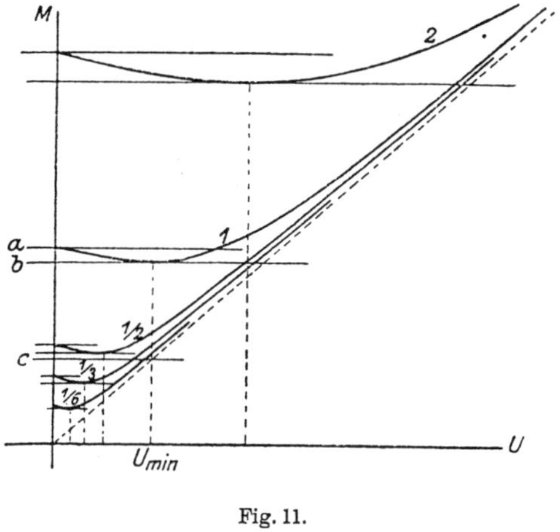

Fig. 11.

der Kurven festzustellen, bringen wir unsere Parallele c zum Schnitt mit der auf der betr. Abszisse $U_{\min}$ errichteten Ordinate. Die Verbindungslinie dieses Schnittpunktes mit O gibt die gewünschte Asymtote.

Ebenso wie zu den Kurven 2, 3 ... gehen wir zu den mit $^1/_2$, $^1/_3$ ... bezeichneten Kurven über, die dem Zapfendrucke $P/2$, $P/3$ ... entsprechen. Auch diese Kurven berühren die Parallelen a und b und ihre Asymtoten lassen sich mittels der Parallelen c konstruieren.

Übrigens können wir alle diese Kurven aus einer derselben durch gleichmäßige Streckung oder Zusammenziehung nach der Abszissenachse gewinnen. Nach (49) ist nämlich f/f_0 eine reine Funktion von α, und nach (46) ist α eine reine Funktion von $\beta = \frac{\delta^2 P}{6 \mu r^2 U}$. Derselbe Wert von f gehört also bei doppeltem P zu der doppelten Abszisse wie bei einfachem P usw.

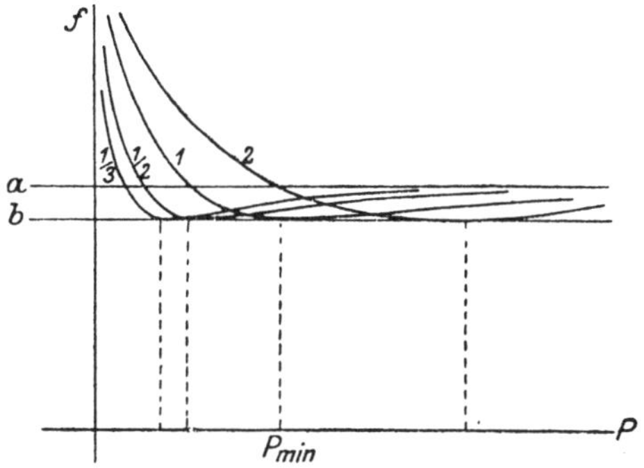

Fig. 12.

In Fig. 11 sind vergleichsweise die entsprechenden Kurven für das Reibungsmoment $M = f r P$ als Ordinate und für U als Abszisse eingetragen. Wählen wir den Maßstab in der neuen Figur so, daß die Kurve 1 sich kongruent von der vorigen Figur auf diese überträgt, so entsteht die Kurve 2 durch Verdoppelung, die Kurve $^1/_2$ durch Halbierung sowohl der Ordinate wie der Abszisse 1 usw. Der asymptotische Verlauf der sämtlichen Kurven für M wird der gleiche.

Endlich wollen wir noch in einer neuen Fig. 12 die Darstellung, dahin abändern, daß wir f als Ordinate, P als Abszisse auftragen und für die einzelne der jetzt zu entwerfenden Kurven U als konstant ansehen. Die sämtlichen Kurven dieser Figur haben die Ordinatenachse, sowie die im Abstande f_0 von der Abszissenachse gezogene Parallele a zu Asymptoten. Nach Fig. 9 und Gleichung (49) ist nämlich

für $P = 0$ oder $\beta = 0$ ... $a = \infty$ mithin $f = \infty$
„ $P = \infty$ „ $\beta = \infty$ ... $a = \infty$ „ $f = f_0$.

Ferner entspricht nach obigem der Kleinstwert $f_{\min}$ dem „Übergangsdrucke" (s. Gleichung (55)

$$P_{\min} = \frac{15{,}1\, f r^2 U}{\delta^2}.$$

Gehen wir von einer bestimmten Kurve 1 zu einer solchen für die doppelte oder halbe Geschwindigkeit U über, so verdoppelt oder halbiert sich der Wert des Übergangsdruckes, wie überhaupt die Kurven 2 ..., $^1/_2$ ... durch Verdoppelung ... oder Halbierung der Abszissen aus unserer Kurve 1 erhalten werden. Der Abstand der beiden Parallen a und b, welche von allen Kurven dieser Figur berührt werden, ist übrigens im Interesse der Deutlichkeit der Zeichnung etwas größer gewählt, als er der Theorie nach sein sollte und als er in Fig. 10 angenommen wurde.

Als Gegenstück zu den Fig. 10 und 12 wollen wir zwei Serien von Beobachtungskurven nach R. Stribeck*) hersetzen. Die erste derselben (Fig. 7a bei Stribeck) gibt durch ihre Abszissen die Umfangsgeschwindigkeit U in m/sec, in ihren Ordinaten den Reibungskoeffizienten f. Die zweite (Fig. 6 bei Stribeck) hat zu Abszissen eine unserem „Zapfendruck pro Längeneinheit" proportionale Größe, nämlich den Zapfendruck pro Flächeneinheit der Projektion des Lagers auf eine zum Zapfendruck senkrechte Ebene (in unserer Bezeichnung $P/2r$), zu Ordinaten wieder den Reibungskoeffizienten f. Die den Kurven beigeschriebenen Zahlen bedeuten in der ersten Figur den Zapfendruck pro Flächeneinheit in kg/cm², in der zweiten die minutliche Umdrehungszahl.

Eine allgemeine Ähnlichkeit in dem Verlauf der theoretischen und der Beobachtungskurven ist nicht zu verkennen, dieselbe betrifft namentlich das Vorhandensein der Übergangsgeschwindigkeit und des Übergangsdruckes, das Anwachsen der Übergangsgeschwindigkeit proportional mit dem Zapfen-

*) Siehe die in der Einleitung zit. Arbeit, insbesondere Fig. 7a und Fig. 6 derselben, denen unsere Fig. 12 und 13 entnommen sind.

drucke und des Übergangsdruckes proportional mit der Zapfengeschwindigkeit, ferner die Unabhängigkeit des Wertes f_{min} vom Drucke bzw. von der Geschwindigkeit, die darin zum Ausdruck kommt, daß sämtliche Kurven in Fig. 13 und 14 ebenso wie in Fig. 10 und 12 eine und dieselbe Gerade (in den letzteren mit b bezeichnet) tangieren. An der Verschiedenheit des Maßstabes in den entsprechenden Figuren darf man sich natürlich nicht stoßen, ebensowenig an der verschiedenen Messung des Zapfendruckes oder der

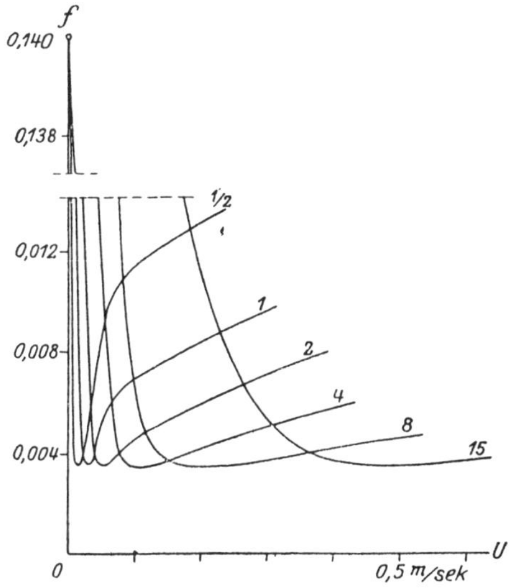

Fig. 13.

Umlaufsgeschwindigkeit, woraus insbesondere folgt, daß die mit gleichen Marken versehenen Kurven in Fig. 10 und 13 oder Fig. 12 und 14 doch nicht direkt miteinander vergleichbar sind.

Andrerseits aber dürfen wir nicht verkennen, daß zwischen den theoretischen und den beobachteten Kurven auch durchgreifende Verschiedenheiten vorhanden sind. Während sich die Kurven der Fig. 10 asymptotisch einer durch den Anfangspunkt gehenden Geraden anpassen sollen, tun die Kurven der Fig. 13 dieses nur für eine kurze Strecke dicht hinter dem Minimum, um dann umzubiegen und viel weniger steil anzusteigen. Während ferner die Anfangsordinate f_0 in Fig. 10 nur wenig (um 6 %) größer ist als der Kleinstwert $f_{\min}$, ist in Fig. 13 die Anfangsordinate 25 mal größer als der letztgenannte Wert. Damit hängt es zusammen, daß in unserer Fig. 12 die Kurven nach Überschreiten des Minimums nurmehr wenig ansteigen, während die Kurven in Fig. 14 hinter dem Minimum noch so beträchtliche Steigungen aufweisen, daß der schließliche asymptotische Verlauf für $P = \infty$ in der Figur überhaupt nicht mehr dargestellt werden konnte.

Trotz der zuletzt hervorgehobenen bedeutenden quantitativen Verschiedenheit von f_0 — nach den Beobachtungen von Stribeck ist $f_0 = 0{,}14$, nach unserer Theorie gleich

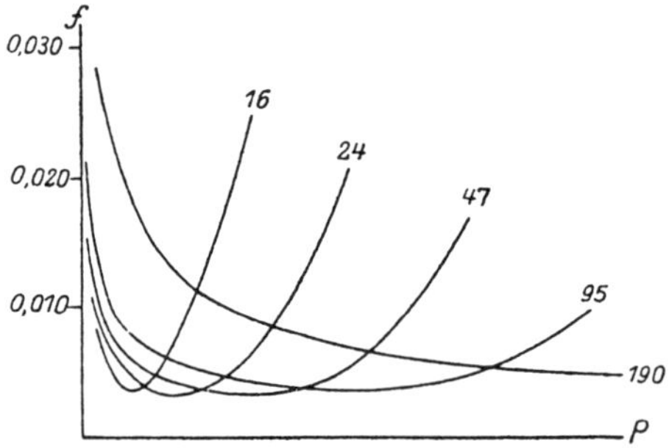

Fig. 14.

δ/r, was bei normaler Ausführung des Lagers weniger als 0,001 betragen dürfte — besteht dennoch eine gewisse qualitative Übereinstimmung auch hinsichtlich dieses Wertes. Unsere theoretischen Kurven in Fig. 10 sowie die von Stribeck in Fig. 13 gehen alle von demselben Punkte der Ordinatenachse aus oder, anders ausgedrückt, die Anfangsordinate f_0 ist von der Größe des Zapfendruckes unabhängig. Unser theoretischer Wert von f_0 ist ferner allein durch die Lagerabmessungen gegeben, also von der Natur des Schmiermittels unabhängig. Damit stimmt es überein, daß sich nach den Beobachtungen von Stribeck f_0 von der Temperatur des Lagers — fast — unabhängig erwies.

Im ganzen erkennen wir, daß unsere Theorie in vielen Zügen ein zutreffendes Bild der Wirklichkeit zu liefern vermag, daß sie aber namentlich bei großen und bei ganz kleinen Geschwindigkeiten in wichtigen Stücken einstweilen versagt.

§ 6.

Ermittelung der Druckverteilung rings um den Zapfen.

Wir haben es bisher so eingerichtet (man vgl. z. B. den Übergang von Gleichung (41) zu (43)), daß wir mit dem Druckgefälle $dp/d\varphi$ auskamen und der Kenntnis des Druckes p selbst entraten konnten. Zur Ergänzung möge jetzt die Größe p selbst als Funktion von φ bestimmt werden. Allerdings gelingt dies nur bis auf eine Integrationskonstante, die wir im Anschluß an § 4 S. 133 mit p_0 bezeichnen werden

$$p_0 = p(0) = p(\pi).$$

Gleichzeitig werden wir hierbei Gelegenheit haben, auf den bedenklichsten Punkt in unserer Theorie und den wahrscheinlichen Grund ihrer teilweisen Nichtübereinstimmung mit der Erfahrung hinzuweisen.

Um p als Funktion von φ zu berechnen, integrieren wir die Gleichung (9) von $\varphi = 0$ bis φ. Mit Rücksicht auf (8) und (12) erhalten wir:

$$(56)\quad p(\varphi) - p_0 = \frac{6\mu r a^2 U}{\delta^2}\left\{\int_0^{\varphi}\frac{d\varphi}{(a+\cos\varphi)^2} - \frac{h_0}{e}\int_0^{\varphi}\frac{d\varphi}{(a+\cos\varphi)^3}\right\}.$$

Die hier vorkommenden Integrale mögen mit $J_2(\varphi)$ und $J_3(\varphi)$ bezeichnet werden. Sie können aus dem in (16) berechneten Integral, welches $J_1(\varphi)$ heißen möge, durch Differentiation nach a abgeleitet werden, indem

$$J_2(\varphi) = -\frac{\partial}{\partial a} J_1(\varphi), \quad J_3(\varphi) = -\frac{1}{2}\frac{\partial}{\partial a} J_2(\varphi).$$

Nach möglichster Zusammenziehung der zunächst etwas umständlichen Rechnung findet man:

$$(56')\quad \left\{\begin{aligned} J_2(\varphi) &= \frac{2a}{(a^2-1)^{3/2}} \operatorname{arc\,tg}(\ ) - \frac{1}{a^2-1}\frac{\sin\varphi}{a+\cos\varphi}, \\ J_3(\varphi) &= \frac{2a^2+1}{(a^2-1)^{5/2}} \operatorname{arc\,tg}(\ ) - \frac{3}{2}\frac{a}{(a^2-1)^2}\frac{\sin\varphi}{a+\cos\varphi} \\ &\qquad - \frac{1}{2}\frac{1}{a^2-1}\frac{\sin\varphi}{(a+\cos\varphi)^2}, \end{aligned}\right.$$

wobei das in Gleichung (16) angegebene Argument des arc tg unterdrückt wurde. Hiernach wird die { } in Gleichung (56) mit Rücksicht auf (14) und (18):

$$(56'')\quad J_2(\varphi) - \frac{J_2}{J_3} J_3(\varphi) = \frac{1}{2a^2+1} \frac{\sin\varphi}{a+\cos\varphi}\left(1 + \frac{a}{a+\cos\varphi}\right).$$

Wie man sieht, haben sich die Glieder mit arc tg gegenseitig fortgehoben, was deshalb zu erwarten war, weil der arc tg eine nicht in sich zurücklaufende Funktion darstellt, während doch der Druck p nach einem vollen Umlauf um den Zapfen auf seinen ursprünglichen Wert zurückkommen muß. Die Bestimmung der Größe h_0/e in § 2 kam gerade, wie wir jetzt sagen können, darauf hinaus, die mit arc tg behafteten, nichtperiodischen Glieder in dem Ausdruck von p für sich zum Verschwinden zu bringen. Aus Gleichung (56) und (56′) folgt nun als allgemeines Gesetz der Druckverteilung:

$$p(\varphi) = p_0 + \frac{6\mu r U}{\delta^2} \frac{a^2}{2a^2+1} \frac{\sin\varphi}{a+\cos\varphi}\left(1 + \frac{a}{a+\cos\varphi}\right)$$

oder, wenn wir U nach Gleichung (46) durch P und a ausdrücken:

$$(57)\quad p(\varphi) = p_0 + \frac{P}{2\pi r}\sqrt{a^2-1}\, \frac{\sin\varphi}{a+\cos\varphi}\left(1 + \frac{a}{a+\cos\varphi}\right).$$

Indem wir uns P festgegeben denken, wollen wir diese Gleichung für verschiedene Werte von a oder, was auf dasselbe herauskommt, für verschiedene Größen der Zapfengeschwindigkeit U geometrisch deuten. Dabei werden wir abermals zwei Grenzfälle voranstellen.

Erster Grenzfall $a = 1$, entsprechend $U = 0$. Nach (57) wird wegen des Faktors $\sqrt{a^2-1}$ im allgemeinen

$$58')\quad p(\varphi) = p_0\,.$$

Eine Ausnahme macht indessen die Stelle $\varphi = \pm\pi$, für welche $\cos\varphi = -1$, also $a + \cos\varphi = 0$ wird. Für diesen besonderen Wert von φ wird der Ausdruck (57) zunächst unbestimmt.

Zweiter Grenzfall $a = \infty$, entsprechend $U = \infty$. Gleichung (57) ergibt jetzt einfach

$$(58'')\quad p(\varphi) = p_0 + \frac{P}{\pi r}\sin\varphi\,.$$

Im ersten Grenzfalle wird also der Normaldruck längs des Zapfenumfanges im allgemeinen konstant. Im zweiten Grenzfall kommt zu dem konstanten Teile des Normaldruckes ein variabler Teil hinzu, den wir ebenso wie in § 4 S. 133 mit p_1 bezeichnen können

$$p_1(\varphi) = p(\varphi) - p_0.$$

Dabei verteilt sich im zweiten Grenzfalle p_1 in der Weise über den Zapfenumfang, daß p_1 für gleiche Teile der Horizontalprojektion des Zapfenumfanges oder, allgemeiner gesagt, für gleiche Teile der Projektion des Zapfenumfanges auf eine zur Richtung des Zapfendruckes senkrechte Ebene konstant ausfällt. Ist nämlich ds ein Element des Zapfenumfanges, so wird die genannte Projektion dieses Elementes $ds \sin \varphi$. Nach (58″) wird nun

$$\frac{p_1}{\sin \varphi} = \text{const} = \frac{P}{\pi r}.$$

Man kann bei diesen beiden Verteilungsgesetzen für unsern ersten und zweiten Grenzfall an die beiden gegensätzlichen Annahmen über die Druckverteilung im Lager denken, die in der Praxis für frische und eingelaufene Zapfen gebräuchlich sind — Annahme von Weisbach und Annahme von Reye — (vgl. die Einleitung S. 109).

Um die noch vorhandene Unbestimmtheit im ersten Grenzfalle zu heben und um die Zwischenfälle für $1 < a < \infty$ oder $0 < U < \infty$ besser übersehen zu können, wollen wir insbesondere das Maximum des Druckes für jeden Wert von a bestimmen. Dieses tritt, wie früher bemerkt, an derjenigen Stelle ein, für welche die Schmierschichtdicke $h = h_0$ wird und entspricht demjenigen Winkel $\varphi = \varphi_0$, für welchen nach Gleichung (18′) und (19) gilt:

$$a + \cos \varphi_0 = \frac{2a(a^2-1)}{2a^2+1}, \quad \cos \varphi_0 = \frac{-3a}{2a^2+1},$$

$$\sin \varphi_0 = \frac{\sqrt{4a^4 - 5a^2 + 1}}{2a^2+1} = \frac{\sqrt{a^2-1}\sqrt{4a^2-1}}{2a^2+1}.$$

Setzen wir nun in (57) $\varphi = \varphi_0$, so ergibt sich nach möglichster Zusammenziehung:

$$p_{\max} = p_0 + \frac{P}{\pi r a} \frac{(a^2 - 1/4)^{3/2}}{a^2 - 1}. \tag{59'}$$

Gleichzeitig bestimmen wir das Minimum des Druckes, indem wir $\varphi = -\varphi_0$ setzen oder das Vorzeichen der Quadratwurzel in sin φ_0 negativ wählen. Es ergibt sich

$$p_{\min} = p_0 - \frac{P}{\pi r a} \frac{(a^2 - 1/4)^{3/2}}{a^2 - 1}. \tag{59''}$$

Die vorstehenden Formeln ergeben nun im ersten Grenzfalle als extreme Drucke die Werte $p_0 = \pm\infty$. Dabei ist in diesem Falle $\cos\varphi_0 = -1$, $\varphi_0 = \pm\pi$. Während also nach (58′) der

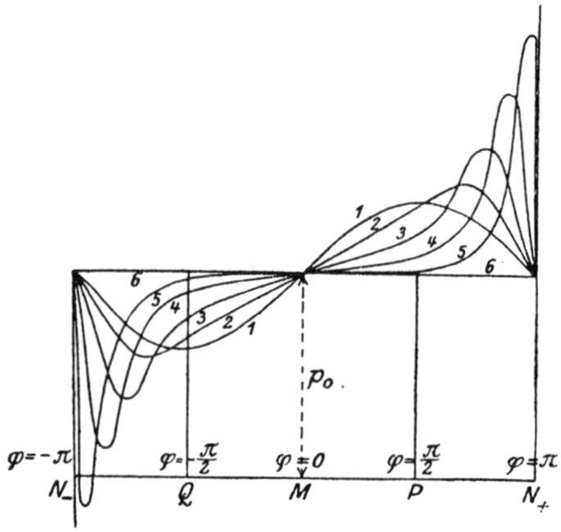

Fig. 15.

Druck bei abnehmender Geschwindigkeit im allgemeinen konstant wird, besitzt er an der Unbestimmtheitsstelle $\varphi = \pm\pi$ eine Unstetigkeit und wird in benachbarten Punkten $\pm\infty$.

Man schließt aus den Formeln (59) leicht, daß das Maximum des Druckes gleichmäßig abnimmt, das Minimum gleichmäßig zunimmt, wenn man a stetig von 1 bis ∞ oder die Geschwindigkeit stetig von 0 bis ∞ zunehmen läßt. Ferner zeigt z. B. Gleichung (19), daß die Stelle maximalen und minimalen Druckes stetig von $\varphi_0 = \pm\pi$ nach $\varphi_0 = \pm\pi/2$ wandert, wenn a von 1 bis ∞ geht.

Daraufhin läßt sich die Druckverteilung für alle Fälle übersichtlich durch die folgende Fig. 15 darstellen. Als Abszissenachse wählen wir den in eine Gerade abgewickelten Zapfenumfang, als Ordinate tragen wir p auf. Die Mitte der Abszissenachse entspreche der Stelle M größter Schmierschichtdicke ($\varphi = 0$), die Endpunkte N_+ und N_- derselben gehören beide zu der Stelle N kleinster Schmierschichtdicke ($\varphi = \pm \pi$). Mit P und Q ist der tiefste oder höchste Punkt des Zapfenumfanges bezeichnet, so daß also insbesondere P die Stelle bedeutet, in welcher die Linie des Zapfendruckes den Zapfenumfang schneidet.

Die einzelnen Druckverteilungsgesetze sind in der Reihenfolge abnehmender Geschwindigkeit mit 1, 2, 3, ... 6 bezeichnet, so daß die Kurve 1 unserem zweiten Grenzfalle, die Gerade 6 mit einer bei N_+ und N_- aufgesetzten positiven oder negativen unendlich schmalen und unendlich hohen Zacke unserem ersten Grenzfall entspricht.

Man erkennt aus der Figur, wie sich der variable Teil des Druckes bei abnehmender Geschwindigkeit (zunehmender Exzentrizität der Zapfenlage) immer mehr um die kritische Stelle N herum konzentriert. Daß in der Grenze für $\alpha = 1$, wo sich der Zapfen hart an das Lager legt und den Durchfluß des Schmiermittels bei N überhaupt absperrt, an dieser Stelle eine Singularität auftreten muß, ist von vornherein verständlich. Der konstante Teil p_0 des Druckes ist, da er in unserer Theorie unbestimmt bleibt, für die verschiedenen Kurven der Einfachheit wegen als gleich groß angenommen, worin eine Willkür liegt.

Will man von der in der Figur zugrunde gelegten Größe des Zapfendruckes P zu einem größeren oder kleineren Werte von P übergehen, so hat man nur nötig, die Ordinaten sämtlicher Kurven proportional zu strecken oder zu verkürzen.

Sehr bedenklich muß für die Stichhaltigkeit unserer Theorie das Auftreten negativen Druckes erscheinen. Eine Flüssigkeit kann keinen nennenswerten negativen Druck (d. h. Zug) ertragen; sie würde unter dessen Einfluß zerreißen. Wenn wir nun auch annehmen wollen, daß der mittlere Druck p_0, der bei uns unbestimmt blieb, für jeden bestimmten Querschnitt des Lagers einen gewissen positiven Wert besitzt (wobei derselbe übrigens von Querschnitt zu Querschnitt veränderlich sein wird), so gibt es nach Fig. 15 jedenfalls eine untere Grenze für die Geschwindigkeit, nach deren Unterschreitung der variable Bestandteil p_1 des Druckes in der Nähe der Stelle N den positiven Druck p_0 im negativen Sinne überwiegen würde. Unsere Theorie reicht dann nur bis an diese untere Geschwindigkeitsgrenze heran, nicht bis über dieselbe hinaus. Zerreißt nämlich die Ölschicht an der Stelle beginnenden negativen Druckes, so werden die Voraussetzungen hinfällig, aus denen wir die Gleichgewichtslage des Zapfens, die Größe des Reibungsmomentes usw. früher bestimmten. Man wird von hier aus vermuten, daß die Abweichungen zwischen Beobachtung und Theorie, die sich unter anderem in einem starken Anwachsen des Reibungskoeffizienten bei abnehmender Geschwindigkeit zeigten, ihren Grund darin haben mögen, daß die Theorie stillschweigend die Möglichkeit eines negativen Druckes voraussetzte, der vom physikalischen Standpunkte aus ein Unding ist[14]).

Um die Größe des Mittelwertes p_0 und im Zusammenhange damit die Gültigkeitsgrenzen unserer Theorie rechnerisch beurteilen zu können, müßte man die Betrachtung nicht auf den einzelnen Querschnitt beschränken, sondern müßte den Druck auch nach der Längsrichtung des Lagers als veränderlich voraussetzen, also neben $\partial p/\partial \varphi$ das Längsgefälle des Druckes $\partial p/\partial l$ in die Rechnung einführen. Daß man nur auf diesem Wege der Wirklichkeit genau entsprechen kann, zeigen Beobachtungen von Beauchamp Tower, die z. B. in Bachs Maschinenelementen*) wiedergegeben sind und die eine Veränderlichkeit des Druckes in der Längsrichtung des Lagers aufweisen. Indessen ist es mir einstweilen nicht gelungen, bei einer derartig strengeren Fassung des Problems zu greifbaren Resultaten zu kommen.

§ 7.

Halbumschließende Lagerschale.

Wir gehen anhangsweise auf das schon von Osborne Reynolds behandelte Problem ein (vgl. S. 114), bei dem der Zapfen nur zur Hälfte von der Lagerschale umgeben gedacht wird und die Schmierschicht dementsprechend nur auf den halben Zapfenumfang Druckwirkungen übertragen kann. Wir werden für diesen Fall die Rechnungen gegenüber der Reynoldsschen Darstellung wesentlich vereinfachen, ob-

*) 4. Abschnitt, Fig. 305, S. 405 der 8. Aufl., Stuttgart 1901.

schon sich eine ähnliche Einfachheit wie im Falle des allseitig umschließenden Lagers nicht erreichen läßt.

Es macht keinen wesentlichen Unterschied, ob wir uns den Zapfen von der Lagerschale, wie bei der liegenden Dampfmaschine, oder die Lagerschale vom Zapfen eines Radsatzes getragen denken, wie im Eisenbahnbetriebe. In der Zeichnung (Fig. 16) schließen wir uns an die erstere Vorstellung an. Auf der Verbindungslinie der Mittelpunkte O und O' von Zapfen und Lagerschale liegt wieder die Stelle kleinster Entfernung N zwischen Zapfen und Lager; von einer Stelle M größter Entfernung kann wegen der nur halbseitigen Ausbildung des Lagers nicht eigentlich die Rede sein. Nichtsdestoweniger können wir uns den zu N dia-

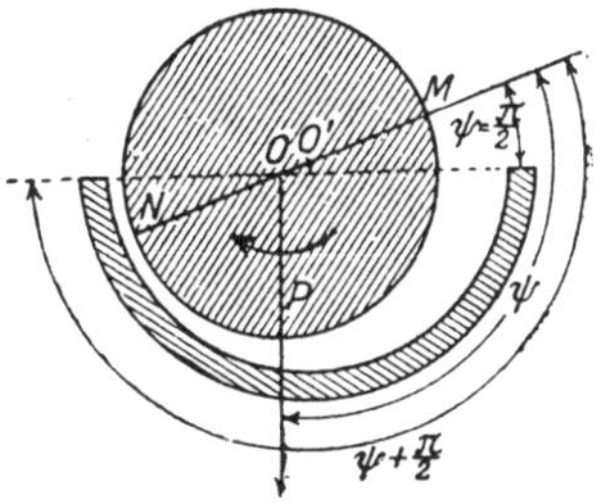

Fig. 16.

metralen Punkt M auf dem Zapfenumfange markieren und den Winkel φ um den Zapfenmittelpunkt herum von dem Strahle OM aus zählen. Die Richtung des Zapfendruckes möge alsdann durch den Winkel $\varphi = \psi$ bestimmt sein; geht derselbe durch die Mitte der Lagerschale hindurch, so entsprechen den Enden der Lagerschale die Winkel $\varphi = \psi \pm \pi/2$.

Man erkennt unmittelbar, daß die Rechnungen des § 2 und 3 auch auf den vorliegenden Fall sich unmittelbar übertragen, daß insbesondere die Formeln (7), (8), (9) ungeändert bestehen bleiben. Dagegen wird die frühere Bestimmung der Konstanten h_0, die auf der Annahme einer in sich zurücklaufenden Schmierschicht beruhte, jetzt ungültig. Statt der Periodizität von p haben wir nämlich jetzt die Bedingung zu stellen, daß der hydrodynamische Druck im Schmiermittel an den Enden der Lagerschale gleich dem Atmosphärendruck werde. Wir verlangen also, indem wir unter p den Überdruck über eine Atmosphäre verstehen:

$$p = 0 \text{ für } \varphi = \psi \pm \frac{\pi}{2}.$$

Aus Gleichung (9) ergibt sich dann:

$$\int\limits_{\psi-\pi/2}^{\psi+\pi/2} \frac{dp}{d\varphi}\, d\varphi = 0 = 6\,\mu\, r\, U \int\limits_{\psi-\pi/2}^{\psi+\pi/2} \frac{h - h_0}{h^3}\, d\varphi,$$

also wegen der Bedeutung von h in (8) bei gleicher Bedeutung von δ, e, a wie früher

$$\int\limits_{\psi-\pi/2}^{\psi+\pi/2} \frac{d\varphi}{(a+\cos\varphi)^2} - \frac{h_0}{e} \int\limits_{\psi-\pi/2}^{\psi+\pi/2} \frac{d\varphi}{(a+\cos\varphi)^3} = 0.$$

Führen wir die drei Abkürzungen J_1, J_2, J_3 in der folgenden, gegen früher etwas abweichenden Bedeutung ein

$$\text{(61)} \qquad \left\{ \begin{aligned} J_1 &= \int\limits_{\psi-\pi/2}^{\psi+\pi/2} \frac{d\varphi}{a+\cos\varphi}, \quad J_2 = \int\limits_{\psi-\pi/2}^{\psi+\pi/2} \frac{d\varphi}{(a+\cos\varphi)^2}, \\ J_3 &= \int\limits_{\psi-\pi/2}^{\psi+\pi/2} \frac{d\varphi}{(a+\cos\varphi)^3}, \end{aligned} \right.$$

so wird auch jetzt $h_0/e = J_2/J_3$ (s. Gleichung (14)). Dabei sind die Integrale J_1, J_2, J_3 jetzt nicht mehr bloße Funktionen von a, sondern Funktionen von a und ψ.

Von den Überlegungen des § 4 läßt sich das geometrische Verfahren vom Anfange des Paragraphen auf den jetzigen Fall nicht übertragen, weil durch die halbseitige Ausbildung der Lagerschale die Symmetrie der Druckverteilung gestört ist. Dagegen lautet der analytische Ansatz der Gleichgewichtsbedingungen zwischen P und p ebenso wie in den Gleichungen (41), (42), (43), wobei nur die Integration nicht mehr über den ganzen, sondern über den halben Zapfenumfang zu erstrecken ist. Man bemerke insbesondere, daß bei der Umformung durch teilweise Integration die Glieder $\left[p \begin{matrix}\sin\varphi \\ \cos\varphi\end{matrix}\right]$ in (42) auch jetzt infolge der Bedingung (60) verschwinden.

Unsere zu (43) analogen Gleichgewichtsbedingungen lauten daher

$$(62)\qquad \left\{\begin{aligned} &\int\limits_{\psi-\pi/2}^{\psi+\pi/2}\left(\frac{dp}{d\varphi}-q\right)\sin\varphi\,d\varphi=-\frac{P}{r}\cos\psi\,,\\ &\int\limits_{\psi-\pi/2}^{\psi+\pi/2}\left(\frac{dp}{d\varphi}-q\right)\cos\varphi\,d\varphi=+\frac{P}{r}\sin\psi\,. \end{aligned}\right.$$

Wenn wir die bei der Integration fortfallenden oder zu vernachlässigenden Glieder (vgl. S. 140) unterdrücken, erhalten wir hieraus ähnlich wie früher (Gleichung (44)):

$$(63)\qquad \left\{\begin{aligned} &\int\frac{\sin\varphi}{(a+\cos\varphi)^2}\,d\varphi-\frac{h_0}{e}\int\frac{\sin\varphi}{(a+\cos\varphi)^3}\,d\varphi\\ &\qquad\qquad=-\frac{\delta^2 P}{6\,\mu\,a^2 r^2\,U}\cos\psi\,,\\ &\int\frac{\cos\varphi}{(a+\cos\varphi)^2}\,d\varphi-\frac{h_0}{e}\int\frac{\cos\varphi}{(a+\cos\varphi)^3}\,d\varphi\\ &\qquad\qquad=+\frac{\delta^2 P}{6\,\mu\,a^2 r^2 U}\sin\psi\,. \end{aligned}\right.$$

Die nicht hingeschriebenen Integrationsgrenzen lauten dauernd $\psi\pm\pi/2$. Die Integrale in der ersten Zeile verschwinden nicht mehr wie früher, lassen sich aber leicht auswerten. Bezeichnen wir sie mit i_2 und i_3, so wird

$$(64)\qquad \left\{\begin{aligned} i_2&=\int\limits_{\psi-\pi/2}^{\psi+\pi/2}\frac{\sin\varphi}{(a+\cos\varphi)^2}\,d\varphi=\frac{2\sin\psi}{a^2-\sin^2\psi}\,,\\ i_3&=\int\limits_{\psi-\pi/2}^{\psi+\pi/2}\frac{\sin\varphi}{(a+\cos\varphi)^3}\,d\varphi=\frac{2\,a\sin\psi}{(a^2-\sin^2\psi)^2}\,. \end{aligned}\right.$$

Ferner lassen sich die Integrale in der zweiten Zeile von (63) auf die in (61) definierten Größen J_1, J_2, J_3 zurückführen und sind (s. die analogen Gleichungen (45), (45')) gleich $J_1-a\,J_2$ bzw. $J_2-a\,J_3$. Die Gleichungen (63) lassen sich daher einfacher so schreiben:

$$
(65)\quad \left\{\begin{aligned}
i_2 - \frac{J_2 i_3}{J_3} &= - \frac{\delta^2 P}{6\mu a^2 r^2 U}\cos\psi,\\
J_1 - \frac{J_2^2}{J_3} &= + \frac{\delta^2 P}{6\mu a^2 r^2 U}\sin\psi.
\end{aligned}\right.
$$

Während wir früher eine Gleichung (46) zur Bestimmung der einen Unbekannten a, nämlich der Größe der Exzentrizität der Zapfenlage fanden, haben wir hier zwei Gleichungen gefunden zur Bestimmung der zwei Unbekannten a und ψ, welche die Größe und die Richtung der exzentrischen Verschiebung des Zapfenmittelpunktes bestimmen. Als Folge der beiden Gleichungen (65) ergibt sich noch die von P, U usw. freie Beziehung zwischen a und ψ;

$$
(66)\qquad (J_1 J_3 - J_2^2)\cos\psi = -(i_2 J_3 - i_3 J_2)\sin\psi.
$$

Trotz der verhältnismäßig bequemen Form dieser Gleichung ist an eine formelmäßige Auflösung derselben nicht zu denken. Wir werden daher so vorgehen, daß wir zwei Grenzfälle voranstellen und uns im übrigen durch numerische Rechnung ein Bild der Abhängigkeit zwischen a und ψ in Form einer Tabelle verschaffen.

Dabei ist die Einführung eines Hilfswinkels χ sehr bequem, auf welchen wir folgendermaßen geführt werden. Nach Gleichung (16) läßt sich das in (61) definierte Integral J_1 folgendermaßen auswerten:

$$
(67)\quad \left\{\begin{aligned}
J_1 = \frac{2}{\sqrt{a^2-1}}\Bigg\{ &\operatorname{arc\,tg}\left(\sqrt{\frac{a-1}{a+1}}\,\operatorname{tg}\left(\frac{\psi}{2}+\frac{\pi}{4}\right)\right)\\
&- \operatorname{arc\,tg}\left(\sqrt{\frac{a-1}{a+1}}\,\operatorname{tg}\left(\frac{\psi}{2}-\frac{\pi}{4}\right)\right)\Bigg\}.
\end{aligned}\right.
$$

Schreiben wir für die beiden arc tg-Funktionen vorübergehend γ_1 und γ_2, so wird

$$
\operatorname{tg}\gamma_1 = \sqrt{\frac{a-1}{a+1}}\,\operatorname{tg}\left(\frac{\psi}{2}+\frac{\pi}{4}\right),
$$

$$
\operatorname{tg}\gamma_2 = -\sqrt{\frac{a-1}{a+1}}\,\operatorname{ctg}\left(\frac{\psi}{2}+\frac{\pi}{4}\right)
$$

und

$$\operatorname{tg}(\gamma_1-\gamma_2)=\sqrt{\frac{a-1}{a+1}}\,\frac{\operatorname{tg}\left(\frac{\psi}{2}+\frac{\pi}{4}\right)+\operatorname{ctg}\left(\frac{\psi}{2}+\frac{\pi}{4}\right)}{1-\frac{a-1}{a+1}}$$

$$=\sqrt{a^2-1}\,\frac{\sin^2\left(\frac{\psi}{2}+\frac{\pi}{4}\right)+\cos^2\left(\frac{\psi}{2}+\frac{\pi}{4}\right)}{2\sin\left(\frac{\psi}{2}+\frac{\pi}{4}\right)\cos\left(\frac{\psi}{2}+\frac{\pi}{4}\right)}$$

$$=\frac{\sqrt{a^2-1}}{\sin\left(\psi+\frac{\pi}{2}\right)}=\frac{\sqrt{a^2-1}}{\cos\psi}.$$

Wir wählen nun unseren Hilfswinkel χ gleich $\gamma_1-\gamma_2$, setzen also:

$$\operatorname{tg}\chi=\frac{\sqrt{a^2-1}}{\cos\psi}. \tag{68}$$

Nach der vorstehenden Umrechnung ist dann

$$J_1=\frac{2\chi}{\sqrt{a^2-1}}. \tag{69}$$

Wir drücken sodann J_2 und J_3 durch χ und a aus. Wir können dabei die Gleichung (56') benutzen, wenn wir in derselben φ durch $\psi\pm\pi/2$ ersetzen und die Differenz der so entstehenden Werte bilden. Drücken wir die Differenz der dabei auftretenden arc tg-Funktionen der kürzeren Schreibweise wegen nach (67) durch J_1 aus, so haben wir

$$J_2=\frac{a}{a^2-1}J_1-\frac{2a}{a^2-1}\,\frac{\cos\psi}{a^2-\sin^2\psi},$$

$$J_3=\frac{2a^2+1}{2(a^2-1)^2}J_1-\frac{3a^2}{(a^2-1)^2}\,\frac{\cos\psi}{a^2-\sin^2\psi}$$
$$-\frac{1}{a^2-1}\,\frac{\cos\psi}{a^2-\sin^2\psi}\cdot\frac{a^2+\sin^2\psi}{a^2-\sin^2\psi}.$$

Hier tragen wir den Wert von J_1 aus (69) ein und berechnen nach (68)

$$(70)\quad \begin{cases} \cos\psi = \sqrt{a^2-1}\,\dfrac{\cos\chi}{\sin\chi}\,,\ a^2-\sin^2\psi = \dfrac{a^2-1}{\sin^2\chi}\,, \\ \dfrac{a^2+\sin^2\psi}{a^2-\sin^2\psi} = \dfrac{2a^2}{a^2-1}\sin^2\chi - 1\,; \end{cases}$$

es ergibt sich dann:

$$(71)\quad \begin{cases} J_2 = \dfrac{2a}{(a^2-1)^{3/2}}(\chi - \sin\chi\cos\chi)\,, \\ J_3 = \dfrac{2a^2+1}{(a^2-1)^{5/2}}(\chi-\sin\chi\cos\chi) - \dfrac{2a^2}{(a^2-1)^{5/2}}\sin^3\chi\cos\chi\,; \end{cases}$$

ferner nach (64) und (70)

$$(72)\quad \begin{cases} \sin\psi\, i_2 = \dfrac{2(1-a^2\cos^2\chi)}{a^2-1}\,, \\ \sin\psi\, i_3 = \dfrac{2a(1-a^2\cos^2\chi)\sin^2\chi}{(a^2-1)^2}\,. \end{cases}$$

Die beiden Grenzfälle, die wir betrachten wollen, sind wieder $a = 1$ und $a = \infty$, d. h. möglichst exzentrische und völlig zentrische Lage des Zapfens im Lager, wobei wir mit dem zweiten Fall beginnen werden.

Der Grenzfall $a = \infty$ und benachbarte Fälle. Wir zeigen zunächst, daß mit $a = \infty$ der Wert unseres Hilfswinkels χ gleich $\pi/2$ wird. Rechnen wir nämlich J_1 nach der Definitionsgleichung (61) für große Werte von a direkt aus, so ergibt sich

$$J_1 = \frac{1}{a}\int\limits_{\psi-\pi/2}^{\psi+\pi/2}\left(1 - \frac{\cos\varphi}{a} + \ldots\right)d\varphi = \frac{\pi}{a} + \ldots;$$

nach (69) ist aber:

$$\chi = \frac{\sqrt{a^2-1}\cdot J_1}{2} = \frac{\pi}{2}\,\frac{\sqrt{a^2-1}}{a} + \ldots = \frac{\pi}{2} \text{ für } a = \infty\,.$$

Dementsprechend setzen wir für große Werte von a

$$\chi = \frac{\pi}{2} + \varepsilon$$

und entwickeln die Gleichung (71), indem wir noch die etwaigen zweiten Potenzen von ε beibehalten:

$$J_1 = \frac{2}{(a^2-1)^{1/2}}\left(\frac{\pi}{2}+\varepsilon\right), \quad J_2 = \frac{2a}{(a^2-1)^{3/2}}\left(\frac{\pi}{2}+2\varepsilon\right),$$

$$J_3 = \frac{2a^2+1}{(a^2-1)^{5/2}}\left(\frac{\pi}{2}+2\varepsilon\right)+\frac{2a^2}{(a^2-1)^{5/2}}\varepsilon,$$

$$J_1 J_3 - J_2^2 = \frac{\frac{1}{2}\pi^2 + 3\pi\varepsilon - 4\varepsilon^2(a^2-1)}{(a^2 = 1)^3}.$$

Ferner wird nach (68)

$$\cos\psi = -\varepsilon\sqrt{a^2-1}$$

und nach (72)

$$\sin\psi\, i_2 = \frac{2(1-a^2\varepsilon^3)}{a^2-1}, \quad \sin\psi\, i_3 = \frac{2a(1-a^2\varepsilon^2)(1-\varepsilon^2)}{(a^2-1)^2},$$

$$\sin\psi(i_2 J_3 - J_2 i_3) = \frac{(1-a^2\varepsilon^2)}{(a^2-1)^{7/2}}(\pi + 4\varepsilon + 2a^2\varepsilon(2+\varepsilon\pi)).$$

Somit ergibt Gleichung (66):

$$\varepsilon(a^2-1)\left\{\frac{1}{2}\pi^2 + 3\pi\varepsilon - 4\varepsilon^2(a^2-1)\right\}$$
$$= (1-a^2\varepsilon^2)\left\{\pi + 4\varepsilon + 2a^2\varepsilon(2+\varepsilon\pi)\right\}.$$

Man erkennt hiernach, daß ε von der Ordnung a^{-2} verschwindet. Vernachlässigt man daraufhin ε sowie $\varepsilon^2 a^2$ gegen 1 und 1 gegen a^2, so wird

$$\frac{1}{2}\varepsilon a^2 \pi^2 = \pi + 4a^2\varepsilon,$$

also

(73) $$\varepsilon = \frac{\pi}{\frac{1}{2}\pi^2 - 4}\frac{1}{a^2} \quad \text{oder nahezu} \quad \varepsilon = \frac{\pi}{a^2}.$$

Gleichzeitig hat man

(73') $$\cos\psi = -\frac{\pi}{\frac{1}{2}\pi^2 - 4}\frac{1}{a} \quad \text{oder nahezu} \quad \cos\psi = -\frac{\pi}{a}.$$

In der Grenze für $a = \infty$ wird also $\cos\psi = 0$, $\psi = \pi/2$. Wir sahen ferner, daß in der Grenze $\chi = \pi/2$ war und schließen aus (73), daß $\chi > \pi/2$ für $a < \infty$ ist. Aus der zweiten der Gleichungen (65) entnehmen wir ferner noch den zu $a = \infty$ gehörigen Grenzwert von P/U. Wir haben wegen $\sin\psi = 1$ mit den oben angegebenen Werten von J_3 und $J_1 J_3 - J_2^2$ in erster Näherung:

(74) $$\frac{\delta^2 P}{\mu r^2 U} = 6\alpha^2 \frac{J_1 J_3 - J_2^2}{J_3} - \frac{3\pi}{\alpha} = 0.$$

Der fragliche Grenzfall tritt also ein, wenn P bei endlichem U verschwindet oder wenn U bei endlichem P unendlich anwächst.

D e r G r e n z f a l l $\alpha = 1$ u n d b e n a c h b a r t e F ä l l e. Für $\alpha = 1$ wird nach (68) $\operatorname{tg}\chi = 0$, unter der Voraussetzung, daß $\cos\psi$ nicht oder doch nur von geringerer Ordnung als $\sqrt{\alpha^2 - 1}$ verschwindet; χ muß alsdann einen der Werte $0, \pm\pi, \pm 2\pi, \ldots$ haben. Da χ für große Werte von α größer als $\pi/2$ war und von dem einen nach dem andern Grenzfall hin sich stetig verändern wird, so vermuten wir, daß dem Grenzfall $\alpha = 1$ der Wert $\chi = \pi$ entsprechen wird. Demzufolge setzen wir für benachbarte Fälle versuchsweise

$$\chi = \pi - \varepsilon$$

und entwickeln $J_1, J_2, \ldots$ nach Potenzen von ε, wobei wir wieder ε^2 beibehalten. Nach (69) und (71) ergibt sich

$$J_1 = \frac{2}{(\alpha^2 - 1)^{1/2}}(\pi - \varepsilon), \quad J_2 = \frac{2\alpha\pi}{(\alpha^2 - 1)^{3/2}},$$

$$J_3 = \frac{(2\alpha^2 + 1)\pi}{(\alpha^2 - 1)^{5/2}}, \quad J_1 J_3 - J_2^2 = \frac{2\pi^2 - 2\pi\varepsilon(2\alpha^2 + 1)}{(\alpha^2 - 1)^3}.$$

Ferner ist nach (68) und (72)

$$\cos\psi = -\frac{1}{\varepsilon}(\alpha^2 - 1)^{1/2}, \quad \sin\psi \cdot i_2 = 2\left(-1 + \frac{\varepsilon^2\alpha^2}{\alpha^2 - 1}\right),$$

$$\sin\psi \cdot i_3 = \frac{2\alpha\varepsilon^2}{\alpha^2 - 1}\left(-1 + \frac{\varepsilon^2\alpha^2}{\alpha^2 - 1}\right),$$

$$\sin\psi(i_2 J_3 - i_3 J_2) = \frac{2\pi}{(\alpha^2 - 1)^{5/2}}\left(-1 + \frac{\varepsilon^2\alpha^2}{\alpha^2 - 1}\right)(2\alpha^2 + 1 - 2\alpha^2\varepsilon^2).$$

Gleichung (66) geht daraufhin über in

$$2\pi^2 - 2\pi\varepsilon(2\alpha^2 + 1) = 2\pi\varepsilon\left(-1 + \frac{\varepsilon^2\alpha^2}{\alpha^2 - 1}\right)(2\alpha^2 + 1 - 2\alpha^2\varepsilon^2).$$

Setzt man $\alpha = 1$ außer in dem Nenner $\alpha^2 - 1$ und streicht ε^2 gegen 1, außer im Zähler von $\alpha^2 - 1$, so ergibt sich

$$\pi - 3\varepsilon = 3\varepsilon\left(-1 + \frac{\varepsilon^2}{\alpha^2 - 1}\right),$$

also

(75) $$\varepsilon^3 = \frac{\pi}{3}(a^2-1) \quad \text{oder} \quad \varepsilon = \sqrt[3]{\frac{\pi}{3}}\,(a^2-1)^{1/3}.$$

Gleichzeitig wird

(75') $$\cos\psi = -\sqrt[3]{\frac{3}{\pi}}\,(a^2-1)^{1/6}.$$

Für $a = 1$ haben wir also auch jetzt $\cos\psi = 0$, $\psi = \pi/2$.

Wir fragen uns noch, ebenso wie im vorhergehenden Falle, für welchen Wert von P/U der jetzige Grenzfall eintritt; hierauf antwortet die zweite der Gleichungen (65). Wir setzen in dieser $\sin\psi = 1$ und nach den vorangehenden Rechnungen in erster Näherung:

$$J_1 J_3 - J_2^2 = \frac{2\pi^2}{(a^2-1)^3}, \qquad J_3 = \frac{3\pi}{(a^2-1)^{5/2}},$$

also wird

(76) $$\frac{\delta^2 P}{\mu r^2 U} = 6\,\frac{J_1 J_3 - J_2^2}{J_3} = \frac{4\pi}{\sqrt{a^2-1}} = \infty\,.$$

Der vorliegende Grenzfall findet also statt, wenn P bei endlichem U unendlich anwächst oder wenn bei endlichem P die Geschwindigkeit U zu Null abnimmt.

Es handelt sich weiter um die Auflösung unserer Gleichung (66) für mittlere Fälle. Wir verfahren dabei so, daß wir unserem Hilfswinkel χ einen beliebigen zwischen $\pi/2$ und π enthaltenen Wert beilegen und die zugehörigen Werte von a und ψ berechnen. Als Beispiel nehmen wir etwa $\chi = 3\,\pi/4 = 2{,}36$. Nach (69) bis (72) wird dann:

$$J_1 = \frac{4{,}72}{(a^2-1)^{1/2}}, \quad J_2 = \frac{5{,}72\,a}{(a^2-1)^{3/2}}, \quad J_3 = \frac{6{,}22\,a^2 + 2{,}86}{(a^2-1)^{5/2}},$$

$$\cos\psi = -(a^2-1)^{1/2}, \quad \cos\psi\,(J_1 J_3 - J_2^2) = \frac{3{,}3\,a^2 - 13{,}5}{(a^2-1)^{5/2}},$$

$$\sin\psi\, i_2 = \frac{2-a^2}{a^2-1}, \quad \sin\psi\, i_3 = \frac{a}{2}\,\frac{2-a^2}{(a^2-1)^2},$$

$$\sin\psi\,(i_2 J_3 - i_3 J_2) = \frac{(2-a^2)(3{,}4\,a^2 + 2{,}9)}{(a^2-1)^{7/2}}.$$

Nach (66) besteht daher für a^2 die folgende quadratische Gleichung:

$$(a^2 - 1)(3{,}3\,a^2 - 13{,}5) = (a^2 - 2)(3{,}4\,a^2 + 2{,}9),$$

welche als brauchbare (positive) Wurzel von a^2 liefert:

$$a^2 = 1{,}50, \quad a = 1{,}22.$$

Der zugehörige Wert von ψ ist nach (68)

$$\cos\psi = -0{,}70, \quad \psi = 134^0 30'.$$

Nach diesem Schema ist die folgende Tabelle zusammengehöriger Werte von χ, a uud ψ berechnet worden, der wir die oben besprochenen Grenzfälle hinzufügen:

Tabelle I.

$\chi = 180^0$	$a^2 = 1$	$\cos\psi = 0$	$\psi = 90^0$
165^0	1,02	$-0{,}50$	120^0
150^0	1,13	$-0{,}63$	129^0
135^0	1,5	$-0{,}71$	135^0
120^0	2,4	$-0{,}68$	133^0
105^0	6,3	$-0{,}61$	128^0
95^0	33,9	$-0{,}50$	120^0
90^0	∞	0	90^0

Man überzeugt sich noch, daß die zweite und vorletzte Reihe unserer Tabelle bereits durch unsere Näherungsformeln (75)

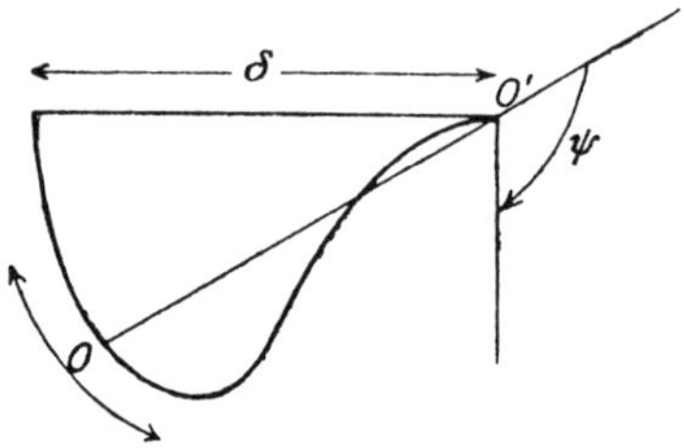

Fig. 17.

und (73) annähernd gedeckt werden, so daß diese Fälle als solche angesehen werden können, die den Grenzfällen benachbart sind. Z. B. haben wir für $\chi = 165^0$ in Gleichung (75) einzutragen $\varepsilon = \pi/12$ und erhalten $a^2 - 1 = \pi^2/576$, $a^2 = 1{,}017$. Ferner entspricht dem Werte $\chi = 95^0$ in Gleichung (73) $\varepsilon = \pi/36$ und daher annähernd $a^2 = 36$.

In Fig. 17 ist der Inhalt der vorstehenden Tabelle graphisch erläutert. Der Punkt O' (Mittelpunkt der Lagerschale) ist fest angenommen, der Punkt O (Zapfenmittelpunkt) verschiebt sich gegen jenen und wandert z. B. von der in der Figur markierten Lage aus im Sinne des unteren Pfeiles bei wachsender, im Sinne des oberen Pfeiles bei abnehmender Geschwindigkeit. Die Größe der Verschiebung ist $e = \delta/\alpha$, also insbesondere gleich δ für $\alpha = 1$; die Richtung der Verschiebung OO' gegen die vertikale Richtung des Zapfendruckes ist gleich ψ. Auch jetzt weicht der Zapfen, wie man aus der Figur ersieht, hauptsächlich senkrecht gegen den Zapfendruck aus, jedoch kommt im Gegensatz zu § 4 zu der senkrechten Komponente hier im allgemeinen noch eine Verschiebungskomponente im Sinne des Zapfendruckes hinzu.

Wir können nun ähnlich wie in § 5 das Reibungsmoment M sowie den Reibungskoeffizienten f berechnen. Durch die Reibungsgröße q ausgedrückt ergibt sich mit Rücksicht auf (7), wenn wir M wie in § 5 in dem der Umdrehung entgegengesetzten Sinne positiv rechnen:

$$M = -r^2 \int q\, d\varphi = \frac{\mu \alpha r^2 U}{\delta} \left\{ 4 \int \frac{d\varphi}{\alpha + \cos\varphi} - 3 \frac{h_0}{e} \int \frac{d\varphi}{(\alpha + \cos\varphi)^2} \right\}$$

wobei die Integrale von $\psi - \pi/2$ bis $\psi + \pi/2$ zu erstrecken sind. Führen wir die Größen J_1, J_2 aus Gleichung (61) ein, so wird

$$M = \frac{\mu \alpha r^2 U}{\delta} \left(4 J_1 - 3 \frac{J_2^2}{J_3} \right). \tag{77}$$

Indem wir ferner die zweite der Gleichungen (65) benutzen, berechnen wir

$$f = \frac{M}{Pr} = \frac{\delta}{r} \frac{\sin\varphi}{6\alpha} \left(\frac{J_1 J_3}{J_1 J_3 - J_2^2} + 3 \right). \tag{78}$$

Wir betrachten zunächst wieder die beiden Grenzfälle $\alpha = \infty$ und $\alpha = 1$.

Der Grenzfall $\alpha = \infty$. Aus den obigen Rechnungen für diesen Grenzfall ergibt sich unter Vernachlässigung von 1 gegen α und ε gegen 1:

$$J_1 = \frac{\pi}{\alpha}, \quad J_2 = \frac{\pi}{\alpha^2}, \quad J_3 = \frac{\pi}{\alpha^3},$$

daher wird

$$M_\infty = \frac{\mu \pi r^2 U}{\delta}, \quad f_\infty = \frac{\mu \pi r U}{\delta P}. \tag{79}$$

Diese Formel entspricht der Petroffschen Gleichung (II) von S. 110, indem wegen der halbumschließenden Lagerschale die benetzte Fläche jetzt zu $F = \pi r$ zu rechnen ist.

Der Grenzfall $a = 1$. In diesem Falle gehen wir von Gleichung (78) aus und setzen die für den vorliegenden Grenzfall oben gefundenen Werte ein. Da $\cos\psi = 0$ war, wird jetzt $\sin\psi = 1$. Es ergab sich ferner, wenn wir ε vernachlässigen und, außer in den Nennern, $a = 1$ setzen:

$$J_1 = \frac{2\pi}{(a^2-1)^{1/2}}, \quad J_3 = \frac{3\pi}{(a^2-1)^{5/2}},$$

$$J_1 J_3 - J_2^2 = \frac{2\pi^2}{(a^2-1)^3}, \quad \frac{J_1 J_3}{J_1 J_3 - J_2^2} = 3;$$

mithin folgt, wenn wir die Werte von f und M in diesem Grenzfalle durch den Index 0 auszeichnen („Reibungkoeffizient und Reibungsmoment der Ruhe"):

$$f_0 = \frac{\delta}{r}, \quad M_0 = f_0 r P. \tag{80}$$

Diese Formel entspricht genau dem gewöhnlichen Ansatz (I) von S. 109; die geometrische Bedeutung des Reibungkoeffizienten der Ruhe ist dabei dieselbe wie im Falle einer allseitig umschließenden Lagerschale.

Wir berechnen sodann einige zwischen unseren Grenzfällen enthaltene Zwischenwerte von f, indem wir uns den Wert des Hilfswinkels χ willkürlich vorgeben und nach der zweiten Gleichung (65) bzw. nach Gleichung (78) die zugehörigen Werte von U und f aufsuchen. Das Resultat der Rechnung enthält die folgende Tabelle, die sich in der Anordnung der χ-Werte an die Tabelle I anschließt:

Tabelle II.

$\chi = 180^0$	$a^2 = 1$	$U = 0$	$f = f_0$
165^0	1,02	$\frac{\delta^2 P}{\mu r^2}$ 0,012	$f_0 \cdot 0{,}94$
150^0	1,13	„ 0,04	„ 0,93
135^0	1,5	„ 0,08	„ 0,92
120^0	2,4	„ 0,14	„ 1,00
105^0	6,3	„ 0,29	„ 1,34
95^0	33,9	„ 0,62	„ 2,17
90^0	∞	„ ∞	„ ∞

Würden wir f als Funktion von U bei festgehaltenem P auftragen, so würde sich ein ähnliches Bild wie in Figur 10 ergeben: Von dem Größtwerte f_0 bei $U=0$ fällt die Kurve des Reibungskoeffizienten bis zu einem Werte $u_{\min}$, der etwa 8 % niedriger als f_0 liegt; von da aber folgt ein allmählicher Anstieg und für unbegrenzt wachsendes U eine asymptotische Annäherung an die Gerade:

$$f=\frac{\mu\pi r}{\delta P}U.$$

Es gibt also auch jetzt eine gewisse Übergangsgeschwindigkeit $U_{\min}$, für welche der Reibungskoeffizient seinen kleinstmöglichen Wert annimmt. Nach unserer Tabelle liegt dieser Wert etwa bei

$$U=0{,}08\frac{\delta^2 P}{\mu r^2}=\frac{1}{12{,}5}\frac{\delta^2 P}{\mu r^2}$$

(vgl. hierzu den früher gefundenen analogen Wert aus Gleichung (54)). Auch jetzt wächst der Betrag der Übergangsgeschwindigkeit mit wachsendem Zapfendrucke und mit zunehmender Dünnflüssigkeit des Schmiermittels an.

Auf die graphische Darstellung der Abhängigkeit zwischen f und U sowie zwischen M und U oder f und P können wir hier verzichten, da die betr. Figuren ähnlich aussehen würden wie die früheren Fig. 10, 11 und 12. Hinsichtlich des Grades der Übereinstimmung und Nichtübereinstimmung unserer jetzigen Ergebnisse mit den Beobachtungskurven (Fig. 13) ist dasselbe zu sagen wie in § 5.

Schließlich kann auch für den Fall der halben Lagerschale im Anschluß an § 6 die Verteilung des hydrodynamischen Druckes p über den von der Lagerschale umschlossenen Teil des Zapfenumfanges studiert und die Frage entschieden werden, wann unsere Formeln das Auftreten negativen Druckes ergeben.

Wir berechnen zu dem Ende vorerst die Lage der Extremwerte des Druckes p. Diese treten nach Gleichung (9) an denjenigen Stellen auf, wo die Schmierschicht die Dicke h_0 hat. Bezeichnen wir den zu diesen Stellen gehörigen Winkel φ wie früher (S. 109) mit $\pm\varphi_0$, so ergibt sich

$$(81)\qquad \frac{h_0}{e}=\frac{J_2}{J_3}=a+\cos\varphi_0 \quad\text{oder}\quad \cos\varphi_0=\frac{J_2}{J_3}-a.$$

Die Größen J_2 und J_3 sind dabei natürlich jetzt durch die Formeln (61) oder mittels des Hilfswinkels χ durch die Formeln (71) erklärt.

Zunächst ergibt sich für die beiden Grenzfälle $a = 1$ und $a = \infty$ mit Benutzung der Ergebnisse von S. 164 bis 167.

$$a = 1: \frac{J_2}{J_3} = \frac{2}{3}(a^2 - 1), \quad \cos\varphi_0 = -1 \quad \varphi_0 - \pm\pi.$$

$$a = \infty: \frac{J_2}{J_3} = a\,\frac{\pi/2 + 2\varepsilon}{\pi/2 + 3\varepsilon} = a\left(1 - \frac{2\varepsilon}{\pi}\right) = a\left(1 - \frac{2}{a^2}\right),$$

$$\cos\varphi_0 = -\frac{2}{a}, \quad \varphi_0 = \pm\pi/2.$$

Der Ort größten Druckes p wandert also mit wachsender Geschwindigkeit von der Stelle größter Annäherung zwischen Zapfen und Lagerschale ($\varphi = \pi$) nach der Mitte der Lagerschale, d. h. nach derjenigen Stelle hin, wo die Richtung des Zapfendruckes die Lagerschale trifft. Der Ort kleinsten Druckes liegt hinsichtlich des Durchmessers $O'O$ symmetrisch gegen den Ort größten Druckes.

Des genaueren soll der Ort größten oder kleinsten Druckes für verschiedene Werte von χ wieder durch eine Tabelle bestimmt werden. Es ist nur nötig, die Ausdrücke (71) in die Gleichung (81) für $\cos\varphi_0$ einzutragen. Neben $\cos\varphi_0$ notieren wir die zugehörigen Werte von $\sin\psi$, die unmittelbar aus der Tabelle von S. 170 folgen. Es ergibt sich:

Tabelle III.

$\chi = 180^0$	$\cos\varphi_0 = -1$	$\sin\psi = 1$
165^0	$-0,998$	0,87
150^0	$-0,98$	0,78
135^0	$-0,93$	0,71
120^0	$-0,88$	0,73
105^0	$-0,72$	0,79
95^0	$-0,5$	0,9
90^0	0	1

Diese Zahlen genügen bereits, um zu entscheiden, wann unsere Theorie negativen Druck innerhalb des Schmiermittels ergibt. In Fig. 18 ist von der Lagerschale umschlossene Teil des Zapfenumfanges in eine Gerade abgewickelt. Die Endpunkte der Geraden sind dementsprechend mit $\psi - \pi/2$ und $\psi + \pi/2$, die Mitte derselben mit ψ bezeichnet. Da nach Tabelle II ψ stets zwischen $\pi/2$ und π liegt, sind die Marken $\pi/2$ und π zu beiden Seiten der Marke ψ angebracht. Ferner folgt aus der vorstehenden Tabelle, daß φ_0 dauernd zwischen $\pi/2$ und π liegt. Dem Winkel φ_0 entspricht das Maximum des Druckes, welches notwendig positiv ist, da p an den Grenzen der Lagerschale verschwindet. Das nimum des Druckes, welches notwendig negativ ist, entspricht dem Winkel $2\pi - \varphi_0$. Es wird darauf ankommen, ob dieser Winkel zu einem Punkte des von der Lagerschale

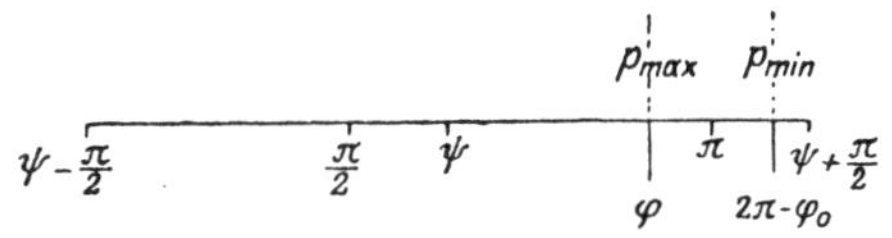

Fig. 18.

umschlossenen Zapfenumfanges gehört oder nicht, ob also $2\pi - \varphi_0 \lesseqgtr \psi + \pi/2$ oder, was dasselbe ist, ob

$$\pi - \varphi_0 \lesseqgtr \psi - \pi/2. \tag{82}$$

Gilt das obere Zeichen, so tritt das Minimum innerhalb des Gebietes $\varphi = \psi - \pi/2$ bis $\varphi = \psi + \pi/2$ auf und unsere Theorie liefert für die Stelle dieses Minimums und für seine Umgebung negativen Druck. Gilt das untere Zeichen, so liegt das Minimum außerhalb dieses Gebietes, d. h. es tritt in unserer Schmierschicht überhaupt nicht in Erscheinung; negative Drucke sind dann von unserer Theorie ausgeschlossen. Da die Winkel $\pi - \varphi_0$ sowie $\psi - \pi/2$ nach den vorausgehenden Tabellen beide zwischen 0 und $\pi/2$ liegen, und da der Kosinus zwischen 0 und $\pi/2$ mit wachsendem Winkel abnimmt, können wir die Ungleichung (82) auch so umschreiben:

$$\cos(\pi - \varphi_0) \gtreqless \sin\psi \tag{82'}$$

oder auch

$$-\cos\varphi_0 \gtreqless \sin\psi. \tag{82''}$$

Unsere Tabelle zeigt nun, daß bis $\chi = 120^0$

$$-\cos\,\varphi_0 > \sin\psi$$

ist, daß aber zwischen $\chi = 120^0$ und $\chi = 105^0$

$$-\cos\varphi_0 = \sin\psi$$

wird. Mit Hinzuziehung der Tabelle II können wir daher sagen: Für hinreichend große Geschwindigkeit, nämlich jedenfalls von $U \geqq 0{,}29\,\frac{\delta^2 P}{\mu r^2}$ ab, haben wir sicher durchweg positiven Druck; für kleine Geschwindigkeiten, nämlich jedenfalls für $U \leqq 0{,}14\frac{\delta^2 P}{\mu r^2}$, würde unsere Theorie das Auftreten negativen Druckes ergeben. Unsere Theorie tritt also für kleine Werte der Geschwindigkeit in einen bedenklichen Widerspruch mit den wohlverbürgten physikalischen Anschauungen über die Natur der Flüssigkeiten. Wir können nicht umhin anzunehmen, daß für so kleine Geschwindigkeitsbeträge die Schmierschicht zurückweichen muß und daß sie dann nicht mehr den ganzen Zwischenraum zwischen Lagerschale und Zapfen ausfüllen kann. Allerdings werden damit gleichzeitig unsere Rechnungen bezüglich der Lage des Zapfens und der Größe des Reibungsmomentes für diese kleinen Geschwindigkeiten illusorisch, da dieselben wesentlich auf der Annahme beruhten, daß die Schmierschicht an dem halben Zapfenumfang mit Druck anhaftet.

Es erübrigt noch, das Analogon zu Fig. 15 für den vorliegenden Fall zu verzeichnen. Auf Grund der letzten Erörterungen werden wir dabei nur die Druckverteilung für große Werte von U, bei der die Schwierigkeit des negativen Druckes nicht auftritt, genauer bestimmen und uns für kleine Werte von U auf die Analogie mit Fig. 15 berufen.

Allgemein ist die Druckverteilung nach (9) durch die folgende Formel bestimmt (s. auch Gleichung (56)), wo $p_0 = 0$ zu setzen und als untere Integrationsgrenze $\psi - \pi/2$ zu schreiben ist:

$$p = \frac{6\mu r a^2 U}{\delta^2}\left\{\int\limits_{\psi-\pi/2}^{\varphi}\frac{d\varphi}{(a+\cos\varphi)^2} - \frac{h_0}{e}\int\limits_{\psi-\pi/2}^{\varphi}\frac{d\varphi}{(a+\cos\varphi)^3}\right\}.$$

Unter der Annahme eines großen Wertes von a können wir die hier vorkommenden Integrale folgendermaßen entwickeln:

$$a^2\int\limits_{\psi-\pi/2}^{\varphi}\frac{d\varphi}{(a+\cos\varphi)^2}=\int\limits_{\psi-\pi/2}^{\varphi}\left(1-2\frac{\cos\varphi}{a}+\ldots\right)d\varphi$$

$$=\varphi-\psi+\frac{\pi}{2}-\frac{2}{a}(\sin\varphi+\cos\psi)+\ldots,$$

$$a^2\frac{h_0}{e}\int\limits_{\psi-\pi/2}^{\varphi}\frac{d\varphi}{(a+\cos\varphi)^3}=\frac{h_0}{a\,e}\int\limits_{\psi-\pi/2}^{\varphi}\left(1-3\frac{\cos\varphi}{a}+\ldots\right)d\varphi$$

$$=\frac{h_0}{a\,e}\left(\varphi-\psi+\frac{\pi}{2}-\frac{3}{a}(\sin\varphi+\cos\psi)+\ldots\right).$$

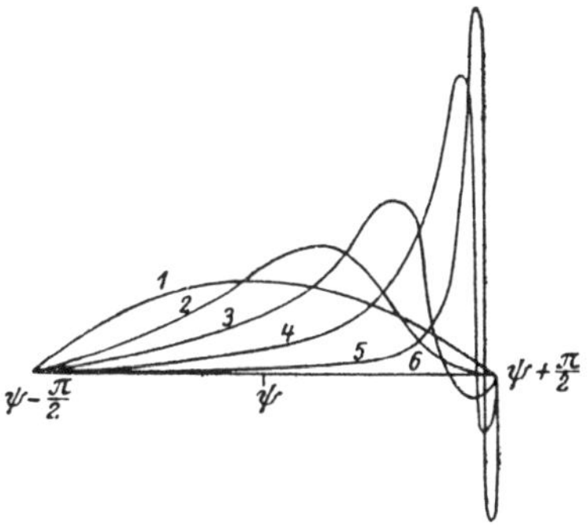

Fig. 19.

Der Faktor vor der letzten Klammer ist gleich 1, weil $h_0/e=J_2/J_3$ für große Werte von a gleich a wird (vgl. S. 169). Daraufhin wird zunächst

$$p=\frac{6\mu r U}{a\,\delta^2}(\sin\varphi+\cos\psi).$$

Es ist aber nach Gleichung (73′) $\cos\psi$ für $a=\infty$ Null. Ferner ist nach der zweiten Gleichung (65) und nach S. 142:

$$\frac{6\mu r U}{a\,\delta^2}=\frac{P}{r}\frac{J_3}{a^3(J_1 J_3-J_2^2)}=\frac{2P}{\pi r}.$$

Somit wird schließlich für $a=\infty$

$$p=\frac{2P}{\pi r}\sin\varphi.$$

In diesem Grenzfall verteilt sich also der Druck p symmetrisch um die Mitte der Lagerschale. (Kurve 1 in Fig. 19.) Dagegen würde er sich für abnehmende Werte von a oder U nach der Stelle dünnster Schmierschicht hin konzentrieren. Unsere Figur gibt in den Kurven 2, 3, 4 ... ein schematisches Bild hiervon und erläutert gleichzeitig das Auftreten negativen Druckes für kleine Werte von U, welches unsere Formeln verlangen, die Konstitution der Flüssigkeit aber nicht zu leisten imstande sein würde.

Der Inhalt dieses Paragraphen deckt sich den Ergebnissen nach wesentlich mit der früher genannten Arbeit von Osborne Reynolds; in der Ableitung dieser Ergebnisse aber sind wir vollständig von Reynolds abgewichen, indem wir es einfacher fanden, an die Stelle von recht schlecht konvergenten*) Reihenentwickelungen die unmittelbare, numerische Rechnung treten zu lassen.

§ 8.

Schlußbemerkungen.

Ich bin mir wohl bewußt und habe bereits an mehreren Stellen darauf hingewiesen, daß die vorstehende Theorie nicht in allen Stücken den wirklichen Vorgängen der Zapfenreibung gerecht wird. Als Ziel meiner Untersuchung möchte ich bezeichnen: zu zeigen, wie weit man mit der reinen hydrodynamischen Theorie kommt. Von der Hinzunahme von Hilfsannahmen und der Berücksichtigung naheliegender Korrektionen wurde dabei absichtlich abgesehen. Solche mögen hier zum Schluß, nebst einigen anschließenden Bemerkungen, zusammengestellt werden.

Zweifellos wird bei großen Belastungen eine elastische Deformation der Lagerschale eintreten; auch wird durch Temperaturänderungen die Lagerschale in anderer Weise gedehnt als der Zapfen. Es folgt daraus, daß unsere mittlere Schichtdicke δ nicht konstant ist, sondern einerseits mit der Belastung, anderseits mit der Temperatur und daher auch mittelbar mit der Geschwindigkeit der Zapfenumdrehung

*) Petroff bemerkt in der ebenfalls bereits zit. Arbeit (Petersburger Akademie (1900) Vol. X Nr. 4 S. 16), daß man im allgemeinen nicht weniger als 28 Glieder der fraglichen Reihen berücksichtigen muß.

veränderlich ist. Reynolds sucht (a. a. O. Sektion VIII) diese Abhängigkeit an Hand der Towerschen Experimente zu bestimmen, während wir dieselbe unberücksichtigt gelassen haben.

Von großem Einfluß auf die innere Reibung der Flüssigkeiten ist bekanntlich die Temperatur, von der wir im vorangehenden so gut wie gar nicht gesprochen haben. Dabei handelt es sich nicht sowohl um die Temperatur des Lagers, als um die der Schmierschicht. Unsere Viskositätskonstante μ nimmt nach Beobachtungen von Reynolds bei Olivenöl (a. a. O. § 11 und 12) auf etwa $^2/_8$ ihres ursprünglichen Wertes ab, wenn die Temperatur von 16^0 auf 49^0 steigt. Da nun die Reibungsarbeit innerhalb der Schmierschicht verrichtet wird und sich zum guten Teil in eine Temperaturerhöhung derselben umsetzen dürfte, so muß sich namentlich bei hohen Umdrehungszahlen μ merklich verringern. Unsere für ein konstantes μ konstruierten Fig. 11 und 12 sind also in dem Sinne zu korrigieren, daß die Werte von f und M bei großen Geschwindigkeiten merklich niedriger ausfallen, als in jenen Figuren gezeichnet. Es läßt sich sogar theoretisch verstehen, daß das von der Theorie verlangte Anwachsen des Reibungskoeffizienten mit zunehmender Geschwindigkeit durch das Anwachsen der Temperatur und die Verringerung von μ wett gemacht wird, und daß der Reibungskoeffizient einer von der Geschwindigkeit unabhängigen Grenze zustreben kann, wie Lasche gefunden hat (a. a. O., vgl. bes. Fig. 29).

Unsere Unkenntnis der wahren Temperatur der Schmierschicht, die vielleicht wesentlich höher liegt als die Temperatur des Lagermetalls, erschwert ersichtlich den Vergleich zwischen Theorie und Beobachtung. Eine bedeutende Schwierigkeit für diesen Vergleich liegt ferner darin, daß in unsere Formeln die mittlere Schmierschichtdicke δ eingeht, die in jedem Falle nur sehr ungenau festzustellen und überdies, wie oben bemerkt, mit Belastung uud Temperatur veränderlich ist.

Unsere Theorie spricht gar nicht von dem Material des Zapfens oder des Lagers. Daß es in der Tat hierauf im normalen Betriebe nicht wesentlich ankommt, zeigen die Versuche von Lasche (a. a. O. Fig. 31 und 32). Der Vorgang des „Einlaufens“, der in einer Anpassung der Lagerschale an den Zapfen besteht und bei dem das Material eine wesentliche Rolle spielt, liegt außerhalb unserer Betrachtungen.

In den Formeln von Petroff (vgl. die erste Abhandlung dieses Bandes) kommt außer der inneren Reibung des Schmiermittels noch eine „äußere Reibung“ vor, welche dem Schlüpfen des Schmiermittels auf den Oberflächen von Zapfen oder Lagerschale proportional gesetzt wird. Bei uns (und ebenso bei Reynolds) ist von einem solchen Schlüpfen niemals die Rede. Vielmehr nehmen wir durchweg an, daß das Schmiermittel an den Oberflächen von Zapfen und Lagerschale haftet, womit die Einführung einer „äußeren Reibung“ von selbst entfällt. Tatsächlich hat Warburg*) durch Beobachtung der Ausflußmengen an Kapillarröhren festgestellt, daß selbst bei einer nicht netzenden Flüssigkeit wie Quecksilber kein Schlüpfen gegen die Wände der Glasröhre auftritt. Daß ein solches zwischen Öl und Metall vorkommen könnte, ist physikalisch höchst unwahrscheinlich.

Die Annahme des vollkommenen Haftens läßt sich auch so ausdrücken: Die Adhäsion zwischen dem Schmiermittel und den Metalloberflächen wird als unendlich groß vorausgesetzt. In diesem Sinne gebraucht, hat das Wort Adhäsion einen einfachen physikalischen Sinn. Andrerseits wird von mangelnder Adhäsion in nicht ganz klarer Weise vielfach dann gesprochen, wenn die Schmierung bei gewissen Geschwindigkeits- oder Belastungsverhältnissen unzureichend wird. Wahrscheinlich tritt in solchen Fällen ein Zerreißen der Schmierschicht ein (bei umschließenden Lagern) oder ein Zurückweichen von den Enden der Lagerschale (bei teilweise umschließenden Lagern), wofür ja unsere Theorie (vgl. den Schluß von § 6 und 7) bestimmte Anhaltspunkte liefert. Um in theoretischer Hinsicht Genaueres über diesen Fall aussagen zu können, müßte man neben Größe und Richtung der Zapfenexzentrizität die Grenzen der Schmierschicht in unsere Gleichungen als Unbekannte einführen und müßte diese Unbekannten dnrch geeignete mechanische Prinzipien zu bestimmen suchen. Die Aufgabe würde dadurch außerordentlich verwickelt werden.

Das notorische Anwachsen des Reibungsmomentes bei

*) Ann. Phys. Chem. (Poggendorff) 140 (1870) S. 367.

abnehmender Geschwindigkeit (z. B. beim Auslaufen) deutet man wohl meist dahin, daß sich bei kleinen Geschwindigkeiten die gewöhnliche trockene Reibung zwischen dem Material des Zapfens und der Lagerschale bemerklich machen soll. Demgegenüber sahen wir, daß die reine hydrodynamische Theorie ohne fremde Hilfsannahmen von diesem Anwachsen Rechenschaft geben kann und daß auch die erfahrungsmäßige Proportionalität zwischen Reibungsmoment und Zapfendruck bei hinreichend kleinen Geschwindigkeiten von selbst zum Vorschein kommt[15]. Allerdings liefert die Theorie nur ein ganz geringfügiges Anwachsen, während in Wirklichkeit (vgl. Fig. 13) die Reibung der Ruhe ein großes Vielfaches der Minimalreibung ist.

Eine wichtige Folgerung der Theorie, die sich im großen und ganzen in guter Übereinstimmung mit der Erfahrung befindet, ist diese: Es kommt nicht auf die Geschwindigkeit allein oder nicht auf den Zapfendruck allein an, sondern auf das Verhältnis beider oder, genauer gesagt, auf das Verhältnis $Ur^2\mu/P\delta^2$, welches eine unbenannte Zahl ist. Man hat daher, im allgemeinen gesprochen, (bei gleichbleibender Temperatur und gleichbleibenden Lagerdimensionen) dieselbe Reibung zu erwarten bei mäßiger Geschwindigkeit und hohem Zapfendruck wie bei kleiner Geschwindigkeit und mäßigen Zapfendruck. Ersetzt man das Schmiermittel durch ein dünnflüssigeres, so ist der Einfluß auf die Reibung derselbe, als ob man die Geschwindigkeit verringert oder den Zapfendruck vermehrt usf. Namentlich in dem Minimalwerte des Reibungskoeffizienten und den zugehörigen Werten von Übergangsgeschwindigkeit und Übergangsdruck kommt diese verhältnismäßige Abhängigkeit zum Ausdruck.

Schließlich möge noch eine spezielle Folgerung der Theorie erwähnt werden, die sich in der Erfahrung wenigstens qualitativ zu bestätigen scheint. Die Stelle geringster Entfernung zwischen Zapfen und Lager ist nach der Theorie bei einem ganz umschließenden Lager von der Richtung des Zapfendruckes aus um 90° im Sinne der Umdrehung verschoben; in demselben Sinne ist auch die Stelle größten hydrodynamischen Druckes gegen den Zapfendruck versetzt, und zwar mehr oder weniger, je nachdem die Geschwindigkeit kleiner oder größer ist. Bei einem halbumschließenden Lager liegen die Verhältnisse dem Sinne nach ebenso, nur beträgt die Verschiebung im allgemeinen keine vollen 90°. Dagegen müßte vom Standpunkte der trockenen Reibung aus, wie bereits in der Einleitung bemerkt, die Auflagestelle gerade im umgekehrten Sinne verschoben sein. Es hat nun Herr Reg.-Bauf. Becker die Freundlichkeit gehabt, in der Eisenbahnhauptwerkstätte Witten im Frühjahr letzten Jahres die zur Reparatur eingelieferten Lokomotiven, soweit sie ihrer Bauart nach immer in dem gleichen Sinne fahren, auf ihre Lager hin zu untersuchen. Derjenige Bereich der Lagerschale, wo dieselbe hauptsächlich getragen hat, läßt sich aus der Oberflächenbeschaffenheit derselben (Färbung, Glättung) deutlich erkennen. Dabei zeigte sich, daß von 20 zur Untersuchung geeigneten Lagern, im Sinne der Umdrehung gesprochen, 16 Lager mehr vorn, nur 2 mehr hinten getragen hatten, während bei den übrigen 2 Lagern die Sache unentschieden blieb*). Bedenkt man, daß Verunreinigungen und Ungenauigkeiten in der Herstellung der Lager hierbei einen wesentlichen Einfluß haben können, so wird man das genannte Ergebnis als eine befriedigende Bestätigung der Theorie ansehen dürfen. Von der ausführlicheren Veröffentlichung des Versuchsmaterials soll indessen an dieser Stelle abgesehen werden, da dasselbe doch nur eine vorläufige Bedeutung hat.

*) Bei einer späteren Fortsetzung der Versuchsreihe auf weitere 20 Lager waren die Ergebnisse: 14 mehr vorn, 5 mehr hinten, 1 unentschieden.

Arnold Sommerfeld, Zur Theorie der Schmiermittelreibung.

Gekürzter Abdruck aus der Zeitschrift für technische Physik 2. Jahrg. 1921 Nr. 3 u. 4.)

1. Trockene Reibung.

Wenn man den Tatsachenbestand der Reibungserscheinungen überblickt, muß man sich immer wieder darüber wundern, daß daß primitive Coulombsche Gesetz — Reibungswiderstand gleich Reibungskoeffizient mal Normaldruck — die Wirklichkeit so gut wiedergibt. Daß der Reibungswiderstand nicht in voller Strenge konstant ist, daß er z. B. bei hohen Geschwindigkeiten merklich mit der Geschwindigkeit abnimmt, ist kaum ein Einwand gegen das Gesetz; wird doch bei extremen Geschwindigkeiten die Oberfläche, deren Beschaffenheit durch den Reibungskoeffizienten beschrieben werden soll, zweifellos abgeschliffen und geglättet. Auch eine gewisse Druckabhängigkeit des Reibungskoeffizienten läßt sich leicht verstehen, da ja bei extremen Drucken die aufeinander reibenden Körper deformiert werden.

Grundsätzlich wichtiger scheint mir, daß bei äußerster Glättung und Reinigung der Oberflächen das ganze Reibungsphänomen sich verflüchtigt. Dies zeigen Untersuchungen, die im Königsberger Physikalischen Institut unter Leitung Professor Kaufmanns mit äußerster Sorgfalt von Frl. Jakob*) ausgeführt sind. Es wurde Messing auf Messing, Spiegelglas auf poliertem Glas zum Gleiten gebracht. Äußerste Politur des Messings bei Fernhalten jedes Staubkörnchens, kunstvolle Trocknung des Glases waren Vorbedingung. Dabei zeigte sich, daß der Reibungskoeffizient der Ruhe nicht mehr verschieden war von dem der Bewegung, daß die einsetzende Bewegung gleichförmig verlief, aber so klein wurde, daß sie gegebenenfalls unter dem Mikroskop beobachtet werden mußte

---

*) Über gleitende Reibung, Ann. d. Phys. **38** S. 126, 1912.

(z. B. 1 mm in 30 Minuten); „eine untere Grenze des zum Eintritt der Bewegung nötigen Reibungswinkels ließ sich nicht angeben, sie schien bei sehr sauberen Flächen nur von der Empfindlichkeit der mikroskopischen Beobachtung abhängig zu sein“. Wenn aber die Oberflächen ein wenig verunreinigt waren, so stellte sich die gewöhnliche Form der Reibungserscheinungen ein, mit bedeutend vergrößertem Reibungskoeffizienten und beschleunigter Bewegung von der Ruhe aus.

Für normale Bedingungen, wie sie in der Praxis stets vorliegen, wird also auch durch diese Versuche das Coulombsche Reibungsgesetz bestätigt.

2. Flüssigkeitsreibung.

Es gibt aber ein weites Gebiet, wo die Gesetze der trockenen Reibung mit Unrecht angewendet werden, die Erscheinungen der Schmiermittelreibung.

In den älteren Lehrbüchern der Technischen Mechanik (z. B. Ritter § 92) wird der Reibungswiderstand proportional dem Normaldruck an der „Berührungsstelle“ gesetzt und wird verlangt, daß die Resultierende Q (vgl. Fig. 1) aus dem Reibungswiderstande R und dem Normaldruck N die lotrechte Richtung des Zapfendruckes P habe. Das Reibungsmoment M soll dann dargestellt sein durch das Kräftepaar aus dem Zapfendruck P und dieser Resultierenden Q. Der Berührungspunkt B müßte von der Lagermitte aus entgegen dem Sinn der Umlaufsbewegung verschoben sein. Das Reibungsmoment wäre hiernach, wenn φ den Reibungswinkel, also $\operatorname{tg}\varphi$ den Reibungskoeffizienten und r den Zapfenradius bedeutet:

$$M = Pr \sin\varphi, \tag{1}$$

also unabhängig von der Geschwindigkeit, proportional dem Zapfendruck.

An dieser Gleichung ist, zumal bei schnell umlaufenden Wellen, ungefähr alles falsch. Während nach (1) die „Reibungszahl“, nämlich das Verhältnis M/rP, konstant sein soll, nimmt sie in Wirklichkeit mit wachsender Geschwindigkeit zunächst ab, dann aber von einer gewissen Grenze an systematisch zu. Ähnlich verhält sich die Reibungszahl bei konstanter Geschwindigkeit, aber wachsendem Zapfendruck: Zunächst Abnahme bis zu einem Minimum, dann Zunahme (vgl. die später zu nennenden Versuche von Stribeck u. a.). Auch scheint es sicher, daß der Berührungspunkt (besser gesagt: der Punkt größter Annäherung zwischen Zapfen und Lager) nicht entgegen, sondern im Sinne des Wellenumlaufs gegen die Mitte verschoben ist. Kein Wunder: das Schmiermittel, ohne welches das Lager in kürzester Zeit zerstört werden würde, ist wesentlich für die physikalischen Bedingungen des Vorganges. Für die im Schmiermittel wirksame Flüssigkeitsreibung aber gelten statt des Coulombschen die Ansätze von Newton oder Navier, die in den Kapillarmessungen nach Poiseuille ihre vollkommenste Bestätigung finden.

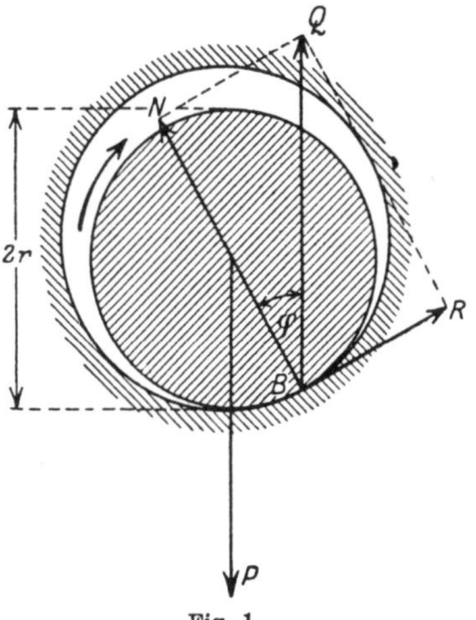

Fig. 1

Das Gesetz für zähe (visköse) Flüssigkeiten besagt, daß der auf die Flächeneinheit übertragene Reibungswiderstand gleich ist dem Koeffizienten der inneren Reibung [Zähigkeitskoeffizient, Viskositätskonstante] mal dem Geschwindigkeitsgefälle senkrecht gegen die Fläche. Nennen wir den Zähigkeitskoeffizienten μ, das Geschwindigkeitsgefälle U/h, wobei wir unter h die Dicke der Schmierschicht, unter U die Umfangsgeschwindigkeit des Zapfens verstehen, so wird das Reibungsmoment für die Längeneinheit des Zapfens (Hebelarm des Reibungswiderstandes r, reibende Fläche pro Längeneinheit des Zapfens = Umfang desselben = $2\pi r$):

$$M = 2\pi r^2 \mu \frac{U}{h}. \tag{2}$$

Dies ist die Formel Petroffs, des Vaters der hydrodynamischen Schmiermitteltheorie*). Sie sagt, ganz im Gegensatz zu (1), aber in besserer Übereinstimmung mit der Erfahrung an schnell umlaufenden Wellen, aus, daß die Reibung unabhängig vom Zapfendruck, proportional mit der Geschwindigkeit sein soll.

Gleichung (2) setzt voraus, daß die Schmierschicht überall die Dicke h habe, daß also der Zapfen genau zentriert im Lager umlaufe. Genauere Untersuchungen, experimentelle und theoretische, zeigen, daß dies nicht möglich ist, daß der zentrierte Umlauf nur den Grenzfall unendlich hoher Geschwindigkeit oder unendlich kleinen Zapfendruckes darstellt. Deshalb bedeutet auch Gleichung (2) nur eine ideale Grenzformel für beliebig hohe Geschwindigkeiten (beliebig kleine Drucke).

Wenn der Zapfen die Länge l hat, würde das ganze Reibungsmoment aus (2) durch Multiplikation mit l erhalten werden. Wollen wir weiterhin in Formel (1) ebenso wie in (2) unter M das Reibungsmoment für die Zapfeneinheit verstehen, so müssen wir daselbst auch P als den Zapfendruck für die Längeneinheit (die Belastuung der Längeneinheit des Lagers) definieren.

3. Das Ähnlichkeitsgesetz der Schmiermittelreibung.

Bekanntlich ist oft vorteilhaft, vor jedem Eingehen auf die besonderen dynamischen Bedingungen eines Problems sich nach den Regeln der Dimensionen eine allgemeine Übersicht über die möglichen Abhängigkeiten zu verschaffen. Wir werden dadurch im vorliegenden Falle einen erheblichen Teil der hydrodynamischen Schmiermitteltheorie vorwegnehmen.

Natürlich ist die Petroffsche Gleichung (2) in den Dimensionen richtig, d. h. sie stellt ein Moment für die Längeneinheit dar; man überzeugt sich auch unmittelbar, daß man aus μ, r und dem Geschwindigkeitsgefälle U/h nur auf eine Weise, nämlich in Form der Gleichung (2), eine

*) N. Petroff, Neue Theorie der Reibung, 1883 russisch; 1887 deutsch bei Voss.

Größe dieser Dimension herstellen kann. Anders ist es, wenn wir den Zapfendruck P mit hineinziehen. Aus diesem entsteht durch Multiplikation mit irgendeiner Länge eine mit M gleichdimensionierte Größe, also z. B. in der Form $r\,P$, ähnlich wie in (1) oder, indem wir die Schmierschichtdicke hinzunehmen, in der Form

$$M = \delta \cdot P. \tag{3}$$

Unter δ verstehen wir dabei im allgemeinen Falle variabler Schmierschichtdicke (exzentrischer Zapfenlage) den Unterschied zwischen dem Radius der Lagerschale und dem Zapfenradius. Bei exzentrischer Lage des Zapfens stellt δ einen Mittelwert der Schmierschichtdicke h dar, bei zentrischer Lage ist überall $h = \delta$. Wir ersetzen dementsprechend auch in (2) h durch δ und folgern aus (2) und (3), daß die Größe

$$z = \frac{\delta^2 P}{2\pi r^2 \mu U} \tag{4}$$

eine reine Zahl ist. Infolgedessen stellt auch die allgemeinere Formel

$$M = \frac{2\pi r^2 \mu U}{\delta}[1 + f(z)] \tag{5}$$

ein Moment pro Längeneinheit dar, bei jeder Wahl des Funktionszeichens f. Beschränken wir diese Wahl dadurch, daß $f(0) = 0$ sein soll, so erreichen wir, daß für $U = \infty$, d. i. nach (4) für $z = 0$, unsere Formel (5) in die Petroffsche (2) übergeht, wie es nach der vorigen Nr. sein soll.

Allerdings ist Gleichung (5) noch nicht die allgemeinste Formel, die nach der bloßen Dimensionsbetrachtung möglich wäre. Da wir nämlich außer z noch die unbenannte Zahl δ/r zur Verfügung haben, so könnten wir $f(z)$ allgemeiner ersetzen durch

$$f(z, \delta/r)$$

bei beliebiger Wahl dieser Funktion zweier Variabler. Doch würde uns eine solche Komplikation hier nicht fördern.

Wir wollen noch eine zweite Dimensionsformel für M aufstellen, ausgehend von der Gleichung (1). Indem wir den dortigen Faktor $\sin\varphi$ ersetzen durch f_0 (Reibungskoeffizienten der Ruhe) und abermals eine willkürliche Funktion hinzufügen, schreiben wir

(6) $$M = f_0 r P [1 + F(1/z)].$$

Beschränken wir die Wahl von F abermals durch die Forderung $F(0) = 0$, so sorgen wir dafür, daß für $U = 0$, d. h. nach (4) für $z = \infty$, aus Gleichung (6) als Wert von M sich ergibt: $M = f_0 r P$. Durch diese Festsetzung ist also der Anschluß an die Gleichung (1) erreicht, innerhalb des Gültigkeitsbereiches dieser Formel, d. h. für kleinste Geschwindigkeiten. Der Wert von f_0 soll dabei aber nicht einfach den Coulombschen Koeffizienten der trockenen Reibung bedeuten, also nicht eine reine Materialkonstante von Zapfen und Lagerschale sein; seine Wahl bleibe vielmehr offen und möge auch den geometrischen Verhältnissen der Lagerkonstruktion Rechnung tragen.

Für die Reibungszahl ergibt sich nun aus (5) und (6) durch Division mit rP:

(5′) $$\frac{M}{rP} = \frac{\delta}{r} \frac{1 + f(z)}{z}$$

bzw.

(6′) $$\frac{M}{rP} = f_0 [1 + F(1/z)].$$

Die Reibungszahl hängt also, wenn man von den geometrischen Faktoren δ/r und f_0 absieht, nur von der unbenannten Zahl z ab. Insbesondere gehen die physikalischen Größen des Problems, die Zähigkeitszahl μ des Schmiermittels, die Umfangsgeschwindigkeit U der Welle und die Belastung P für die Längeneinheit des Zapfens, nur in der Verbindung $\mu U/P$ in die Reibungszahl ein. Diese Folgerung nennen wir das Ähnlichkeitsgesetz der Schmiermittelreibung.

4. Zwei Prüfungen des Ähnlichkeitsgesetzes.

R. Stribeck*) hat um dieselbe Zeit, als ich an der hydrodynamischen Theorie der Schmiermittelreibung (vgl. die vorangehende Abhandlung) arbeitete, eingehende experimentelle Untersuchungen über Gleit- und Rollenlager angestellt, unter ausgiebiger Variation von Geschwindigkeit und Druck. Seine

*) Mitteilungen über Forschungsarbeiten Heft 7, 1903.

Hauptergebnisse für Gleitlager (Sellers-Lager mit Ringöler) sind in den Fig. 13 u. 14 der vorangehenden Abhandlung S. 151 u. 152 niedergelegt. Die erste gibt die Reibungszahl in Abhängigkeit von der Geschwindigkeit. Die zweite ist nur eine Umzeichnung der ersten und zeigt die Reibungszahl in Abhängigkeit vom Zapfendruck bei festgehaltener Geschwindigkeit. Man sieht in beiden Figuren den in Nr. 2 genannten Abfall der Kurven bis zu einem Minimum und den darauffolgenden Anstieg.

Da sich die Stribeckschen Beobachtungen alle auf das gleiche Schmiermittel beziehen, μ also nicht darin geändert wird, können wir hier nur die Abhängigkeit von P und U prüfen. Nach unserem hydrodynamischen Ähnlichkeitsgesetz soll die Abhängigkeit von P und U sich auf eine solche von P/U reduzieren. Das will sagen: Wenn wir nicht P oder U, sondern P/U als Abszisse auftragen, sollen die zu gleichem P/U gehörenden Reibungszahlen zusammenfallen; die beiden Kurvenscharen sollen in dieser Darstellungsweise in einen einzigen charakteristischen Kurvenzug übergehen.

Wie weit bewährt sich dies an den Beobachtungskurven? Vergleichen wir z. B. die Kurven 1 und 2 in Fig. 13. Für die Umgebung des Minimums stimmt unsere Ähnlichkeitsregel vollkommen. Das Minimum von 1 liegt bei der Hälfte desjenigen Geschwindigkeitswertes, bei dem das Minimum von 2 liegt; also ist $P/U_{\min}$ für beide Kurven gleich groß; überdies sind die Reibungszahlen an beiden Stellen dieselben. Dasselbe gilt für alle Kurven der Fig. 13 und 14. Die Minima der Reibungszahl sind alle gleich groß, die Kurven haben sämtlich dieselbe horizontale Tangente. Und die Abszissen der Tiefstpunkte aller Kurven verhalten sich wie die an die Kurven angeschriebenen Zahlen, d. h. der Wert von P/U ist für alle Tiefstpunkte der gleiche. Aus den genaueren Kurven der Stribeckschen Originalarbeit lesen wir z. B. ab:

$P=\frac{1}{2}$	1	2	4	8	15 kg/cm²,
$U=4$	8	15	28	60	135 Uml./Min.,
$U/P=8$	8	7,5	7	7,5	9.

Diesem merklich konstanten Werte von U/P entspricht der merklich konstante Minimalwert 0,0036 der Reibungszahl; die Reibungszahl ist in der Nähe ihres Minimums wirklich eine reine Funktion des Verhältnisses P/U, wie es unser Ähnlichkeitsgesetz verlangt. Durch geeignete Streckung oder Kürzung in der Abszissenrichtung nach Maßgabe der den Kurven beigeschriebenen Zahlenwerte können wir in der Nähe des Minimums alle Kurven der Fig. 13 und 14 auf eine einzige Kurve zusammenziehen.

Dasselbe gilt auch näherungsweise für den absteigenden Ast und für den Anfang des aufsteigenden Astes, soweit er geradlinig verläuft, in Fig. 13; (dem absteigenden und aufsteigenden Aste in Fig. 13 entsprechen in Fig. 14 beziehungsweise der aufsteigende und absteigende Ast). In der Tat beginnen alle Kurven der Fig. 13 in dem gleichen Punkte 0,140 (Reibungszahl der Ruhe), entsprechend dem gleichen Abszissenwerte $P/U = \infty$; ferner verhalten sich die Anstiege der geradlinigen Äste umgekehrt wie die den Kurven beigeschriebenen Zahlen oder wie die Minimalwerte ihrer Abszissen. Auch diese Teile der Kurven würden daher durch entsprechende Streckung oder Kürzung nach der Abszisse zur Deckung gebracht werden können.

Das trifft aber nicht mehr zu für die gekrümmten Teile der aufsteigenden Äste in Fig. 13. Der Übergang von dem geradlinigen zu dem gekrümmten Verlauf setzt in den aufeinanderfolgenden Kurven nicht bei gleichen Werten der Reibungszahl ein, im Gegensatz zu unserem Ähnlichkeitsgesetz, sondern in den Kurven höherer Belastung bei immer kleineren Werten derselben. Würde man also diese Kurven durch Abszissenverkürzung auf die Kurve 1 reduzieren (von rechts nach links zusammenschieben), so würden sie sich nicht miteinander und mit dieser decken, sondern die Kurven höherer Belastung würden immer früher von dem geradlinigen Aste der Kurve 1 abbiegen.

Bei höheren Geschwindigkeiten (kleineren z) treten also Umstände ein, welche in unserer hydrodynamischen Theorie und in unserem Ähnlichkeitsgesetz nicht berücksichtigt sind. Es liegt nahe, hierbei an die Temperaturerhöhung im Schmiermittel mit wachsender Geschwindigkeit zu denken. Erhöhung der Temperatur setzt die innere Reibung und daher auch (bei großen Geschwindigkeiten) die Reibungszahl herunter. Dies erklärt qualitativ befriedigend das Abbiegen der Kurven oberhalb einer gewissen Geschwindigkeit. In unserem Ähnlichkeitsgesetz, in dem wir mit einer festen Zähigkeitskonstanten μ rechnen, ist dieser Temperatureffekt natürlich nicht enthalten. —

Während in den Stribeckschen Versuchen die Natur des Schmiermittels festgehalten, aber U und P variiert werden, gibt es eine andere lehrreiche Versuchsreihe, in der P festgehalten, aber U und μ variiert wird; wir meinen Versuche von Biel*), welche in Karlsruhe auf Veranlassung von Ubbelohde ausgeführt sind. Zwar wird auch hier das Schmiermittel („Mineralöl C") nicht ausgewechselt, aber es wird seine Temperatur in Stufen von 30° bis 60° verändert. Damit verändert sich, wie bereits bemerkt, seine Dünnflüssigkeit in erheblichem Maße, so daß das gleiche, aber verschieden temperierte Schmiermittel für die Theorie die Rolle von wesentlich verschiedenen Schmiermitteln spielt.

Die Ergebnisse Biels, die mit der Untersuchung Stribecks und der hydrodynamischen Theorie wesentlich übereinstimmen, wollen wir mit den Worten des Verfassers anführen: „Bei zunehmender Umlaufzahl nimmt die Reibungszahl zunächst ab und dann wieder zu, so daß sie durch ein Minimum hindurchgeht. Die Höhe des Minimums ist nahezu unveränderlich, d. h. unabhängig von der Umlaufzahl und der Temperatur. Die Umlaufzahl, bei welcher der Mindestwert eintritt, liegt um so höher, je höher die Temperatur ist. Im Minimum aller Kurven ist das Produkt aus Umlaufzahl und Zähigkeit gleich groß." Herr Biel zeichnet a. a. O. in seiner Fig. 9 die Kurven der Reibungszahl für verschiedene Temperaturen direkt als Funktion des Produktes μU (bei ihm zn genannt) auf und findet, daß sie bis auf kleine Abweichungen merklich zusammenfallen. Darin liegt der sinnfälligste Beweis für die Gültigkeit unseres Ähnlichkeitsgesetzes in seiner Anwendung auf die Veränderlichen μ und U. Die Abbiegung der Kurven bei höherer Geschwindigkeit, die wir in der Stribeckschen Figur bemerkten, macht sich hier nicht geltend, was seinen Grund

*) Zeitschr. d. Vereins deutscher Ing. Bd. 64, 1920, S. 447 und 483.

darin haben dürfte, daß bei Biel die Temperatur sorgfältig konstant gehalten wurde, während Stribeck dies scheinbar nicht erreichen konnte.

Somit bewährt sich unser Ähnlichkeitsgesetz als erste und oberflächlichste Folgerung der hydrodynamischen Theorie vortrefflich. Es ist erfreulich, daß gerade die Umgebung des Minimums in jedem Falle den besten Einklang zwischen Theorie und Erfahrung aufweist. Die Praxis wird sich nach Möglichkeit durch passende Wahl des Schmiermittels den Verhältnissen minimaler Reibung anzupassen suchen. Andererseits sind die Voraussetzungen der Theorie, wie wir später noch sehen werden, gerade in der Nähe minimaler Reibungszahl am ehesten erfüllt.

Aus der Tatsache des Reibungsminimums, dem Hauptergebnis der hydrodynamischen Theorie, fließt unmittelbar die auch von Biel gezogene, etwas paradoxe Folgerung, daß je nach den Umständen von zwei Ölen das dünnere oder das dickere die kleinere Reibungszahl ergeben kann. Sind nämlich die Umstände (Druck und Umlaufszahl) so gewählt, daß man sich mit dem dickeren im Reibungsminimum befindet, so arbeitet man mit dem dünnflüssigeren bereits jenseits des Minimums, hat also größere Reibungsverluste zu erwarten.

In einer Vortragsfolge, welche vom Wiener Architekten- und Ingenieurverein im März 1912 veranlaßt war, und bei der der Schreiber dieser Zeilen über seine hydrodynamische Theorie zu berichten hatte, wurde die allgemeine These vertreten, daß die einzige maßgebende Konstante eines Schmiermittels seine innere Reibung μ sei und daß die Praxis die Bedingungen minimaler Reibungszahl durch Wahl des Mittels anzustreben habe. Die vorangehenden Betrachtungen scheinen diese These in einem gewissen Umfang zu bestätigen.

5. Grundzüge der hydrodynamischen Schmiermitteltheorie.

Ich kann hier natürlich nicht die mathematische Seite der Theorie entwickeln, sondern muß in dieser Hinsicht auf die vorhergehende Arbeit verweisen. Gegenwärtig muß es genügen, die Voraussetzungen der Theorie und ihre Endergebnisse zusammenzustellen.

Die Voraussetzungen der Theorie sind folgende (vgl. Fig. 2):

1. Das Schmiermittel haftet an der Oberfläche von Zapfen und Lager. Es bewegt sich also am Zapfen mit dessen Umfangsgeschwindigkeit U und ist am Lager in Ruhe. In dem engen Zwischenraum zwischen Zapfen und Lager findet das ganze Geschwindigkeitsgefälle von U auf 0 statt.

2. Der Zwischenraum zwischen Zapfen und Lager ist vollständig vom Schmiermittel ausgefüllt. Gerade diese Voraussetzung ermöglichte es mir, die Theorie weiterzuführen und durchsichtiger zu gestalten, als das bei meinem unmittelbaren Vorgänger, Osborne

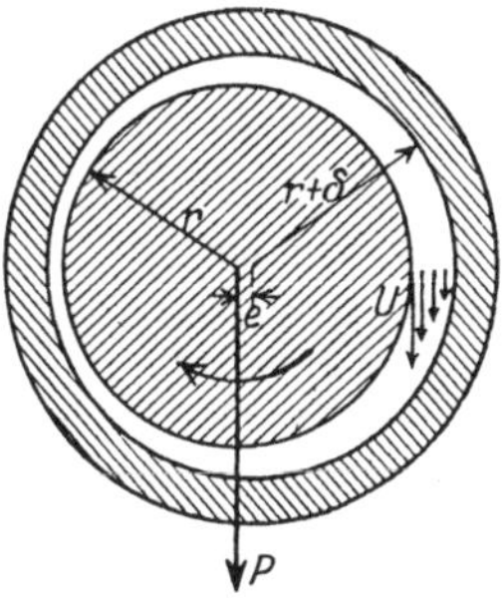

Fig. 2

Reynolds*), möglich war. Reynolds behandelte ein halbumschließendes Lager, wie es z. B. bei den Eisenbahnachsen vorliegt; ich betrachte ein allseitig umschließendes, rundum geschmiertes Lager, wie man es bei den schnell umlaufenden elektrischen Maschinen zu verwirklichen sucht. Wir wollen aber gleich hier betonen, daß die Voraussetzung einer rundum zusammhängenden Schmierschicht nicht unter allen Umständen (nämlich nicht bei kleinen Geschwindigkeiten bzw. hohen Drucken) erfüllt sein kann.

3. Der Querschnitt von Zapfen und Lager sei kreisförmig (Radius des Zapfens r, der Lagerschale $r + \delta$); wir sehen also von den (technisch gewiß nicht unwesentlichen) Schmiernuten im Lager ab. Zentrische Gestalt

*) Vgl. diese Sammlung Nr. 2.

bedeutet aber nicht konzentrische Lage von Zapfen und Lager. Vielmehr zeigen die gewöhnlichen Bedingungen der Statik, daß der Zapfen sich exzentrisch im Lager einstellen, nämlich senkreckt gegen die Richtung des Zapfendruckes ausweichen muß, so zwar, wie es in Fig. 2 angedeutet ist und im umgekehrten Sinne, als Fig. 1 es darstellt, nämlich im Sinne der Bewegung.

4. Druckunterschiede und Strömungen finden nur im Querschnitt statt; wir sehen also von den Verschiedenheiten des Druckes parallel der Achse des Lagers und vom Zu- und Abfluß des Schmiermittels ab.

5. Wir vernachlässigen die Trägheitswirkungen gegen die Äußerungen der Viskosität. Der Druck ist dann rein viskösen Ursprungs, d. h. das Druckgefälle wird wie in Kapillarröhren dazu verbraucht, um die Flüssigkeit unter Überwindung ihrer inneren Zähigkeit durch den engen Schlitz zwischen Zapfen und Lager hindurchzupressen. Das Druckgefälle ist daher proportional der Zähigkeitskonstanten μ und nur abhängig von der Dicke der Schmierschicht an der betreffenden Stelle des Zapfenumfanges: Für je zwei Stellen gleicher Schichtdicke ist das Druckgefälle gleich. Von den hydraulischen Druckunterschieden kann dagegen, wie von allen Trägheitswirkungen, abgesehen werden.

Wir betrachten nun auf Grund dieser Voraussetzungen Fig. 3. Der Durchmesser ab durch Zapfenmitte und Lagermitte ist horizontal gezeichnet; der Abstand beider (die Exzentrizität des Zapfens) ist mit e bezeichnet. Wir fragen nach derjenigen Lage des Zapfendruckes P, die zu der angenommenen exzentrischen Lage des Zapfens gehört, und behaupten, daß P senkrecht zu ab liegen muß.

In zwei Punkten $A\,A'$, die symmetrisch zu ab liegen, ist die Schmierschichtdicke und daher (nach Voraussetzung 5) auch das Druckgefälle gleich; das Druckgefälle ist also eine gerade Funktion des von ab aus gezählten Winkels φ. Wenn aber $dp/d\varphi$ gerade ist, so ist p selbst eine ungerade Funktion von φ. Setzen wir also

$$p = p_0 + p_1, \tag{7}$$

unter p_0 den Wert von p in a (für $\varphi = 0$) verstanden, so ist p_1 in zwei symmetrisch gelegenen Punkten wie $A\,A'$

oder $B\,B'$ entgegengesetzt gleich. In der Figur haben wir nur den variablen Teil p_1 des Druckes eingetragen, da der konstante Teil p_0 für sich am Zapfen im Gleichgewicht steht und keine Verschiebung desselben bewirkt. Die variablen Teile p_1 von p wirken in A und A' entgegengesetzt, in A als Druck (Überdruck über p_0), in A' als Zug (Unterdruck). Vereinigen wir nun diese beiden entgegengesetzten Drucke p_1 in A und A', so setzen sie sich im Mittelpunkte des Zapfens zu einer Resultierenden zusammen, die senkrecht nach oben gerichtet ist, wie in Fig. 3 gezeichnet, ebenso die Drucke in je zwei anderen Punkten wie B und B'. Im ganzen ergibt sich also von hier aus eine vom Schmiermittel übertragene, senkrecht nach oben gerichtete Gesamtkraft auf den Zapfen.

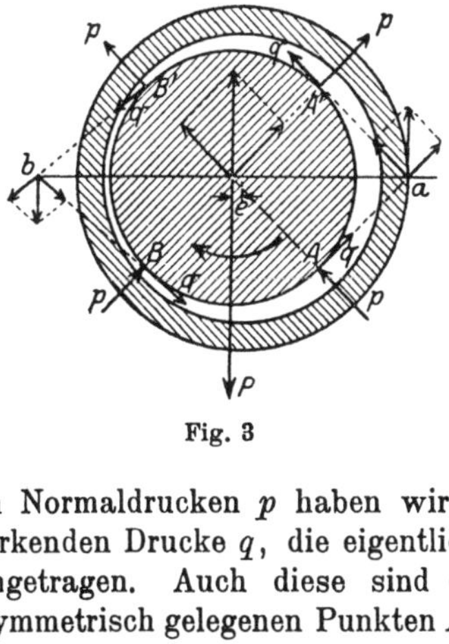

Fig. 3

Außer den Normaldrucken p haben wir die tangential zum Zapfen wirkenden Drucke q, die eigentlichen Reibungsscherungen, eingetragen. Auch diese sind entgegengesetzt gleich in zwei symmetrisch gelegenen Punkten $A\,A'$ und setzen sich daher ebenfalls zu senkrechten Resultierenden zusammen, teils nach oben wirkend (Punkt a), teils nach unten (Punkt b). Dabei überwiegt aber die von den Normaldrucken p herrührende Wirkung über die Wirkung der Scherungsdrucke q, und es ergibt sich eine n a c h o b e n g e r i c h t e t e G e s a m t k r a f t.

Der Zapfendruck, der nach den Gleichgewichtsbedingungen der Statik dieser Kraft entgegengesetzt sein muß, ist also in der Figur nach unten einzuzeichnen. Oder, anders ausgedrückt: d e r Z a p f e n w e i c h t (wohlgemerkt, bei allseitig umschließendem Schmiermittel) senkrecht gegen den Zapfendruck aus. Die Größe der Ausweichung hängt dabei von der Geschwindigkeit (oder vom Zapfendruck) ab. Bei $U = \infty$ $(P = 0)$ ist $e = 0$, der Zapfen läuft zentriert; bei $U = 0$ $(P = \infty)$ ist $e = \delta$, der Zapfen wird bis an die Lagerschale herangedrängt und sperrt hier den Durchfluß des Schmiermittels ab.

Die andere Gleichgewichtsbedingung, die sich auf die Momente bezieht, ist ebenfalls aus Fig. 3 abzulesen: Die Reibungsdrucke q, und nur diese, geben ein Moment um die Zapfenmitte; dies ist unser Reibungsmoment M. Nach den statischen Gleichgewichtsbedingungen ist dieses durch einen Teil des Antriebsmomentes der Maschine aufzuheben.

6. Quantitative Folgerungen der hydrodynamischen Theorie.

Auf Grund der letzten Bemerkungen verstehen wir ohne weiteres, wie ein bestimmtes Minimum von Reibungsmoment und Reibungszahl zustande kommt. Mit (unendlich) wachsender Geschwindigkeit wächst das Reibungsmoment unendlich an, entsprechend dem immer zunehmenden Geschwindigkeitsgefälle U/h in der Schmierschicht und den damit zunehmenden Reibungsdrucken q; dasselbe zeigt auch Gleichung (2) von Petroff, welche ja für hinreichend große U gilt. Bei unendlich abnehmender Geschwindigkeit andererseits werden aber ebenfalls die Reibungsverhältnisse immer ungünstiger. Indem der Zapfen immer mehr an die Lagerschale herangedrängt wird, muß sich das Schmiermittel durch einen immer engeren Spalt hindurchzwängen. Also haben wir einen Anstieg des Reibungsmomentes nicht nur für $U = \infty$, sondern auch für $U = 0$. Dazwischen muß es ein Minimum geben.

Wir kennzeichnen die Lage des Minimums durch unsere unbenannte Zahl z, Gleichung (4), und finden dafür und für die zugehörige Reibungszahl auf Grund der mathematischen Theorie:

$$(8) \qquad z_{\min} = \frac{12}{5}, \quad \left(\frac{M}{Pr}\right)_{\min} = \frac{2\sqrt{2}}{3}\frac{\delta}{r}.$$

Bei günstigsten Reibungsverhältnissen hat also die Reibungszahl einen festen, nur von der geometrischen Gestalt des Lagers abhängigen Wert; gleichzeitig hat, mögen wir nun das Reibungsminimum durch Variation von P oder von U oder von μ erreichen, das Verhältnis $P/\mu U$ stets eine und dieselbe Größe, nämlich nach (4) und (8) den Wert:

(9) $$\frac{P}{\mu U} = \frac{24\pi}{5}\left(\frac{r}{\delta}\right)^2 .$$

Damit haben wir diejenigen Gesetze zahlenmäßig präzisiert, die wir bereits in Nr. 4 als Ausfluß unseres allgemeinen Ähnlichkeitsgesetzes an der Erfahrung bestätigen konnten.

Der zahlenmäßige Vergleich von (8) und (9) mit der Erfahrung scheitert leider daran, daß der Lagerspielraum δ nicht gemessen zu werden pflegt und — wegen seiner Veränderung beim Vorgange des Einlaufens — auch schwerlich genau gemessen werden kann. Wir müssen uns daher darauf beschränken zu zeigen, daß umgekehrt aus der Theorie ein Wert von δ gefordert werden kann, der durchaus vertrauenerweckend ist. Nach den Figuren 13 und 14 von Stribeck (vgl. die vorangehende Abhandlung) war die Reibungszahl 0,0036; der Zapfenradius betrug 35 mm. Aus der zweiten Gleichung (8) folgt also:

$$\delta = 0{,}0036 \cdot \frac{3}{2\sqrt{2}} \cdot 35 = 0{,}13\,\text{mm}.$$

Nach Angabe von Biel war bei dessen Versuchen das ganze Reibungsmoment (einschließlich Kugellagerreibung) im Zustande des Minimums durchschnittlich 75 kg cm; der ganze Zapfendruck war 3920 kg, der Zapfenradius auch hier 35 mm. Daher:

$$\left(\frac{M}{Pr}\right)_{\min} = \frac{75}{3920 \cdot 3{,}5} = 0{,}0055,$$

$$\delta = 0{,}0055 \cdot \frac{3}{2\sqrt{2}} \cdot 35 = 0{,}20\ \text{mm}.$$

Da wir übrigens (wegen Einrechnung der Kugellagerreibung) das Reibungsmoment M hierbei etwas zu hoch gerechnet haben, wird der wirkliche Wert von δ in diesem Fall noch etwas kleiner als 0,20 mm gewesen sein.

Beide Zahlenwerte (0,13 bei Stribeck und $< 0{,}20$ bei Biel) sind von derjenigen Größenordnung, die man erwarten muß.

Aber auch der geradlinige Anstieg der Stribeckschen Kurven hinter dem Minimum läßt sich nunmehr zahlenmäßig mit der Theorie vergleichen. Für diesen soll angenähert die Petroffsche Grenzformel (2) gelten; man kann also aus ihr und den Stribeckschen Beobachtungen unter Benutzung der errechneten Schmierschichtdicke 0,13 mm die Zähigkeitskonstante μ berechnen. Man findet so $\mu = 0{,}03$ in absoluten Einheiten, das ist dreimal so viel wie für Wasser, ein recht plausibler Wert.

Natürlich gestattet die Theorie nun auch, die in Nr. 3 eingeführten Funktionen f und F genau zu bestimmen. Es ergibt sich für die Darstellungen (5) und (6) bei kleinen bzw. großen Werten von z durch passende Reihenentwicklung des ursprünglich komplizierteren funktionellen Zusammenhanges

$$f(z) = \frac{2}{9} z^2 + \cdots$$

bzw.

$$F\left(\frac{1}{z}\right) = -\frac{2}{3}\frac{1}{z^2} + \cdots$$

Was aber gar nicht stimmt, ist die Reibungszahl der Ruhe. Nach der Rechnung würde sie nur wenig größer sein als der Minimalwert, nach der Beobachtung übertrifft sie diesen um das 60fache. Indessen gibt die Theorie hier wenigstens einen Fingerzeig, woher dieser Unterschied stammt. Bei kleiner Geschwindigkeit wachsen in dem engen Schlitz zwischen Zapfen und Lagerschale die Drucke immer mehr an, und zwar (vgl. Fig. 3) nicht nur die positiven, sondern auch die negativen Bestandteile p_1 des Druckes [vgl. Gleichung (7)] die dann schließlich den positiven Betrag p_0 übertreffen müssen. Die Flüssigkeit befindet sich dann nicht unter Druck, sondern unter Zug; sie gibt demselben nach und reißt ab. Die Theorie zeigt also selbst an, daß eine ihrer wesentlichen Voraussetzungen, die der allseitig umschließenden und zusammenhängenden Schmierschicht, bei kleinen Geschwindigkeiten unzutreffend wird. Sie schränkt also ihren Gültigkeitsbereich selbst ein und erklärt damit in befriedigender Weise ihre Unstimmigkeit mit der Erfahrung bei kleinen Geschwindigkeiten.

7. Bericht über eine Arbeit von Lord Rayleigh.

Lord Rayleigh untersucht in einer seiner letzten, aus seinen Todesjahr stammenden Arbeiten *) die Frage, wie sich eine Schmierschicht zwischen einer ebenen, gleichförmig bewegten Unterlage und einer unter Druck stehenden, auf der Schmierschicht lastenden Tragfläche halten kann. Man denke dabei z. B. an das Kreuzkopflager einer Kolbenmaschine. (Daß dabei die ebene Unterlage ruht und die Tragfläche bewegt wird, ist natürlich ohne Belang.) Fig. 4

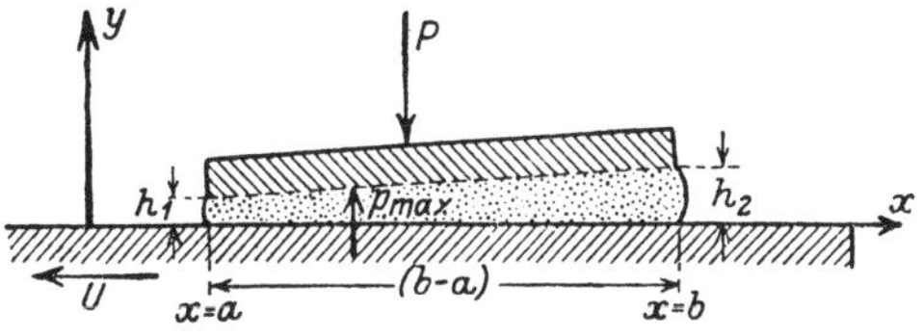

Fig. 4

gibt eine schematische Darstellung der behandelten Verhältnisse und der angewandten Bezeichnungen.

Rayleigh knüpft enge an Reynolds' und meine Untersuchung an, die er dem physikalischen Verständnis näher zu bringen sucht. Wir spezialisieren seine Betrachtungen auf den Fall, daß nicht nur die Unterlage, sondern auch die Tragfläche eben ist. Dieser Fall ist der Hauptsache nach schon von Reynolds behandelt und von Rayleigh nur numerisch etwas weiter ausgeführt worden. Seine Erweiterung auf gekrümmte oder eckige Tragflächen erwähnen wir nur anhangsweise. Ferner beschränken wir uns auf den Fall, daß die Tragfläche senkrecht zur Zeichenebene der Fig. 4 unbegrenzt ist, also auf das zweidimensionale Problem. Hinsichtlich des dreidimen-

*) Philos. Mag. 35 S. 1, 1918.

sionalen Problems, welches auch praktisch bedeutungsvoll geworden ist, verweisen wir auf Michell*).

Die Grundgleichungen sind die folgenden:

1. die Differentialgleichung

$$\frac{\partial p}{\partial x} = \mu \frac{\partial^2 u}{\partial y^2}.$$

p ist reine Funktion von x nnd verschwindet für $x = a$ und $x = b$; u ist reine Funktion von y, wenn h konstant ist; dagegen ist u mit x langsam veränderlich, wenn h, wie in Fig. 4, langsam variiert zwischen $h = h_1$ und $h = h_2$.

2. Durch Integration nach y folgt mit den Grenzbedingungen $u = 0$ für $y = h$, $u = -U$ für $y = 0$:

$$u = -U\left(1 - \frac{y}{h}\right) + \frac{\partial p}{\partial x} \frac{y^2 - hy}{2\mu}.$$

3. Die Durchflußmenge Q, bei inkompressiblem Schmiermittel eine konstante, von x unabhängige Größe, wird:

$$Q = -\int_0^h u\,dy = U\frac{h}{2} + \frac{\partial p}{\partial x} \frac{h^3}{12\mu};$$

hieraus folgt:

$$\frac{\partial p}{\partial x} = \frac{6\mu}{h^3}(2Q - hU). \tag{10}$$

Die drei letzten Gleichungen stimmen mit den Gleichungen (4), (5) und (6) der vorangehenden Abhandlung überein; die Abweichung in den Vorzeichen kommt von der verschiedenen Wahl der positiven x-Richtung und der Strömungsgeschwindigkeit U; vgl. die vorstehende Figur mit Fig. 3 der vorangehenden Abhandlung.

4. Die Integration von (10) nach x liefert bei linear veränderlichem**) h, zwischen den Grenzen $x = a$, $h = h_1$, $p_1 = 0$ und $x = b$, $h = h_2$, $p_2 = 0$ genommen:

$$0 = (b - a)\frac{6\mu}{h_1 h_2}\left(U - Q\frac{h_1 + h_2}{h_1 h_2}\right),$$

also, wenn man die Abkürzung H einführt:

---

*) Vgl. die folgende Abhandlung dieser Sammlung.

**) Setzt man $h = \alpha + \beta x$, so wird (vgl. Fig. 4)

$$\text{mit } \beta = \frac{h_2 - h_1}{b - a}:$$

$$(11)\qquad Q = UH,\ H = \frac{h_1 h_2}{h_1 + h_2};$$

bei konstantem $h = h_1 = h_2$ wird, wie es sein muß:

$$Q = U\frac{h}{2},\qquad \frac{\partial p}{\partial x} = 0,\qquad u = -U\left(1 - \frac{y}{h}\right).$$

5. Geht man mit (11) in (10) ein, so folgt:

$$(12)\qquad \frac{\partial p}{\partial y} = \frac{6\mu U}{h^3}(2H - h).$$

Durch Integration nach x zwischen a und b wird nunmehr (vgl. Anm. S. 199):

$$(13)\qquad p = (b - a)\frac{6\mu U}{h_2 - h_1}\left(\frac{1}{h} - \frac{H}{h^2} - \frac{1}{h_1} + \frac{H}{h_1^2}\right).$$

Der Druck ist also bei veränderlicher Schmierschichtdicke nicht mehr konstant, sondern geht von dem Werte 0 für $x = a$ durch ein Maximum zu dem Werte 0 bei $x = b$ über.

6. Durch nochmalige Integration nach x zwischen $x = a$ und $x = b$ erhält man (nach einigen Umformungen unter abermaliger Berücksichtigung der in Anm. S. 199 angegebenen Formeln) die Gesamtlast, die unser Lager tragen kann:

$$\int_a^b \frac{dx}{h^3} = -\frac{1}{2\beta}\left(\frac{1}{h_2^2} - \frac{1}{h_1^2}\right),$$

$$\int_a^x \frac{dx}{h^3} = -\frac{1}{2\beta}\left(\frac{1}{h^2} - \frac{1}{h_1^2}\right),$$

$$\int_a^b \frac{dx}{h^2} = -\frac{1}{\beta}\left(\frac{1}{h_2} - \frac{1}{h_1}\right),$$

$$\int_a^x \frac{dx}{h^2} = -\frac{1}{\beta}\left(\frac{1}{h} - \frac{1}{h_1}\right).$$

$$\int_a^b \frac{dx}{h} = \frac{1}{\beta}\log\text{nat}\,\frac{h_2}{h_1}\ \text{usf.}$$

$$(14)\quad P = \int_a^b p\,dx = (b-a)^2 \frac{6\mu U}{(h_2-h_1)^2} \cdot \left(\log\text{ nat}\frac{h_2}{h_1} - 2\frac{h_2-h_1}{h_2+h_1}\right),$$

bezogen auf 1 cm Tiefenerstreckung der Tragfläche (d. h. Erstreckung senkrecht gegen die Ebene der Figur). Rayleigh berechnet den Ausdruck (14) für verschiedene Werte von h_2/h_1 und findet, daß er am günstigsten ausfällt für $h_2/h_1 = 2{,}2$, nämlich

$$(15)\qquad P = 0{,}16\,\mu\,U\frac{(b-a)^2}{h_1^{\,2}}.$$

Nehmen wir beispielsweise $\mu = 0{,}03$ (wie in der vorigen Nr.), $U = 1\,\text{m/sec}$, $h_1 = 0{,}2\,\text{mm}$ (ebenfalls ähnlich wie in der vorigen Nr.), $b - a = 10\,\text{cm}$, so folgt als tragbare Last für den Quadratzentimeter der Tragfläche:

$$\frac{P}{b-a} = 1{,}2 \cdot 10^6 \frac{\text{dyn}}{\text{cm}} = 1{,}2\frac{\text{kg}}{\text{cm}}.$$

Diese verhältnismäßig hohe Tragfähigkeit ist lediglich bedingt durch die vornübergeneigte Lage der Tragfläche. In der Tat wird ja für $h_2 - h_1 = 0$ nach (14) auch $P = 0$.

Wir haben hier ein völliges Analogon zu unseren Ergebnissen bei dem Zapfenlager: Auch dort war die exzentrische Lage des Zapfens und die damit gegebene Veränderlichkeit der Schmierschichtdicke wesentliche Bedingung dafür, daß ein endlicher Zapfendruck P vom Lager aufgenommen werden konnte; auch dort fand die Verschiebung des Zapfens im Sinne der Geschwindigkeit U des Zapfenumlaufs statt — ähnlich wie hier die Vornüberneigung der Tragfläche nach der Richtung der Bewegung U erfolgt.

Auch hinsichtlich der Druckverteilung im Schmiermittel besteht eine Analogie zu den Verhältnissen bei der Zapfenreibung: Die Stelle maximalen Druckes liegt der vorderen Kante der Tragfläche näher als der hinteren. Wir entnehmen nämlich aus Gleichung (12), daß an dieser Stelle $h = 2H$ sein muß; das bedeutet im Falle größter Tragfähigkeit ($h_2/h_1 = 2{,}2$):

$$h = 1{,}37\,h_1.$$

Hieraus schließt man leicht, daß die Stelle maximalen Druckes die Koordinate hat:

(16) $$x = a + 0{,}31\,(b - a);$$

sie befindet sich also im Abstande ein Drittel der ganzen Tragflächenlänge von der vorderen Kante. Ähnlich zeigt sich beim Problem der Zapfenreibung, daß die Stelle maximalen Druckes sich um so mehr nach dem Orte der dünnsten Schmierschicht (also in Fig. 3 nach links hin) verlagert, je exzentrischer die Zapfenlage wird (vgl. auch den Schluß der vorigen Nr.).

Mit dieser Druckverteilung hängt ersichtlich auch die Lage des Angriffspunktes der Last P zusammen, die der Wirkung der Flüssigkeitsdrucke p das Gleichgewicht hält. Auch dieser Angriffspunkt ist gegen die Mitte der Tragfläche im Sinne der Bewegung nach vorn verschoben. Als seinen Abstand von der vorderen Kante berechnet Rayleigh im Falle größter Tragfähigkeit:

(17) $$\overline{x} = a + 0{,}42\,(b - a).$$

Indem man Größe und Lage von P, also Resultierende und Moment der Belastung vorgibt, bestimmt man nach den vorangehenden Formeln h_1 und h_2, also die Lage der Tragfläche[16]).

Wie schon erwähnt, untersucht Rayleigh auch den Einfluß, den eine gekrümmte, schaufelartige Form der Tragfläche oder eine plötzliche Einspringung derselben (Schmiernute) auf die Tragfähigkeit des Lagers hat; er findet diesen Einfluß unbeträchtlich gegenüber dem Einfluß der Vornüberneigung der Tragfläche, der den wesentlichen Grund der Tragfähigkeit darstellt.

A. G. M. Michell, Die Schmierung ebener Flächen.

(Aus der Zeitschrift für Mathematik und Physik Bd. 52 (1905) S. 123—137.)

Die Vereinfachung, welche Sommerfeld der mathematischen Durchführung von Reynolds hydrodynamischer Theorie der Schmierung gab, hat den Weg zu ihrer praktischen Anwendung eröffnet.

Im Falle zylindrischer Lager müssen indessen gewisse Verbesserungen und weitere Annäherungen noch ausführlich untersucht werden, ehe ein ganz befriedigender Vergleich mit dem Experiment angestellt werden kann. Die wichtigste dieser Verbesserungen rührt vielleicht von der Tatsache her, daß die wirklichen Lager notwendig eine begrenzte Länge haben, während in der mathematischen Theorie von Reynolds und Sommerfeld die Länge als groß genug für eine zweidimensionale Behandlung angenommen ist.

Ein weiteres Hindernis, welches sich der experimentellen Bestätigung der Theorie bei zylindrischen Lagern entgegenstellt, liegt in der Schwierigkeit, auch nur annähernd die kleine Radiendifferenz von Zapfen und Lager zu bestimmen.

Die vorliegende Arbeit behandelt eine Anwendung der Theorie auf einen Fall, in welchem eine vollständige Lösung in drei Dimensionen zu erhalten ist.

Dies ist der Fall eines ebenen Gleitschuhs von endlicher Länge und Breite, etwa des Gleitschuhs eines Kreuzkopfes bei einer Dampfmaschine. Es zeigt sich, daß, wenn eine solche ebene Platte von endlichen Abmessungen über eine feste ebene Fläche, die reichlich mit Öl versehen ist, gleitet, ein Druck in dem Öl hervorgerufen wird, welcher die beiden Flächen auseinander hält. Die allgemeinen Vorgänge in diesem Falle sind dieselben wie bei dem zweidimensionalen Problem, welches schon von Reynolds behandelt wurde. Es ist eine notwendige Bedingung für die Wirkung, daß die äußere Last, welche an der bewegten

Platte angebracht ist, an einem Punkt hinter dem Figurenmittelpunkt angreift. Die Platte wird sich dann von selbst so einstellen, daß die Ölschicht am vorderen Ende dicker ist wie am hinteren.

Unter dem Einfluß des Flüssigkeitsdruckes wird das Öl aus dem Zwischenraum zwischen den beiden Flächen teils nach hinten teils nach den Seiten abfließen. Ist die endliche Platte nicht sehr breit, so ist die an den Seiten ausfließende Menge sehr beträchtlich und der in dem Öl hervorgerufene Druck wird, unter sonst gleichen Umständen, nennenswert geringer sein als in den Fällen unendlich breiter Platten.

Der Fall eines rechteckigen ebenen Gleitschuhs ist nicht nur von großer praktischer Bedeutung, sondern die Möglichkeit, eine exakte ebene Fläche herzustellen, erleichtert auch in hohem Maße die experimentelle Bestätigung der Theorie in diesem Fall.

Am Schluß der Arbeit ist ein kleiner Bericht über eine vorläufige experimentelle Bestätigung gegeben, welche indessen nicht direkt reibende Flüssigkeiten benutzt, sondern eine physikalische Analogie zu Hilfe nimmt, die unten auseinandergesetzt wird.

Diese experimentelle Methode ist von allgemeiner Anwendbarkeit und kann, in Ermanglung einer mathematischen Theorie für zylindrische Lager von endlicher Länge, einen systematischen Gebrauch bei der Untersuchung dieses praktisch wichtigsten Falles lohnen.

Gleitschuh von endlicher Breite.

Es stelle die rechtwinklige Fläche $ABCD$ (Fig. 1) die untere Fläche eines rechteckigen Gleitschuhs dar, der mit der Geschwindigkeit U längs der Fläche xOz bewegt wird, während der Raum zwischen den Flächen mit einer Flüssigkeit vom Reibungskoeffizienten μ ausgefüllt ist. Um Sommerfelds Bezeichnung beizubehalten, ist U positiv in der Richtung xO angenommen, und der Einfachheit halber ist weiter angenommen, daß die Flächen AC und xOz sich in der Geraden Oz und die Ebene AC und xOy in der Geraden AB schneiden. Die Breite $AD = BC$ des Schuhs sei gleich π gesetzt.

Bedeute h die Entfernung zwischen den Ebenen am Punke xy, $\Theta = xOB$ den Winkel zwischen den Ebenen, und es sei

$$c = \sin\Theta, \quad OA = a, \quad OB = b.$$

Dann ist, wenn h klein gegen OA angenommen wird.

$$h = x\sin\Theta = cx.$$

$$OA' = OA = a, \quad \text{und} \quad OB' = OB = b.$$

Ist p der Druck der Flüssigkeit am Punkte xy, so lauten die Grenzbedingungen

$p = 0$ wenn $x = a$ oder $x = b$ für alle Werte von z, und

$p = 0$, wenn $z = 0$ oder $z = \pi$ für alle Werte von x.

Zwischen den beiden Flächen AC und xOz muß p in Abhängigkeit von x und z der Differentialgleichung genügen.

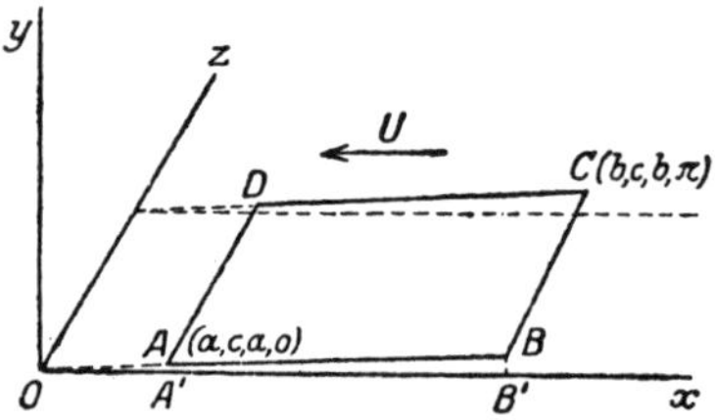

Fig. 1.

$$U\frac{\partial h}{\partial x} = \frac{\partial}{\partial x}\left(\frac{h^3}{6\mu}\cdot\frac{\partial p}{\partial x}\right) + \frac{\partial}{\partial z}\left(\frac{h^3}{6\mu}\cdot\frac{\partial p}{\partial z}\right)$$

oder, da $h = cx$

(1) $$\frac{\partial^2 p}{\partial x^2} + \frac{2}{x}\cdot\frac{\partial p}{\partial x} + \frac{\partial^2 p}{\partial z^2} - \frac{6\mu U}{c^2 x^3} = 0.$$

Es sei eine Lösung dieser Gleichung in der Form angesetzt

$$p = p_1 + p_2 + p_3 + \cdots + p_m + \cdots,$$

wobei

$$p_m = \frac{w_m \sin mz}{mx}$$

und w_m nur eine Funktion von x ist.

Die ganze Zahl m kann nur ungerade Werte annehmen, da der Wert von p symmetrisch um $z = \pi/2$ ist.

Daher ist

$$p = \sum \cdot \frac{w_m \sin m z}{m x}, \tag{2}$$

wobei m eine ungerade ganze Zahl ist.

Es ist praktisch, Gleichung (1) umzuschreiben in:

$$\left|\begin{array}{l} \frac{\partial^2 p}{\partial^2 x} + \frac{2}{x} \cdot \frac{\partial p}{\partial x} + \frac{\partial^2 p}{\partial z^2} \\ - \frac{6 \mu U}{c^2 x^3} \cdot \frac{4}{\pi} \left(\sin z + \frac{\sin 3 z}{3} + \cdots + \frac{\sin m z}{m} + \cdots\right) = 0, \end{array}\right. \tag{3}$$

wobei die Summe der Reihen von sin gleich $\frac{\pi}{4}$ ist für alle Werte von z zwischen 0 und π.

Schreiben wir noch $m x = \zeta$ und $\frac{24 \mu U}{\pi c^2} = k$, so wird

$$\frac{\partial p}{\partial x} = m \frac{\partial p}{\partial \zeta} = m \Sigma \cdot \left\{\frac{1}{\zeta} \cdot \frac{\partial w_m}{\partial \zeta} - \frac{w_m}{\zeta^2}\right\} \sin m z,$$

$$\frac{\partial^2 p}{\partial x^2} = m^2 \frac{\partial^2 p}{\partial \zeta^2}$$

$$= m^2 \Sigma \cdot \left\{\frac{1}{\zeta} \cdot \frac{\partial^2 w_m}{\partial \zeta^2} - \frac{2}{\zeta^2} \cdot \frac{\partial w_m}{\partial \zeta} + \frac{2 w_m}{\zeta^3}\right\} \sin m z,$$

$$\frac{\partial^2 p}{\partial z^2} = - \Sigma . \frac{m^2 w_m}{\zeta} \cdot \sin m z .$$

Die gliedweise Differentiation der Reihen nach z ist erlaubt, da $p = 0$, wenn $z = 0$ und $z = \pi$.

Der Faktor von $\sin m z$ in Gleichung (3) wird nun

$$\frac{m^2}{\zeta} \left\{\frac{\partial^2 w_m}{\partial \zeta^2} + \frac{1}{\zeta} \cdot \frac{\partial w_m}{\partial \zeta} - \left(1 + \frac{1}{\zeta^2}\right) w_m - \frac{k}{\zeta^2}\right\};$$

aber jeder derartige Koeffizient muß verschwinden, daher

$$\frac{\partial^2 w_m}{\delta \zeta^2} + \frac{1}{\zeta} \cdot \frac{\partial w_m}{\partial \zeta} - \left(1 + \frac{1}{\zeta^2}\right) w_m - \frac{k}{\zeta^2} = 0 . \tag{4}$$

Die partikulären Integrale von

$$\frac{\partial^2 w_m}{\partial \zeta^2} + \frac{1}{\zeta} \cdot \frac{\partial w_m}{\partial \zeta} - \left(1 + \frac{1}{\zeta^2}\right) w_m = 0$$

sind die Besselschen Funktionen $I_1(\zeta)$ und $K_1(\zeta)$. Die vollständige Lösung der Gleichung (4) kann daher in den Formen angesetzt werden:

(5a) $$w_m = A_m I_1(\zeta) + B_m K_1(\zeta) + (C + D\zeta + E\zeta^2 + \cdots)$$

und

(5b) $$w_m = A'_m I_1(\zeta) + B'_m K_1(\zeta) + (C' + D'\zeta^{-1} + E'\zeta^{-2} + \cdots).$$

Bei Bestimmung der Koeffizienten C, D, E usw. in der gewöhnlichen Weise nehmen Gleichungen (5 a) und (5 b) die Gestalt an

$$w_m = A_m I_1(\zeta) + B_m K_1(\zeta) - k\left(1 + \frac{\zeta^2}{3} + \frac{\zeta^4}{5\cdot 3^2} + \frac{\zeta^6}{7\cdot 5^2\cdot 3^2} + \cdots\right)$$

und

$$w_m = A'_m I_1(\zeta) + B'_m K_1(\zeta) - k(\zeta^{-2} + 3\cdot\zeta^{-4} + 5\cdot 3^2\cdot\zeta^{-6} + 7\cdot 5^2 3^2\cdot\zeta^{-8} + \cdots),$$

wobei die letztere Reihe halbkonvergent für große Werte von ζ ist.

Daraus erhalten wir schließlich durch Wiedereinsetzen der Werte von ζ und k

(6) $$p = p_1 + p_3 + \cdots + p_m + \cdots$$

wobei

(6a) $$p_m = \frac{\sin mz}{mx}\left\{A_m I_1(mx) + B_m K_1(mx) - \frac{24\mu U}{\pi c^2}\left(1 + \frac{\overline{mx}|^2}{3} + \frac{\overline{mx}|^4}{5\cdot 3^2} + \cdots\right)\right.$$

oder

(6b) $$p_m = \frac{\sin mz}{mx}\left\{A'_m I_1(mx) + B'_m K_1(mx) - \frac{24\mu U}{\pi c^2 (mx)^2}\, 1 + 3\,\overline{mx}|^{-2} + 5\cdot 3^2\,\overline{mx}|^{-4} + \cdots)\right\}$$

oder, wenn wir zur Abkürzung schreiben

(6c) $$\begin{cases} L_1(mx) = \dfrac{4}{\pi}\cdot\dfrac{1}{mx}\left(1 + \dfrac{\overline{mx}|^2}{3} + \dfrac{\overline{mx}|^4}{5\cdot 3^2} + \cdots\right) \\ L_2(mx) = \dfrac{4}{\pi}\cdot\dfrac{1}{(mx)^3}(1 + 3\,\overline{mx}|^{-2} + 5\cdot 3^2\,\overline{mx}|^{-4} + \cdots) \end{cases}$$

$$C = \frac{6\mu U}{c^2}$$

(7 a) $$p_m = \sin m z \left\{ A_m \frac{I_1(mx)}{mx} + B_m \frac{K_1(mx)}{mx} - C \cdot L_1(mx) \right\}$$

oder

(7 b) $$= \sin m z \left\{ A'_m \frac{I_1 mx)}{mx} + B'_m \frac{K_1(mx)}{mx} - C \cdot L_2(mx) \right\}.$$

Die erste Form ist geeignet für Rechnungen bei kleinem mx, die zweite bei großem mx. Die Koeffizienten

$$\begin{matrix} A_1, & A_3, & \ldots A_m, & \ldots \\ B_1, & B_3, & \ldots B_m, & \ldots \end{matrix}$$

in diesen Gleichungen müssen so bestimmt werden, daß p_m für $x = a$ oder $x = b$ bei allen Werten von z verschwindet. Sie werden natürlich wie C Vielfache von $\frac{\mu U}{c^2}$ sein, welcher Ausdruck daher als Faktor im Schlußausdruck für p erscheint. Die numerischen Rechnungen werden zeigen, daß das Vorzeichen von p dem von U entgegengesetzt ist, so daß, um einen positiven Druck in der Flüssigkeit zu erzeugen, der Gleitschuh in entgegengesetzter Richtung, wie in Fig. 1, sich bewegen muß. Hat man die Stärke des Drucks p in x, y bestimmt, so kann der Gesamtdruck

$$P = \int_0^{\pi} \int_a^b p \, dx \, dz$$

durch rechnerische oder durch graphische Integration gefunden werden.

Der Zähigkeitswiderstand oder die Reibung für die Flächeneinheit am Punkte $x\,0\,z$ ist gegeben durch

(8) $$q = -\mu \left(\frac{\partial u}{\partial y} \right)_{y=0} = \mu \frac{U}{h} - \frac{\partial p}{\partial x} \cdot \frac{h}{2},$$

wobei u die Geschwindigkeit der Flüssigkeit in der x-Richtung am Punkte x, y, z bedeutet.

Der gesamte Widerstand für den ganzen Schuh ist daher

$$(9)\qquad F=\int_0^{\pi}\int_a^b\left(\mu\frac{U}{h}-\frac{\partial p}{\partial x}\cdot\frac{h}{2}\right)dx\,dz$$

$$=\pi\int_a^b\mu\frac{U}{cx}dx-\int_0^{\pi}\int_a^b\frac{\partial p}{\partial x}\cdot\frac{cx}{2}dx\,dz$$

$$=\pi\int_a^b\frac{\mu U}{cx}dx-\frac{c}{2}\int_0^{\pi}\left\{[p]_{x=a}^{x=b}-\int_a^b p\,dx\right\}dz$$

$$=\pi\int_a^b\frac{\mu U}{cx}dx+\frac{c}{2}\int_0^{\pi}\int_a^b p\,dx\,dz$$

$$(10)\qquad =\frac{\pi\mu U}{c}\log\frac{b}{a}+\frac{cP}{2}.$$

Besondere Fälle.

Da die Breite des Gleitschuhs gleich π gesetzt wurde, ist seine Form und Lage vollkommen bestimmt, wenn noch die drei Konstanten a, b, c gegeben sind. Da indessen c als Faktor vor den ganzen Ausdruck für p tritt, hängen die Besonderheiten irgendeines Spezialfalles nur von den zwei Parametern a und b ab. Die rechnerische Arbeit wird vereinfacht, wenn man a und b als ganze oder geteilte Vielfache von π annimmt.

Die hauptsächlichsten rechnerischen Ergebnisse sollen für 4 Fälle angegeben werden, nämlich

I. quadratischer Schuh $a=\pi$, $b=2\pi$,

II. Länge des Schuhs gleich 3facher Breite $a=3\pi$, $b=6\pi$,

III. der Grenzfall, in welchem die Länge des Schuhs unendlich gegenüber seiner Breite ist,

IV. der entgegengesetzte Grenzfall, in welchem die Breite unendlich ist. Die allgemeine Theorie dieses Falles ist schon von Reynolds gegeben.

In allen diesen Fällen außer Nr. III ist das Verhältnis $\frac{b}{a}=2$ angenommen, der ganzen Zahl, welche dem Verhältnis 2,2 am nächsten kommt, das nach Reynolds den größten mittleren Druck bei gegebener gegenseitiger Neigung c der Flächen im Falle IV ergibt.

Fall I. — Quadratischer Schuh.

Wenn $a = \frac{b}{2} = \pi$, nimmt mx in den Gleichungen (7 a) und (7 b) an den beiden Enden des Blockes die Werte an:

$$\pi,\ 3\pi,\ 5\pi,\ \ldots \text{ am hinteren Ende,}$$
$$\text{und } 2\pi,\ 6\pi,\ 10\pi,\ \ldots \text{ am vorderen Ende.}$$

Da p_m an den Enden verschwinden muß, sind die Konstanten A_m, B_m usw. bestimmt, wenn die Werte der Funktion I, K und L für diese Reihe von Werten bekannt sind. Die Funktion L_1 muß benutzt werden, wenn $mx <$ oder $= 2\pi$, L_2, wenn $mx > 2\pi$.

Die so berechneten Werte der Verhältnisse $\frac{A_m}{C}$, $\frac{B_m}{C}$, $\frac{A_m}{C}$, $\frac{B'_m}{C}$ sind in der folgenden Tabelle angegeben.

Tafel I.

	A_m/C	B_m/C
$m = 1$	$2{\cdot}0004$	$-4{\cdot}2883$
	A'_m/C	B'_m/C
$m = 3$	$2{\cdot}6157 \times 10^{-10}$	$-4{\cdot}3687 \times 10^{2}$
5	$4{\cdot}1788 \times 10^{-16}$	$-1{\cdot}0718 \times 10^{5}$
7	$8{\cdot}7540 \times 10^{-22}$	$-3{\cdot}4647 \times 10^{7}$
9	$2{\cdot}0885 \times 10^{-27}$	$-1{\cdot}2742 \times 10^{10}$
11	$5{\cdot}3817 \times 10^{-33}$	$-5{\cdot}0543 \times 10^{12}$

Nach Bestimmung der Konstanten A, B usw. wird der Druck in jedem Punkte xz aus den Gleichungen (6) und (7) erhalten, wenn man in diese die Werte von $I_1(mx)$, $K_1(mx)$ und $L_1(mx)$ oder $L_2(mx)$ für die gegebenen Werte von x einsetzt und die Werte von $\sin mz$ für die gegebenen Werte von z. Auf diese Weise wurde der Druck für alle Schnittpunkte der Linien

$$x = \pi \times 1{,}1, \quad x = \pi \times 1{,}2 \ldots, \quad x = \pi \times 1{,}9$$

mit den Linien

$$z = \pi \times 0{,}1, \quad z = \pi \times 0{,}2 \ldots, \quad z = \pi \times 0{,}9$$

berechnet[18]).

Tafel 2 enthält die Rechenergebnisse für das Verhältnis $\frac{p}{C}$. Die Werte sind natürlich symmetrisch in bezug auf $z = \frac{\pi}{2}$, so daß nur die Werte für $z \leqq \frac{\pi}{2}$ angegeben werden müssen.

Tafel II.

Druckverteilung über den Gleitschuh im Fall I.

z/π	x/π				
	1,1	1,2	1,3	1,4	1,5
0,1	— 0,00265	— 0,00342	— 0,00347	— 0,00321	— 0,00279
0,2	405	553	577	541	474
0,3	493	689	728	688	606
0,4	535	757	809	768	680
0,5	551	781	836	796	706

z/π	x/π			
	1,6	1,7	1,8	1,9
0,1	— 0,00231	— 0,00178	— 0,00126	— 0,00066
0.2	394	301	212	110
0,3	505	384	269	135
0,4	567	430	299	149
0,5	587	446	309	154

Die Linien gleichen Druckes sind in Fig. 2 gezeichnet unter Benutzung der Tafel II.

Der mittlere Druck wird durch arithmetische Summation gefunden zu

$$(10\text{a}) \quad p_d = \frac{P}{\pi^2} = -0{,}00356 \times C = -0{,}0213 \times \frac{\mu U}{c^2}.$$

Durch Näherungsintegration findet man auch die Lage der Druckresultierenden in 0,420 der Schuhlänge vom hinteren Ende.

Der Reibungskoeffizient ergibt sich aus Gleichung (10) zu

$$(10\,b) \qquad f = -\frac{F}{P} = \frac{c \times 0{,}693}{\pi \times 0{,}0212} + \frac{c}{2} = c \times 10{,}83 \;\ldots\ldots$$

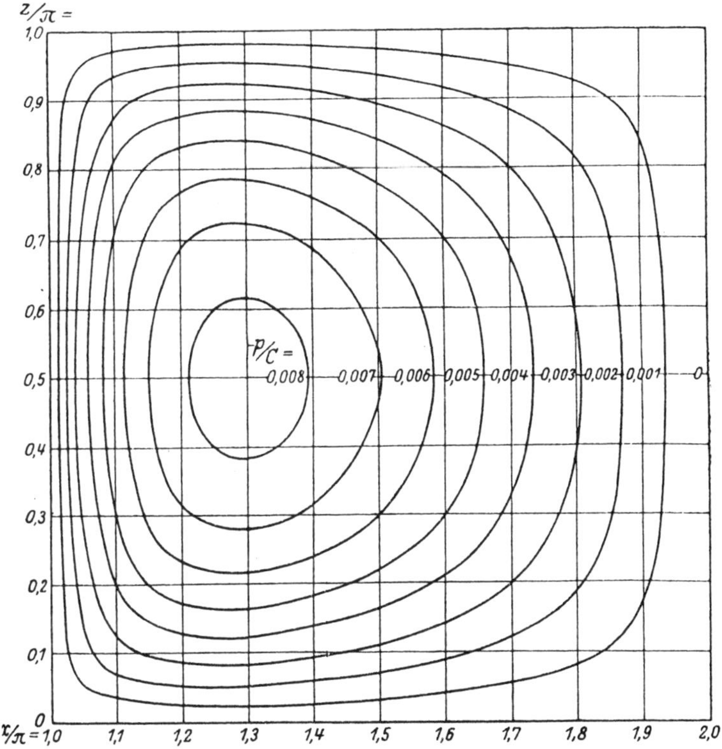

Fig. 2.

Fall II. — Gleitschuh, Breite $^1/_3$ der Länge.

Die allgemeine Lösung ist natürlich genau dieselbe wie im Fall I und die Gleichungen (6), (7 a) und (7 b) können ohne Änderung angewandt werden.

Die Grenzbedingungen sind indessen jetzt

$$p = 0 \text{ für } z = 0 \text{ und } z = \pi,$$

$$\text{und } p = 0 \text{ für } x = 3\pi \text{ und } x = 6\pi\,.$$

Die folgende Tafel, welche der Tafel II für den quadratischen Schuh entspricht, gibt die Werte des Verhältnisses p/C für die Schnittpunkte der Linien

$$z = \pi \times 0{,}1, \quad z = \pi \times 0{,}2, \quad \ldots, \quad z = \pi \times 0{,}5$$

mit den Linien

$$x = \pi \times 3{,}3, \quad x = \pi \times 3{,}6, \quad \ldots, \quad x = \pi \times 5{,}7\,.$$

Tafel III.

Druckverteilung über den Gleitschuh Fall II.

z/π	x/π				
	3,3	3,6	3,9	4,2	4,5
0,1	— 0,00023	— 0,00026	— 0,00022	— 0,00019	— 0,00015
0,2	42	45	40	34	28
0,3	53	59	53	45	37
0,4	60	67	59	51	41
0,5	61	69	61	52	43

z/π	x/π			
	4,8	5,1	5,4	5,7
0,1	— 0,00012	— 0,00010	— 0,00008	— 0,00004
0,2	23	18	14	08
0,3	30	24	18	12
0,4	34	27	21	14
0,5	36	29	22	14

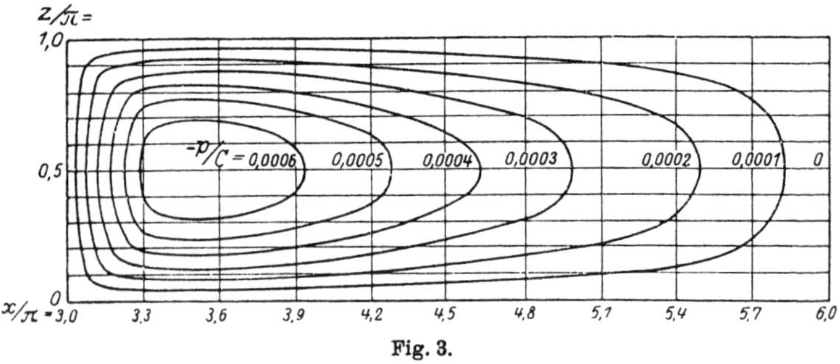

Fig. 3.

Fig. 3, welche der Fig. 2 für den quadratischen Schuh entspricht, zeigt die Linien gleichen Drucks.

Angenäherte Integration ergibt den mittleren Druck zu

$$p = -0{,}00155\,\frac{\mu U}{c^2}.$$

Die Druckresultierende wirkt in 0,39 der Schuhlänge vom hinteren Ende, und der Reibungskoeffizient ist

$$f = c \cdot 143.$$

also ungefähr dreizehn mal größer als im Fall des quadratischen Schuhs.

Fall III. — Gleitschuh von unendlicher Länge

In Fig. 4 stellt die Ebene ADC die untere Fläche eines Gleitschuhs von unendlicher Länge in der x-Richtung dar, der sich in der Richtung xO über die unendliche Fläche xOz bewegt. Wie früher seien die Flächen ADC und

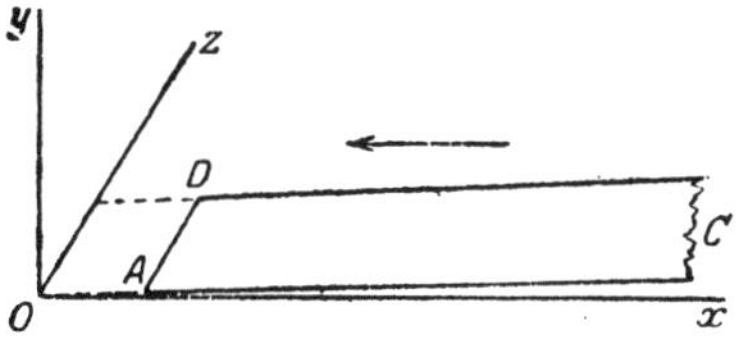

Fig. 4.

xOz unter einem Winkel $\Theta = \text{arc sin } c$ gegeneinander geneigt. Es sei $AD = \pi$.

Die Grenzbedingungen werden

$$p = 0 \text{ für } x = b = \infty$$

und ebenso für

$$z = 0,\ z = \pi.$$

In der allgemeinen Gleichung (1) können $\frac{\partial p}{\partial x}$ und $\frac{\partial^2 p}{\partial x^2}$ als klein gegen $\frac{\partial^2 p}{\partial z^2}$ angenommen werden, außer in der Nähe des Endes AD.

Darum gilt, außer in der Nähe von AD

(11) $$\frac{\partial^2 p}{\partial z^2} = \frac{6\mu U}{c^2 x^3}$$

und daher infolge der Grenzbedingungen

$$p = \frac{3\,\mu\,U}{c^2 x^3}\, z\cdot(z-\pi)\,. \tag{12}$$

Aus Gleichung (12) folgt der mittlere Druck über einen Querschnitt des Gleitschuhs von $x = a$ und $x = b$ zu

$$p_d = \frac{3\,\mu\,U}{c^2 \pi (b-a)} \int_0^{\pi} \int_a^{b} \frac{z\,(z-\pi)}{x^3}\, dx\, dz\,. \tag{13}$$

Wenn man $a = 3\,\pi$, $b = 6\,\pi$ setzt, erhält man daraus für den mittleren Druck über eine dem Gleitschuh im Fall II entsprechende Fläche

$$p_d = -\,0{,}00258\,\frac{\mu\,U}{c^2}$$

gegenüber dem genauen Wert $-\,0{,}00155\,\frac{\mu\,U}{c^2}$.

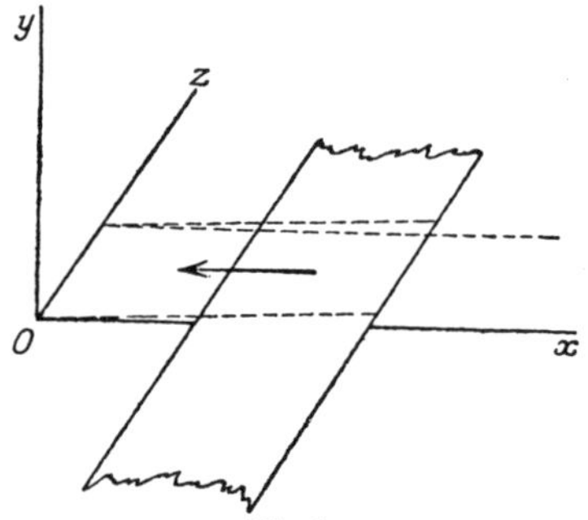

Fig. 5.

Dieses Resultat zeigt, daß die einfachen Ausdrücke (12) und (13) näherungsweise für Gleitschuhe, deren Länge mehrmals größer als die Breite ist, gebraucht werden können.

Fall IV. — Gleitschuh von unendlicher Breite.

Die mathematische Durchführung dieses Falles ist von Reynolds gegeben. Zum Zweck der Vergleichung der vorhergehenden Fälle seien hier einige Resultate für dieselbe Bedingung

$$b = 2\,a$$

wiedergegeben.

Der mittlere Druck ist

$$p_d = -0{,}0506 \frac{\mu U}{c^2}$$

und daher im Verhältnis 1 : 0,422 größer wie im Fall des quadratischen Schuhs (I); dadurch wird der Einfluß der quergerichteten Strömung der Flüssigkeit im letzteren Falle gezeigt.

Der Druck an einer Reihe von Punkten längs des Schuhs ist in der folgenden Tabelle angegeben.

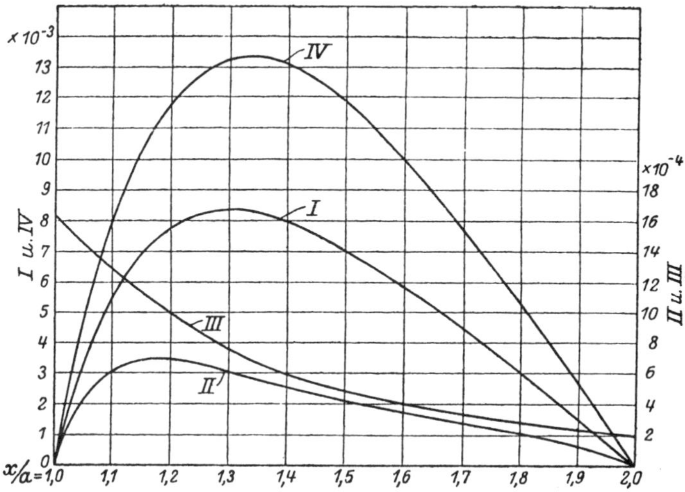

Fig. 6.

Tafel IV.

Druckverteilung beim Gleitschuh von unendlicher Breite.

x/π	1,1	1,2	1,3	1,4	1,5
$-p/C$	0,00793	0,01180	0,01320	0,01305	0,01185

x/π	1,6	1,7	1,8	1,9
$-p/C$	0,00996	0,00770	0,00532	0,00264

Die Resultierende wirkt an der Stelle $x = \pi \times 1,433$. Der Reibungskoeffizient ist $f = c \times 4,86$ und ist daher weniger als halb so groß wie der Koeffizient beim quadratischen Schuh, nämlich $c \times 10,83$.

Die Druckverteilung in der Bewegungsrichtung in jedem der vier Fälle ist in Fig. 6 aufgezeichnet. Die Ordinaten der Kurven I, II, III, IV bezogen auf die an den Seiten der Figur angeschriebenen Skalen geben die Größe des Verhältnisses p/C an allen Punkten längs der Mittelebene $\left(z = \frac{\pi}{2}\right)$ der vier oben besprochenen Schuhe.

Experimentelle Bestätigung mit Hilfe einer elastischen Analogie.

Die Grundgleichungen

$$(14)\qquad \left\{\begin{aligned} &q_{xx} = -p + 2\mu \frac{\partial u}{\partial x}, \\ &\qquad \text{usw.} \\ &q_{xy} = q_{yx} = \mu \left(\frac{\partial v}{\partial x} + \frac{\partial u}{\partial y}\right) \\ &\qquad \text{usw.} \end{aligned}\right.$$

für die Spannungen an den Seiten des Elementes dx, dy, dz sind bekanntlich in gleicher Weise anwendbar auf die Bewegung einer inkompressiblen reibenden Flüssigkeit und auf die Deformation eines inkompressiblen elastischen festen Körpers.

Im ersteren Falle sind u, v, w die Geschwindigkeitskomponenten in den Richtungen x, y, z und μ die Zähigkeitskonstante; im letzteren Falle bedeuten u, v, w die Verschiebungen und μ den Gleitmodul.

Die ganze vorhergehende Untersuchung bleibt also gültig für die Bestimmung von Spannungen in einem inkompressiblen elastischen festen Körper in Gestalt eines rechteckigen Keiles, der zwischen zwei festen nahezu parallelen ebenen Flächen eingeschlossen ist, von denen die eine parellel zur Ebene der anderen und in Richtung der größten gegenseitigen Neigung verschoben wird. Andererseits können experimentelle Ergebnisse über einen derartigen elastischen Körper gleichzeitig Aufschluß über den entsprechenden Fall einer reibenden Flüssigkeitsbewegung geben.

Nun gibt es eine große Reihe elastischer Substanzen, die beträchtliche (und daher leicht beobachtbare) näherungsweise dem Hookeschen Gesetze gehorchende Deformationen zulassen, und für welche die Annahme der Inkompressibilität näherungsweise berechtigt ist. Gummi ist ein elastischer Körper dieser Art; aber noch mehr für diesen Zweck geeignet ist Gelatine, die durch Lösung in einer passenden Menge von Wasser fast jede gewünschte Festigkeit erhalten und leicht in jede beliebige Form gebracht werden kann.

Ein Apparat für Experimente dieser Art ist in Fig. 7 gezeichnet.

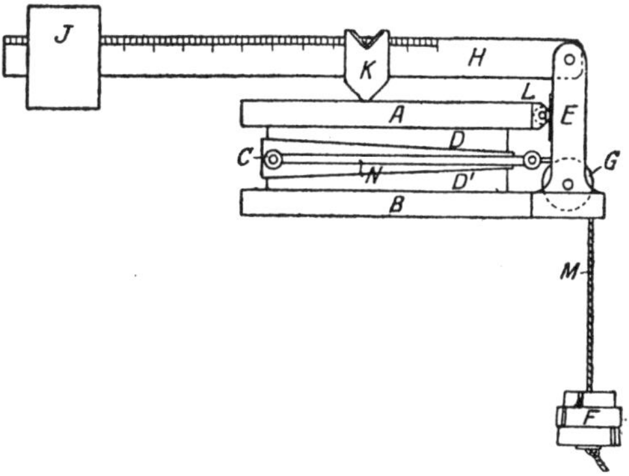

Fig. 7.

A und *B* sind zwei ebene quadratische Flächen aus Gußeisen. *C* ist eine dritte quadratische Fläche von veränderlicher Dicke; die gegenseitige Neigung der Seiten beträgt ungefähr 5°. *D* und *D'* sind zwei ähnliche rechteckige Platten von Gelatine, von denen jede die halbe Zuspitzung wie die Platte *C* hat, so daß, wenn *D* und *D'* zwischen *A* und *C* bezw. *C* und *B* liegen, die Platten *A* und *B* parallel sind.

Die Platte *B* trägt einen Pfosten *E*, der die Zapfen einer Rolle *G* und eines Hebels *H* trägt. Dieser Hebel trägt ein bewegliches Gewicht *J* und hat ein bewegliches Auflager *K*, welches auf der Platte *A* ruht. Eine Rolle *L*, fest an der Platte A, stützt sich gegen eine glatte vertikale Fläche, welche auf dem Pfeiler E angebracht ist.

Eine Saite M ist an dem Joch N befestigt, welches frei beweglich an der Platte C in der Nähe ihres Hinterendes angebracht ist, geht über die Rolle G und trägt die Gewichte F.

Zweck des Joches N ist, die Spannung in der Saite einigermaßen horizontal zu der Platte C zu halten, auch wenn die letztere leicht in vertikaler Richtung verschoben ist.

Der Apparat wird in folgender Weise gebraucht:

Zunächst werden die Gewichte F und der Hebel H entfernt. Irgendwelche brauchbaren kleinen Gewichte werden dann auf die Platte A gelegt und so lange verändert, bis A und B parallel sind, was mit Sicherheit durch Maßstäbe an den vier Ecken bestimmt werden kann.

Der Hebel H mit dem Gewicht J und die Gewichte F werden dann angebracht und die Lagen von J und vom Auflager K so bestimmt, daß die Platten A und B wieder parallel sind und in derselben Entfernung voneinander wie vorher. Bei dieser Einstellung wird die Platte C horizontal um die Entfernung U verschoben. Die Verwendung der zwei Gelatinestücke D und D' gibt aus Symmetriegründen Sicherheit dafür, daß die Verschiebung U parallel zu A und B vor sich geht, macht die Verwendung von Führungen für diesen Zweck unnötig und vermeidet so die Unsicherheit in der Bestimmung der Horizontalkraft auf C, welche solche Führungen immer mit sich bringen.

Die Verschiebung U entspricht der Geschwindigkeit, die Kraft, welche das Auflager K ausübt, der Belastung, und die Spannung der Saite dem doppelten Widerstand des Gleitschuhs (den C darstellt), der auf eine Flüssigkeitsschicht entsprechend einer der Gelatineplatten wirkt.

Der Berührungspunkt von K und A entspricht der Lage des Druckmittelpunktes in der Flüssigkeitsschicht. Die horizontale Entfernung dieses Punktes von der senkrechten Linie durch die Mittelpunkte der Stücke D und D' mag mit e bezeichnet werden.

Die folgende kurze Tafel gibt die Meßergebnisse an Gelatinekeilen von 12,7 qcm und von einer Dicke von 6,0 mm am dünnen und 12,0 mm am dicken Ende (der Wert von c

beträgt also 0,047) und zum Vergleich die Resultate der Theorie im Fall I.

Tafel V.

Nr.	P	$F/2$	e		$F/2\,P$.	
			beob.	ber.	beob.	ber.
1	1499	646	0,97 cm	$12{,}7 \times 0{,}080 = 1{,}02$ cm	0,43	0,51
2	1040	476	1,06		0,46	0,51
3	1827	873	0,75		0,47	0,51

Es wäre nicht schwierig, einen entsprechenden Apparat zur Untersuchung zylindrischer Lager von endlicher Breite und von anderen Fällen, deren mathematische Lösung nicht zu erhalten ist, zu zeichnen.

Für den Gebrauch im Laboratorium bietet die Methode offenkundig Vorteile und vermeidet die wohlbekannten Schwierigkeiten des direkten Experimentierens mit geschmierten Lagern.

Biographische Daten.

Über N. Petrow dankt der Herausgeber dem „Büro für Wissenschaft und Technik des Obersten Volkswirtschaftsrates der U. S. S. R.“ die folgenden Angaben:

Nikolaj Pawlowitsch Petrow, Generalleutnant, wurde im Jahre 1836 geboren. Er wurde im Konstantin-Kadettenkorps und in der Nikolaus-Ingenieur-Akademie ausgebildet. Im Pädagogischen Institut war er Hörer von Ostrogradski (Mechanik). In dieser Zeit entwarf er neue Maschinen für die Ochta-Pulverfabrik.

Im Jahre 1867 wurde er zur weiteren Ausbildung in der angewandten Mechanik ins Ausland geschickt. Im Jahre 1868 wurde er Adjunkt-Professor für Mechanik an der Nikolaus-Ingenieur-Akademie. Im Technologischen Institut hatte er den Lehrstuhl für Dampfkessel und vom Jahre 1871 an den Lehrstuhl für Eisenbahnfahrzeuge. Im Jahre 1883 wurde er als beratender Ingenieur bei der Direktion der russischen Eisenbahnen angestellt. In den Jahren 1888 bis 1892 war er Vorsitzender der provisorischen Leitung der Staatseisenbahnen. Im Jahre 1893 wurde er auf den Posten eines Stellvertreters des Verkehrsministeriums berufen. Im Jahre 1897 wurde er zum Vorsitzenden der Russischen Technischen Gesellschaft gewählt. Aus seiner Feder existieren zahlreiche wissenschaftliche Arbeiten über Reibung, Berechnung von Zahnrädern, Bremssysteme, Abnützung von Eisenbahnschienen, zulässige Schnelligkeit auf Eisenbahnen usw.

Die hier abgedruckte Arbeit zeigt Petrow als einen scharfen und vielseitigen Geist, welcher vom praktisch wichtigen, ökonomischen Problem ausgeht und zu schwierigen mathematischen und feinen physikalischen Erwägungen vordringt.

Osborne Reynolds wurde am 23. August 1842 zu Belfast geboren; er entstammt einer alten angesehenen Geistlichenfamilie. Seine Jugend verbrachte er in Debach-with-Boulge, Suffolk und begann seine Ingenieurlaufbahn in der Werkstatt eines Mechanikers 1861. Er studierte am Queens College in Cambridge, wo er 1867 die Würde eines fellow erwarb. Aus der praktischen Ingenieurtätigkeit, der er sich zunächst zuwandte, wurde er schon 1868 auf einen neu gegründeten Lehrstuhl für civil and mechanical engineering am Owens College in Manchester berufen. Derartiger Lehrstühle gab es damals in England nur sehr wenige (während in Schottland und Irland schon Rankine, James Thomson u. a. als Lehrer und Forscher auf diesem Gebiet gewirkt hatten); Reynolds hat wie kaum ein anderer an der wissenschaftlichen Durchdringung technischer Probleme gearbeitet und auch im Unterricht ein tiefgehendes Verständnis der physikalischen Zusammenhänge zu wecken gesucht und auch gefordert. Sein Streben, auch im Unterricht, ging ins Universelle, sein Leitgedanke war, daß „all engineering is one"; sein Unterricht galt als schwer, da seine Anforderungen sehr hoch gestellt waren. Aus seiner Schule gingen eine Reihe bedeutender Köpfe hervor, die zu hohem Rang in der Technik oder in der Wissenschaft gelangten, u. a. John Hopkinson und J. J. Thomson. Eine breitere Basis gewann seine Unterrichts- und Forschertätigkeit, als ihm 1888 die Leitung des neuen Whitworth-Engineering-Laboratory übertragen wurde. Gesundheitsrücksichten zwangen ihn 1905, sich aus dem Berufsleben zurückzuziehen; er starb am 21. Februar 1912 zu Watchet, Somersetshire.

Reynolds wissenschaftliche Arbeiten sind sehr vielseitig; sie gehen in der Regel von einem bestimmten Problem der hydraulischen oder der Wärmetechnik aus, dringen aber stets über das Zufällige hinweg zum Wesentlichen, zu den wissenschaftlichen Grundlagen vor. Manche so gewonnenen Erkenntnisse trugen erst sehr spät Früchte in der Praxis und blieben jahrzehntelang den Ingenieuren unbekannt; so wurde z. B. sein berühmtestes Ergebnis, die 1887 gewonnene Erkenntnis der Dimensions- und Modellregel bei reibenden Flüssigkeiten erst im Jahre 1913 (von Blasius) auf hydraulische Messungen übertragen; so durchschaute er schon 1874, daß der Wärmeübergang auf Gase im wesentlichen nicht von der Leitfähigkeit, sondern von der Bewegung des Gases abhängt; so untersuchte er schon in den Jahren 1874—1880 bei seinen Arbeiten über Schiffssteuerung und Propeller die Kavitationserscheinungen, die erst 20 Jahre später in der Technik eine wichtige Rolle spielten. Es ist hier nicht der Ort, alle Arbeiten von Reynolds aufzuzählen; sie wurden bereits im Jahre 1899 in einer Gesamtausgabe von zwei Bänden gesammelt („Papers on mechanical and physical subjects by Osb. Reynolds, University Press, Cambridge“), denen sich 1902 ein dritter, den Versuch einer mechanischen Theorie des Äthers und der Materie enthaltend, anschloß. Die bekannteste Arbeit von Reynolds ist wohl die Untersuchung der zwei Arten von Flüssigkeitsströmungen; er unterschied zuerst zwischen laminarer und turbulenter Strömung und zeigte den plötzlichen Übergang von der einen zur anderen. Er wies mit Hilfe von Ähnlichkeitsbetrachtungen nach, daß für das Verhalten einer Strömung nicht der Absolutwert der Geschwindigkeit oder der Abmessungen maßgebend ist, sondern eine dimensionslose Kennzahl (die heute ziemlich allgemein als Reynoldssche Zahl bezeichnet wird); er versuchte bereits, das in dieser Weise von ihm zuerst aufgerollte Turbulenzproblem rechnerisch zu lösen. Die Beschäftigung mit den Erscheinungen der Flüssigkeitsreibung führte Reynolds auch auf das Problem der Schmiermittelreibung; die hier vorliegende Arbeit ist kurz nach der eben erwähnten Turbulenzarbeit entstanden. Reynolds erkannte, daß es sich hierbei um ein hydrodynamisches Problem handelt, bei welchem rein laminare Strömung auftritt; die einige Jahre ältere Arbeit von Petroff scheint er nicht gekannt zu haben. Er tritt, gerade infolge seiner eigenen Arbeit über laminare und turbulente Strömung, mit weit größerer Klarheit über die hydrodynamischen Vorgänge an das Problem heran und durchschaut vor allem den Kernpunkt des ganzen Problems, das Auftreten hoher lokaler Drucke bei einer keilförmigen Strömung und die infolgedessen notwendige exzentrische Lage des Zapfens in der Lagerschale. Die Auseinandersetzung des physikalischen Sachverhalts, sowie die ausführliche Darlegung aller störenden Einflüsse, welche Reynolds der mathematischen Rechnung voranstellt, bildet den Hauptreiz dieser Arbeit; die mathematischen Kapitel selbst sind schwerfälliger, schwer zu lesen und zu handhaben. Diese Schwierigkeit hat Sommerfeld veranlaßt, den Reynoldsschen physikalischen Gedankengängen eine elegante mathematische Durchführung zu geben.

Arnold Sommerfeld wurde am 5. Dezember 1868 in Königsberg i. Pr. als Sohn eines Arztes geboren und verbrachte seine Jugend und seine Studentenjahre in Königsberg, wo er 1891 als Mathematiker promovierte. Seine wissenschaftliche Weiterentwicklung empfing die entscheidendsten Anstöße in Göttingen, wo er als Assistent und Mitarbeiter von Felix Klein und von 1895 an auch als Privatdozent wirkte; damals waren es einerseits Probleme der Mechanik (Theorie des Kreisels), andererseits Fragen der mathematischen Physik (Beugung, elektrische Drahtwellen), denen er seine Arbeitskraft widmete. 1897 wurde er Professor der Mathematik an der Bergakademie Clausthal, 1900 Professor der Mechanik an der Technischen Hochschule Aachen. In diese Zeit fallen seine wichtigsten Arbeiten auf dem Gebiete der Mechanik und der Ingenieurwissenschaften; vielseitige Anregungen hat er aus den technischen Problemen, denen er an der Hochschule nahekam, empfangen und fruchtbare Arbeit an diesen Problemen durch Anwendung physikalischer Gesichtspunkte und energische mathematische Durchführung geleistet. Arbeiten aus der Elastizitäts- und Festigkeitslehre, der Hydromechanik, der Dynamik von Maschinen entstammen dieser Zeit, darunter auch die erste der hier abgedruckten Arbeiten über Schmiermittelreibung, durch welche die Reynoldssche Theorie vereinfacht und praktisch fruchtbar gemacht wurde. Dabei verlor Sommerfeld die Probleme der theoretischen Physik nicht aus den Augen, und als er 1905 als Professor der theoretischen Physik nach München kam, nahm ihn dieses farbigste Gebiet angewandter Mathematik immer mehr gefangen, so daß seitdem nur noch wenige seiner Arbeiten auf dem Gebiete der Mechanik lagen. Dafür gibt es kaum ein Gebiet der theoretischen Physik, welches er nicht bearbeitet hätte. Seit dem Entstehen der modernen Atomphysik wurde Sommerfelds Interesse immer stärker auf diese Fragen konzentriert; er hat nicht nur selbst entscheidende Schritte getan, um die Rätsel des Atombaus und der Quantentheorie zu klären — insbesondere seien seine Arbeiten über die Feinstruktur der Spektrallinien erwähnt —, sondern auch das ganze Gebiet zusammengefaßt und übersichtlich dargestellt in dem bekannten Buche „Atombau und Spektrallinien“, welches das Studium dieses Gebietes außerordentlich gefördert hat.

Anthony G. M. Michell wurde am 21. Juni 1870 in London geboren, kam aber schon als Kind nach Australien; er hat seinen Wohnsitz in Melbourne. Seine Haupttätigkeit liegt auf dem Gebiete des Ingenieurwesens; er hat vor allem in Australien zahlreiche größere Anlagen entworfen. Am bekanntesten machte ihn in Europa die Erfindung der Spur- oder Drucklager, die im Maschinenbau viel Verwendung finden; diese Erfindung beruht auf der Theorie der Schmiermittelreibung. Michell ist Verfasser mehrerer Arbeiten aus den Gebieten der Elastitizitätstheorie und der Hydromechanik.

Anmerkungen.

[1]) Hier weglassen.

[2]) Die ausführlichen Auslassungen über die Versuche sind hier weggelassen.

[3]) Es ist interessant, daß Petrow bei dieser sorgfältigen Untersuchung aller Unterschiede zwischen Idealfall und Wirklichkeit gerade den wichtigsten Unterschied, nämlich die exzentrische Lage des Zapfens in der Schale, ganz übersieht. Reynolds hat sofort erkannt, daß die exzentrische Lage wesentlich ist, da nur dadurch eine Druckresultierende, die dem Zapfendruck das Gleichgewicht hält, entstehen kann.

[4]) Zu dieser Behauptung wird Petrow rein empirisch durch Versuche von Thurston und Kirchweger geführt, welche in dem hier unterdrückten Abschnitt ausführlich diskutiert sind.

[5]) Hier folgen in der Originalarbeit längere Ausführungen über die Bestimmung der Zapfendimensionen im Zusammenhang mit Versuchen und empirischen Formeln.

[6]) Diese Versuche sind in der Originalarbeit im 2. Abschnitt beschrieben, hier aber als nicht zum eigentlichen Thema dieses Bändchens gehörig weggelassen.

[7]) Der Begriff „Wirbel" ist hier natürlich nicht im streng hydrodynamischen Sinn gebraucht, sondern im Sinn von „turbulenten Bewegungen".

[8]) In der Originalarbeit steht in Gleichung (17) U_1 statt $3\,U_1$; dies hat aber für das Weitere keine Folgen, da später immer $U_1 = 0$ gesetzt ist.

[9]) In dieser und den folgenden Gleichungen enthält die Originalarbeit irrtümliche Zahlenkoeffizienten, die verbessert wurden.

[10]) Reynolds schreibt $\frac{W}{a}$ anstatt W. Überhaupt finden sich an dieser Stelle der Originalarbeit mehrere sinnstörende Druckfehler.

[11]) Gleichung (36) ist unrichtig, da der 2. Summand der Gleichung (19), nämlich $\frac{1}{2}\frac{dp}{dx}h$ nicht berücksichtigt ist. Dieser Irrtum wurde schon von Michell bemerkt und verbessert (siehe S. 208).

[12]) Reynolds schreibt hier irrtümlich

$$\Theta_1 = 0 \qquad \Phi_1 = \pm\sqrt{\frac{2}{3}}\,\Theta_1$$

$$\Theta_1 = \pi \qquad \Phi_1 = 0.$$

[13]) Reynolds gibt in dem hier weggelassenen II. Abschnitt den Wert für Celsiusgrade falsch an.

[14]) Hier ist das Hauptproblem der Schmiermittelreibung angeschnitten, das heute noch als ungelöst angesehen werden muß. Es ist unklar, wie die Strömung ohne negative Drucke verläuft, an welcher Stelle die Flüssigkeit von der ruhenden Wand abgerissen wird und wie tief der Druck sinkt. Hier müssen vor allem die reichhaltigen Arbeiten von L. Gümbel erwähnt werden, die wohl am besten in dem nach Gümbels Tod erschienenen Werk „Gümbel-Everling, Reibung und Schmierung im Maschinenbau", Verlag von M. Krayn, Berlin zusammengefaßt sind. Gümbel greift alle praktischen Probleme, die mit Schmiermittelreibung zu tun haben, an und führt sie bis zur numerischen Auswertung durch. Er kommt dadurch in die Lage, der Technik vielfach wichtige Winke geben zu können. Um das Hauptdroblem des in der Schale sich drehenden Zapfens ohne negative Drucke lösen zu können, läßt er Sommerfelds Bedingung (10), wonach der Druck eine stetige, in sich zurücklaufende Funktion sein muß, fallen und benutzt statt dessen, um die Konstanten bestimmen zu können, eine willkürliche Annahme über das Abreißen der Strömung. Drei verschiedene derartige Annahmen hat Gümbel durchgerechnet, nämlich

1. $\frac{dp}{d\varphi} = 0$ im engsten Querschnitt und $p = 0$ unterhalb desselben,
2. $p = 0$ im engsten Querschnitt und unterhalb desselben,
3. $p = 0$ gleichzeitig mit $\frac{dp}{d\varphi} = 0$.

Die Ergebnisse der drei Rechnungen stimmen leidlich zusammen und stimmen auch mit Sommerfelds Ergebnissen, wenn man dort die negativen Drucke einfach durch $p = 0$ ersetzt; auch können die theoretischen Werte der Exzentrizität des Zapfens mit den Messungen von Vieweg (Archiv für Elektrotechnik 1919) in Einklang gebracht werden. Vom praktischen Standpunkt aus ist dieser Einblick immerhin wertvoll, vom physikalischen Standpunkt aus ist die Willkür der Annahmen höchst unbefriedigend und das Problem noch offen.

[15]) Bei Gümbels Rechnung verschwindet das Minimum des Reibungskoeffizienten (siehe z. B. Fig. 12); daß ein solches Minimum in den Versuchen auftritt, wird auf den Übergang von der flüssigen zur halbflüssigen Reibung geschoben, bei welcher die

erhöhten Teile von Zapfen und Schale sich berühren. Der starke Anstieg des Reibungskoeffizienten bei kleiner Geschwindigkeit (Fig. 13) findet dadurch seine Erklärung; auch spricht für diese Auffassung, daß der elektrische Widerstand der Schicht bei kleiner Geschwindigkeit sehr klein wird. Ob nicht auch bei rein flüssiger Reibung ohne negative Drucke das Minimum, so wie bei Sommerfeld, sich ausbilden kann, bleibt einstweilen eine offene Frage; theoretisch kann man es nach der 2. Sommerfeldschen Abhandlung, Abschnitt 6 erwarten.

[16]) In der Originalarbeit findet sich die irrtümliche Anschauung, daß zur Berechnung der absoluten Größe von h_1 die Kohäsionsverhältnisse des Schmiermittels berücksichtigt werden müßten. Die richtige Lösung ist zuerst von Gümbel angegeben worden.

[17]) Diese Arbeit bildet den Ausgangspunkt für die Konstruktion der sog. Michell-Lager, welche wohl als die praktisch bedeutsamste Anwendung der hydrodynamischen Schmiermitteltheorie anzusehen sind. Der Sitz eines Spurlagers wird bei dieser Konstruktion in einzelne Sektoren zerteilt, die frei drehbar sind und sich infolge der Druckverteilung im Schmiermittel von selbst so einstellen, daß eine geeignete Schmiermittelzirkulation stattfindet und zu große Energieverzehrung, sowie Abnutzung vermieden wird.

[18]) Hier folgt in der Originalarbeit eine Tafel für die Logarithmen der Funktionen $J_1\,(mx)$, $K_1\,(mx)$, $L_1\,(mx)$ und $L_2\,(mx)$ die hier weggelassen wurde.

OSTWALDS KLASSIKER
DER EXAKTEN WISSENSCHAFTEN

Band 99
R. Clausius
Über die bewegende Kraft der Wärme
und die Gesetze, welche sich daraus für die Wärmelehre selbst ableiten lassen

Hrsg.: M. Planck
2. Auflage 1996, 55 Seiten, kt.,
DM 12,80
ISBN 3-8171-3099-6

Rudolf Clausius (1822 - 1888) war einer der herausragenden Physiker Deutschlands in der zweiten Hälfte des 19. Jahrhunderts. Er leistete entscheidende Beiträge zur Entwicklung der Thermodynamik und der kinetischen Gastheorie. 1865 prägte er den Begriff der Entropie. Seine Weiterführung der Arbeit Carnots (siehe Ostwalds Klassiker Band 37) hat auch heute noch Gültigkeit.

Clausius Aufsatz ist einer der Klassiker der Thermodynamik. Zum ersten Mal wurden hier das Mayer-Carnotsche Prinzip der gegenseitigen Umwandelbarkeit von Wärme und Arbeit (1. Hauptsatz der Wärmetheorie) und das Carnotsche Prinzip des Wärmeübergangs von höherer zu tieferer Temperatur (2. Hauptsatz der Wärmetheorie) in einen logischen Zusammenhang gebracht.

Irrtümer und Preisänderungen vorbehalten

OSTWALDS KLASSIKER
DER EXAKTEN WISSENSCHAFTEN

Band 37
S. CARNOT
Betrachtungen über die bewegende Kraft des Feuers

Übers. und Hrsg.: W. Ostwald
3. Auflage 1995, 72 Seiten, kt.,
DM 14,80
ISBN 3-8171-3037-6

Der französische Ingenieur Sadi Carnot (1796-1832) veröffentlichte in seinem kurzem Leben zwar nur ein Werk, dieses leitete aber ein Vierteljahrhundert später, von E. Clapeyron, W. Thomson und R. Clausius aufgegriffen und ergänzt, die Entwicklung der Thermodynamik ein.

Unter Verzicht auf die Anwendung komplizierter Mathematik hat Carnot in klarer und verständlicher Sprache ein Werk verfaßt, daß sowohl Theoretiker als auch Praktiker ansprechen sollte. Carnots Betrachtungsweise der Umwandlung von Wärme in Bewegung bildet den wesentlichen Inhalt des zweiten Hauptsatzes der mechanischen Wärmetheorie. Die Übersetzung folgt der Originalausgabe von 1824. Die weiterführende Arbeit von Clausius ist ebenfalls in der Reihe „Ostwalds Klassiker der Exakten Wissenschaften" (Bd. 99) veröffentlicht worden.

Irrtümer und Preisänderungen vorbehalten

OSTWALDS KLASSIKER
DER EXAKTEN WISSENSCHAFTEN

Band 1
H. VON HELMHOLTZ
Über die Erhaltung der Kraft
Über Wirbelbewegungen
Über discontinuirliche Flüssigkeitsbewegungen
Theorie der Luftschwingungen in Röhren mit offenen Enden
▸Reprint der Einzelbände 1, 79 und 80
Hrsg.: A. Wangerin
2. Auflage 1996, 272 Seiten, kt.,
DM 36,- ISBN 3-8171-3001-5

Als Reverenz an den bedeutenden Physiker und Physiologen startete die Reihe „Ostwalds Klassiker der exakten Wissenschaften" im Jahre 1889 mit der Abhandlung von H.v. Helmholtz (1821-1894). In dem Vortrag „Über die Erhaltung der Kraft", den Helmholtz vor der Berliner Physikalischen Gesellschaft im Jahre 1847 hielt, lieferte er die exakte Begründung und eine klare Formulierung des Energieerhaltungssatzes. Mit den Arbeiten „Über Wirbelbewegungen" und „Über Flüssigkeitsbewegungen" gab er der Hydrodynamik entscheidende Impulse

Band 180
R. MAYER
Die Mechanik der Wärme
Zwei Abhandlungen
Hrsg.: A. J. v. Oettingen
2. Auflage 1997, 90 Seiten, kt.,
DM 14,80 ISBN 3-8171-3180-1

Die in diesem Buch enthaltene Arbeit „Bemerkungen über die Kräfte der unbelebten Natur" aus dem Jahre 1842 zählt wie die Abhandlungen von Carnot, Helmholtz und Clausius zu jenen Veröffentlichungen, die als Eckpfeiler in der Entdeckungsgeschichte des Energieerhaltungssatzes gelten können. Die Publikation Mayers zur Problematik des Energiesatzes stellt in umfassender Weise die beiden Aspekte dieses Naturgesetzes heraus: Die Erhaltung der „Kraft" in ihrer Quantität und die gegenseitige Umwandelbarkeit ihrer qualitativ verschiedenen Formen untereinander. Vor allem die klare Einsicht in die Äquivalenz aller Energieformen ist es, deretwegen Robert Mayer heute mit Recht als der Entdecker des Energieprinzips gilt.

Irrtümer und Preisänderungen vorbehalten